마 방 진

분해와 치환을 중심으로

윤정한

KM 경문사

머리말

수학 교과서에 나오지 않는 수학 용어로 마방진만큼 잘 알려진 것도 없을 것이다. 수학과 전혀 관련이 없는 삶은 살고 있는 대부분의 일반인도 한 번 쯤은 마방진이란 말을 들어봤을 가능성이 높고, 혹 "마방진이 무엇이냐?" 고 반문해도 "그 9개의 숫자를 격자에 배열한 것인데 각 줄의 합이 똑같은 묘한 것을 마방진이라고 한다"라고 답하면 그런 게 기억이 나는 것 같다고 이야기 한다. 심지어 취학 전의 아동 중에서도 일부는 마방진을 알고 있다. 어린 아동들에게 수학에 흥미를 갖게 하기 위한 용도로 마방진이 좋은 주제이며, 마방진만을 다룬 아동용 도서도 있고, 수학을 재미있게 즐기고 관심을 갖게 하는 많은 수학 아동도서에도 마방진은 거의 빠짐없이 등장한다.

하지만 초등학교에 입학하고 나서 본격적으로 수학 공부를 시작하면 마방진을 접할 일은 거의 없다. 고등학교에서 미적분의 기본정리를 배우는 것이 수학교육의 목표라고도 할 수 있는데, 마방진이 수학교육과정에 들어갈 틈은 사실상 어디에도 없다. 대학에서 수학을 전공하는 학생이나 직업적인 수학자라도 마방진은 관심의 대상이 아니다. 예전에 세종대왕을 다루는 드라마에서 세종대왕이 궁녀들과 함께 아주 큰 숫자판에서 숫자 배열을 바꾸면서 시간을 때우며 임금 역할을 등한시하는 장면을 본 적이 있는데, 그때 숫자판으로 마방진을 만들려다가 실패하는 장면이었다. 세종대왕이 마방진을 만들려고 애쓴 것이 역사적인 사실인지는 알 수 없으나, 마방진이 단지 어린 아동들의 전유물은 분명 아니지 않는가. 대한민국의 성인 중에서도 자기계발서나 주식투자의 비법을 다룬 책이 아닌 다양한 분야에 관심을 갖고 그 궁금증을 풀 수 있는 그런 책을 읽고 싶은 사람도 적지는 않을 것이다. 수학을 다룬 책이라고 해도, 물론 대부분의 사람들에겐 관심 밖의 주제이겠지만, 어릴 적 궁금증을 풀 수 있는 마방진을 다룬 비아동용 도서가 전혀 가치 없는 책은 아닐 것이다.

머리말

이 책은 저자의 선친께서 말년에 드라마의 세종대왕처럼 마방진으로 세월을 보내다가 정리한 70쪽의 원고를 바탕으로 누구나 어렵지 않게 마방진을 이해할 수 있도록 가능한 쉽게 쓸려고 애쓴 결과물이다. 용두사미로 그 시도가 성공했다고 확신은 별로 들지 않지만 그래도 마방진에 대하여 관심이 있었던 또는 있는 이들에게 조금이라도 도움이 되었으면 한다.

책의 구성은 처음에 준비운동으로 중국의 오랜된 마방진의 전설로부터 시작하여, 마방진을 엄밀히 정의하고, 3차 마방진인 낙서 마방진의 몇 가지 해법을 소개하였다. 2장에서는 낙서 마방진을 좀 더 간단한 두 방진으로 분해하고, 분해한 결과를 분석함으로써 앞으로 마방진을 어떻게 만들 것인가와 많이 만드는 방법을 설명하였다. 3장에서는 4차 마방진과 4의 배수인 짝수차 마방진을 다루었고, 4장에서는 홀수차 마방진을, 5장에서는 4의 배수가 아닌 짝수차 마방진을 다루었다.

수학 책이라고 하면, 정말 딱딱하고 건조하게 정의를 하고, 정리를 증명하고, 교과서라면 예제와 문제가 있고, 책의 끝머리에 참고문헌이 줄줄이 나오고 하는 것이 일반적이다. 이런 책은 누구나 보아도 어렵다는 선입견을 갖기 쉬운데, 이 책은 어렵다는 생각이 들지 않도록 그러한 구성은 피하였다. 하지만 그래도 수학을 다룬 책이라 약간의 정의와 정리는 조금 딱딱하게 하였다. 증명은 안 할 수는 없어서 설명하였다. 참고문헌을 어떻게 처리할까에 대해서는 고민이 많았는데, 선친께서는 분명히 다음 책을 참고하셨다.

> Pickover, Clifford A. *The zen of magic squares, circles, and stars: an exhibition of surprising structures across dimensions*, Princeton University Press, 2002.
> ISBN 0-691-07041-5

그 외의 참고서적은 없으며, 이 책에서 마방진을 수학적으로 다루는 부분을 제외한 그림을 포함한 모든 부분은 wikipedia의 영문판에 있는 꼭지 'Magic square'와 이와 관련된 꼭지들을 참고하였다.

2021년 12월 22일
윤정한

차 례

머리말 iii

차 례 v

그림 차례 vii

제 1 장 준비운동 1
    제 1 절   낙서 마방진 2
    제 2 절   마방진의 정의 6
    제 3 절   마방진의 합동 13
    제 4 절   3차 마방진 21
        4.1   3차 마방진의 해법 1 21
        4.2   3차 마방진의 해법 2 25
        4.3   3차 마방진의 해법 3: 시암 방법 .. 28

제 2 장 마방진의 분해와 보조방진의 치환 33
    제 1 절   방진의 연산과 마방진의 분해 ... 34
    제 2 절   보조방진의 성질 39
    제 3 절   보조방진을 이용한 3차 마방진의 해법 4 47
    제 4 절   보조방진의 치환 51

제 3 장 4의 배수인 짝수차 마방진 59
    제 1 절   4차 대각라틴방진 61

제 2 절	자이나 마방진		80
제 3 절	완전마방진과 한 줄 이동		86
제 4 절	인접수와 4차 완전마방진		101
제 5 절	컴퓨터의 활용		112
제 6 절	라틴방진이 아닌 보조방진		119
제 7 절	4차에서의 도형의 변환		127
	7.1	좌우로 이동	127
	7.2	대칭 이동	133
제 8 절	그 외의 4차 마방진		135
제 9 절	4차 불균형 마방진		144
제 10 절	4의 배수인 짝수차 마방진		152
제 11 절	4의 배수인 짝수차에서의 도형의 변환		162

제 4 장 홀수차 마방진   167

제 1 절	5차 완전라틴방진	168
제 2 절	시암 방법에 의한 5차 마방진	171
제 3 절	5차에서의 도형의 변환	175
제 4 절	시암 방법에 의한 임의의 홀수차 마방진	180
제 5 절	시암 방법에 의한 마방진과 닮은 마방진	190
제 6 절	라틴방진이 자신의 전치행렬과 직교할 조건	195
제 7 절	홀수차에서의 주대각선 과정 II	204

제 5 장 4의 배수가 아닌 짝수차 마방진   213

제 1 절	6차 보조방진	214
제 2 절	6차에서의 도형의 변환	219
제 3 절	4의 배수가 아닌 짝수차의 보조방진	221
제 4 절	4의 배수가 아닌 짝수차의 도형의 변환	224

맺음말   229

찾아보기   235

그림 차례

1.1 낙서 3
1.2 낙서 마방진 4
1.3 뻔한 1차 마방진 10
1.4 3차 낙서 마방진 **Ls** 10
1.5 아래도 낙서인가? 아닌가? 14
1.6 서로 다른 8개의 2차 방진 15
1.7 합동변환의 합성 $G \circ F$ 18
1.8 합동변환의 역변환 18
1.9 시암 방법으로 3차 마방진을 만드는 과정 28
1.10 (1, 2)항에서 시작하여 주대각선 방향으로 이동하는 방법 . . 30
1.11 3차 마방진의 주대각선 과정 30
2.1 낙서 마방진의 분해 38
3.1 4차 대각라틴방진의 합성으로 만든 4차 완전마방진 $L_4 \triangleright L_4^t$ 63
3.2 $L_4 \triangleright L_4^t$와 닮은 완전마방진으로 모두 16개의 4차 완전마방진 77
3.3 파르수바나트 사원의 자이나 마방진. 80
3.4 자이나 마방진 83
3.5 자이나 마방진의 인도-아라비아 숫자 1234567890. 84
3.6 $L_4 \triangleright L_4^t$를 한 줄 이동하여 얻은 4차 완전마방진 $U_4 \triangleright U_4'$ . . 86
3.7 $U_4 \triangleright U_4'$와 닮은 완전마방진으로 모두 16개의 4차 완전마방진 94
3.8 $L_4 \triangleright L_4^t$를 계속 한 줄 이동하여 얻은 16개의 4차 완전마방진 . 95
3.9 인접수 102

- 3.10 세 종류의 인접수 배치 방법 102
- 3.11 인접수 배치의 확장 103
- 3.12 인접수의 배치를 이용한 4차 완전마방진 $V_4 \triangleright V_4'$ 105
- 3.13 $V_4 \triangleright V_4'$ 을 계속 한 줄 이동하여 얻은 16개의 4차 완전마방진 . 106
- 3.14 4차 마방진 $T_4 \triangleright T_4^t$ 120
- 3.15 $T_4 \triangleright T_4^t$ 와 닮은 양휘의 4차 마방진 120
- 3.16 $V_4 \triangleright V_4'$ 과 닮은 Moschopoulos의 4차 마방진 121
- 3.17 양휘의 4차 마방진과 닮은 목성 마방진 123
- 3.18 목성 마방진과 닮은 멜랑콜리아 마방진. 124
- 3.19 사그라다 파밀리아 방진. 126
- 3.20 좌우로 이동의 출발점인 4차 방진 128
- 3.21 좌우로 이동의 출발점인 네 개의 4차 방진 130
- 3.22 좌우로 이동으로 얻은 4차 마방진 132
- 3.23 4차의 대칭 이동 133
- 3.24 4차 불균형 마방진의 예 144
- 3.25 8차 마방진 $S_8 \triangleright S_8^t$ 154
- 3.26 $S_8 \triangleright S_8^t$ 와 닮은 수성 마방진 156
- 3.27 $S_8 \triangleright S_8^t$ 와 닮은 양휘의 8차 마방진 157
- 3.28 12차 마방진 $S_{12} \triangleright S_{12}^t$ 158
- 3.29 4의 배수인 짝수차에서의 도형의 변환도 162
- 3.30 그림 3.29의 가운데 있는 4차에서의 도형의 변환도 162
- 3.31 8차에서의 도형의 변환 164
- 4.1 5차 완전라틴방진 생성과정 168
- 4.2 5차 완전라틴방진 P_5 와 5차 완전마방진 $P_5 \triangleright P_5^t$ 169
- 4.3 주대각선 과정에 의한 5차 마방진 생성과정 171
- 4.4 주대각선 과정에 의한 5차 마방진의 몫 보조방진 172
- 4.5 주대각선 과정에 의한 5차 마방진의 나머지 보조방진 . . . 173
- 4.6 5칸 평행이동에 따른 5차 마방진 생성과정 175
- 4.7 주대각선 과정 II에 의한 5차 마방진 생성과정 176
- 4.8 주대각선 과정 II에 의한 5차 마방진의 몫 보조방진 177

4.9 주대각선 과정 II에 의한 5차 마방진의 나머지 보조방진 178
4.10 5차 주대각선 과정 II에 의한 $U_5 \triangleright \overline{U}_5$와 합동인 화성 마방진 . 179
4.11 주대각선 과정으로 얻은 3차, 9차, 7차, 5차 마방진 180
4.12 주대각선 과정으로 얻은 3차와 5차 마방진과 이의 분해 . . . 181
4.13 주대각선 과정으로 얻은 7차 마방진과 이의 분해 182
4.14 주대각선 과정으로 얻은 9차 마방진과 이의 분해 183
4.15 주대각선 과정으로 얻은 $2p+1$차의 몫 보조방진 184
4.16 주대각선 과정으로 얻은 $2p+1$차의 나머지 보조방진 186
4.17 주대각선 과정으로 얻은 11차 마방진 187
4.18 주대각선 과정으로 얻은 13차 마방진 189
4.19 주대각선 과정으로 얻은 3차, 9차, 7차, 5차 몫 마방진 190
4.20 주대각선 과정으로 얻은 3차, 9차, 7차, 5차 나머지 마방진 . . 192
4.21 주대각선 과정으로 얻은 13차 마방진의 역할 바꾸기 193
4.22 전치행렬이 자신과 직교하는 라틴방진의 예 195
4.23 직교하는 7차 완전라틴방진 P_7과 P_7^t, 완전마방진 $P_7 \triangleright P_7^t$ . . 200
4.24 P_7과 합동인 8개의 방진 201
4.25 P_7^t와 $180°$ 회전 $R_2(P_7^t)$ 202
4.26 P_{11} 203
4.27 7칸 평행이동에 따른 7차 마방진 생성과정 204
4.28 9칸 평행이동에 따른 9차 마방진 생성과정 206
4.29 주대각선 과정 II에 의한 몫 보조방진 U_n 207
4.30 주대각선 과정 II에 의한 나머지 보조방진 $\overline{U}_n$ 208
4.31 행성 마방진 중에서 7차인 금성 마방진 209
4.32 행성 마방진 중에서 9차인 달 마방진 211

5.1 6차 보조방진 S_6의 생성과정 214
5.2 8개의 6차 보조방진 216
5.3 6차 마방진 $S_6 \triangleright S_6^t$ 217
5.4 행성 마방진 중에서 6차인 태양 마방진 $S_6 \triangleright S_6^t$ 218
5.5 6차에서의 도형의 변환 219
5.6 4의 배수가 아닌 짝수차의 보조방진 T_n 221

5.7 10차 보조방진 T_{10}, T_{10}^t 와 마방진 $T_{10} \triangleright T_{10}^t$ 223
5.8 4의 배수가 아닌 짝수차에서의 도형의 변환도 224
5.9 6차에서의 도형의 변환도 224
5.10 10차에서의 도형의 변환도와 10차 마방진 225
5.11 10차에서의 도형의 변환에 의한 보조방진 S_{10} 과 S_{10}^t 227

A.1 양휘의 5차 불균형 마방진 230
A.2 양휘의 6차 불균형 마방진 230
A.3 양휘의 7차 불균형 마방진 231
A.4 양휘의 9차 마방진 232
A.5 양휘의 9차 마방진의 분해 232

제 1 장

준비운동

잠깐이면 끝나는 100m 달리기를 하기 전에도 신발 끈을 고쳐 매고, 체온과 맥박을 서서히 올리기 위해 가볍게 뛰어 주고, 근육과 관절을 부드럽게 풀어 주고, 스트레칭으로 유연성을 높여 주고 나서 굳게 마음을 먹은 후에야 100m 달리기를 할 수 있다. 그래야 다치지 않는다. 하물며 마라톤처럼 긴 승부를 봐야 하는 마방진에 대한 탐험을 하는데 그냥 막 시작할 순 없겠다. 먼저 간단하게나마 마방진의 시작을 살펴보고, 마방진을 정의하고, 어떤 경우에 마방진을 같다고 하는지 알아보고, 쉬운 경우는 살짝 마방진을 직접 찾아보는 과정으로 마방진에 대한 탐험을 위한 준비운동으로 시작하자.

제 1 절   낙서 마방진

마방진은 중국의 아주 오래된 전설에서부터 시작되었다.

중국 문명의 시조로 추앙되는 여덟 명의 제왕인 삼황오제(三皇五帝)[1] 신화 가운데 오제의 마지막 두 임금인 요(堯)임금과 순(舜)임금은 함께 요순(堯舜)이라 불리며 성군(聖君)으로 추앙 받고 있고, 이들이 다스리던 때는 요순시대라 불리며 태평성대의 대명사로 일컬어지고 있다. 하지만 이 시대에도 커다란 근심거리가 하나 있었는데, 부근의 큰 강인 황하[2]가 범람하는 홍수로 인한 큰 피해를 자주 겪었다. 이에 요임금은 오제 중 첫 번째인 황제(黃帝)[3]의 증손자인 곤에게 치수사업을 맡겼으나 실패하였고, 이에 순임금에게 천거되는 형식으로 곤의 아들인 우(禹)가 뒤를 이어서 황하의 치수사업를 맡았다. 우는 자신의 몸과 가정을 돌보지 않고 치수사업에 몰두하여 공적을 이루어 크게 인정받았다고 한다. 이렇게 좋은 인품과 능력을 갖춘 우는 순임금 사후에 제후들의 추대로 임금이 되었으며 하(夏)[4]나라의 시조가 된다. 우임금은 요순 못지않은 성군으로 백성을 위해 세금을 감하고, 행정을 간소화하고, 여러 하천을 정비하고, 주변의 토지를 경작하였으며, 검약 정책을 취했고, 이 모든 것을 스스로 솔선수범하였다고 한다.[5]

우임금의 가장 중요한 업적은 치수사업인데, 이와 관련하여 마방진에 대한 전설이 전해지고 있다. 우임금이 황하의 한 지류라고 여겨지는 낙(洛)[6]이라는 이름을 가진 강의 치수공사를 하였지만, 계속 성과가 없었다고 한다.[7] 그런데 어느 해에 강둑에서 커다란 거북을 발견했는데 그 등에 이상

---

[1] 삼황오제는 언급된 문헌에 따라 여러 가지 설로 전해진다. 그럼에도 불구하고 마지막 두 임금은 대체적으로 의견이 일치한다.
[2] 삼황오제가 다스리던 영역은 대략 황하의 중류지방이라 여겨지고 있다. 이곳이 바로 세계 4대 문명 중에 하나인 황하문명이 발전한 곳이다.
[3] 여러 왕을 거느리는 황제는 黃帝가 아니라 皇帝라고 한다.
[4] 역사적으로 실존재했다고 여겨지는 최초의 중국 왕조인 (예전에는 은(殷)나라라고 불리우던) 상(商)나라 이전에 있었다고 이야기되는 전설상의 나라이다. 우리가 잘 아는 동북공정과 비슷한 '하상주단대공정'에 의하면 하나라의 연대는 대략 기원전 2070년경–기원전 1600년경이라 한다.
[5] 이 단락은 한국어판 '위키백과'를 참고하였다.
[6] 우리나라의 낙동강(洛東江)은 이와 전혀 관련이 없다.
[7] 이미 치수사업을 잘해서 추앙받아 임금이 되었다는데, 임금이 되어서도 계속 치수사업에 매진했었나 보다. 역시 치수사업은 어려움이 틀림없다.

제 1 절 낙서 마방진   3

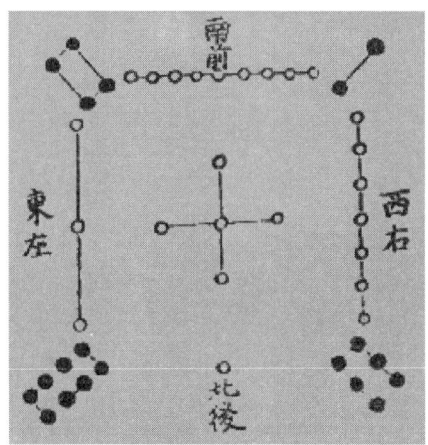

그림 1.1: 낙서.
출처 - https://en.wikipedia.org/wiki/Magic_square

한 그림이 그려져 있었다고 한다. 낙서(洛書)[8] 또는 낙도(洛圖)라고 불리는 그림 1.1과 같은 신비한 그림[9]이 그려져 있었다는데, 처음에는 이 그림의 의미를 몰랐고 홍수는 계속되었다고 한다. 그림에는 선분으로 연결된 동그라미가 서로 다른 개수와 배열로 그려져 있는데, 가장 눈에 잘 띄는 것은 가운데 자리잡은 다섯 개의 하얀 동그라미다. 다른 것과는 달리 열십자(十)의 형태로 그려져 있어 다른 것들과는 확연히 구분된다. 이의 상하좌우에는 아홉 개, 한 개, 세 개, 일곱 개의 하얀 동그라미가 배치되어 있는데 한 줄로 배열되어 있다. 나머지 꼭지점 위치에는 위쪽 왼쪽부터 시계방향으로 네 개, 두 개, 여섯 개, 여덟 개의 까만 동그라미가 배치되어 있는데 두 줄로 배열되어 있다. 꼭지점 위치에는 두 줄로 배열되어 있으니 당연히 이들의 동그라미는 짝수가 되고 모두 까만 점으로 표현되어 있다. 다시 살펴보니 정가운데와 이의 상하좌우의 동그라미들은 모두 홀수이고, 홀수들은 하얀

---

[8] 낙서금지의 낙서는 한자가 다르다. 떨어질 락의 落書. 洛은 물이름 락. 아마도 지어낸 이야기라는 것을 강조하기 위해 수많은 강 중에서도 하필이면 강이름이 洛이고, 뒤에 그림 도(圖)를 쓸 수 있는데도 굳이 글 서(書)를 써서 낙서라고 부르지 않았을까? 그저 저자의 근거 없는 추측입니다.

[9] 이 그림은 명나라 때 쓰인 천문 현상을 다룬 책에 등장하는 낙서로 대략 15세기 중반에 출판되었다.

제 1 장 준비운동

4	9	2
3	5	7
8	1	6

그림 1.2: 낙서 마방진

점으로 표현되어 있다. 이러한 정도로 낙서를 관찰하고 분석한 사람들은 이 그림이 풍수지리와 음양오행의 의미를 가지고 있다고 믿었다고 한다. 세상의 중심에는 1부터 9까지의 숫자 중에서 가운데 값은 5가 위치하고, 정방향인 동서남북[10]에는 좀 더 중요한 숫자라고 여겨지는 홀수가 자리하고, 정방향의 보조방향인 동남, 서남, 서북, 동북방향에는 좀 덜 중요한 숫자인 짝수가 자리잡았다고 생각했었다고 한다. 실제로 낙서는 만물을 생성하는 우주의 근원인 음양의 원리를 담고 있는 태극과 팔괘의 효시가 되는 그림으로 사서삼경의 하나인 역경(易經)[11]에도 언급되고 있다. 역경은 세상 변화의 원리를 기술한 책으로 여겨지지만, 길흉화복을 점치는 주술적인 것으로 여기기도 한다.

그런데 낙서를 좀 더 세밀히 관찰해 보면 더 많은 비밀을 간직하고 있다. 낙서의 동그라미 배치는 기묘하게도 서로 다른 개수의 동그라미들이 배치되어 있는데도 전체적으로 그 균형이 잘 잡혀져 있어 보인다. 가운데 다섯을 중심으로 위와 아래에는 아홉과 하나로 합이 열이고, 양 옆은 셋과 일곱으로 또한 합이 열이고, 동남의 넷과 반대에 있는 서북의 여섯도 합이 열이고, 서남의 둘과 반대에 있는 동북의 여덟도 합이 열이다. 그래서 낙서가 전체적으로 균형이 잘 잡혀져 있어 보인 것인데, 게다가 모든 가로 줄과

---

[10] 이 그림에서 남쪽은 아래 쪽인 하얀 동그라미가 하나만 있는 방향이 아니라 하얀 동그라미가 아홉 개가 있는 위쪽 방향이다. 거기에 南前이라 적혀 있다. 북쪽은 하얀 동그라미가 하나가 있는 방향(北後)이고, 동쪽은 하얀 동그라미가 세 개가 있는 방향(東左)이고, 서쪽은 하얀 동그라미가 일곱 개가 있는 방향(西右)이다. 옛날에 중국에서는 황제가 항상 남쪽을 보고 있으며, 따라서 지도를 황제 앞에 펼쳐 놓았을 때 실제 방위와 지도의 방위를 같게 하기 위해 이렇게 그린 경우가 많았다. 이때 황제는 세상의 가운데, 하얀 동그라미 다섯 개가 열십자로 있는 곳에 있다.

[11] 주역(周易)이라고도 한다. 언제 출판되었는지는 정확하지는 않지만 동주(東周)시대 이전이라고 알려져 있다. 아무리 늦쳐도 기원전 3세기 이전이다.

세로 줄, 대각선 각각의 동그라미의 합이 모두 똑같은 열다섯[12]인데, 이에 우임금이 홍수가 일어나지 않도록 제사를 지낼 때 제물의 수를 각 줄의 합인 열 다섯 개로 했더니 그 후로는 홍수가 멈추었다고 한다. 아무튼 이 거북은 홍수를 막아준 거북으로 신성시되었고, 궁궐에서 오랫동안 잘 보살핌을 받았다고 한다. 이와 같이 치수에 성공했다고 하는 우임금의 전설과 신비한 마력이 있다고 믿는 낙서의 전설이 결합하여 우임금 때의 낙서의 전설로 전해지고 있는 것 같다.

어쨌든 낙서는 설명하기 힘든 신비한 힘을 가지고 있다고 생각되었는데, 낙서는 마방진의 형식으로 구체적으로 기술되어 현재까지 전해지는 것은 기원 후의 일이다. 그림 1.2는 낙서를 지금의 표현으로 나타낸 것으로 3차 마방진이다. 이를 낙서 마방진[13]이라고 부른다.

세 줄 요약

마방진은 전설에서부터 시작되었다.
마방진에는 영험한 능력이 있다고 여겼다.
그런데 마방진이 하필이면 낙서에서 시작됐다고 한다.

---

[12] 15는 이 당시 태양력에 의한 24절기의 간격을 나타낸다고 믿어지고 있다. 그러면 이 당시에는 1년을 360일로 생각한 것일까?

[13] 영어로는 Lo-shu magic square라고 하는데, 최근에는 낙서를 Luo-shu라고도 한다.

제 2 절 마방진의 정의

마방진을 수학적으로 정확하게 정의하자. 일반적으로 $m \times n$ 개의 수를

$$A = \begin{pmatrix} a_{11} & a_{12} & \cdots & a_{1n} \\ a_{21} & a_{22} & \cdots & a_{2n} \\ \vdots & \vdots & \ddots & \vdots \\ a_{m1} & a_{m2} & \cdots & a_{mn} \end{pmatrix}$$

과 같이 나열한 것을 $m \times n$ 행렬[14](行列, matrix)이라고 한다. 이때

$$(a_{i1} \; a_{i2} \; \cdots \; a_{in})$$

을 i 번째 행(行, row),

$$(a_{1j} \; a_{2j} \; \cdots \; a_{mj})^t$$

을 j 번째 열(列, column)이라 부른다.[15] i 번째 행과 j 번째 열의 공통부분인 a_{ij}를 (i,j) 항이라고 부르고, $A = (a_{ij})$ 또는 $A(i,j) = a_{ij}$ 로 쓰기도 한다.[16]

$n \times n$ 정사각행렬을 행렬과 같은 표기법으로 쓰지 않고, 가로와 세로가

---

[14] 행렬은 예전에는 고등학교 때도 배웠는데 지금은 아니다. 처음에 행렬을 배울 때는 행렬의 정의와 표기법을 배우고 행렬과 행렬의 더하기, 빼기를 배운다. 여기까지는 아주 쉽지만, 다음에 행렬과 행렬의 곱하기부터 조금 어려워진다. 하지만 우리는 행렬의 표기법과 더하기, 빼기까지만 알면 마방진을 공부하는데 충분하다. 아직 행렬을 배우지 않았거나, 배웠더라도 전혀 기억이 나지 않더라도 걱정 없다. 그냥 계속 읽으면 다 이해할 만한 내용이기에.

[15] $(a_{1j} \; a_{2j} \; \cdots \; a_{mj})^t$ 의 뒤 끝에 붙은 위 첨자 t 는 전치행렬의 영어 transposed matrix 의 첫 알파벳에서 따왔으며, 가로줄을 세로줄로 바꾼다는 의미로 a_{1j} 가 가장 위에 있고 a_{mj} 가 맨 아래에 온다. 즉,

$$(a_{1j} \; a_{2j} \; \cdots \; a_{mj})^t = \begin{pmatrix} a_{1j} \\ a_{2j} \\ \vdots \\ a_{mj} \end{pmatrix}$$

이다. 주로 종이의 공간을 아끼기 위해서 사용한다.

[16] 우리가 다루는 것의 이름이 열행이 아니라 행렬이므로 위치를 나타내는 i 와 j 는 순서대로 행과 열을 나타낸다.

각각 n칸씩 분할된 격자로 나타낸 것을 n차 방진($方陣$, square)이라고 한다. 방($方$)은 정사각형을 뜻하며, 진($陣$)은 모여서 뭉친 한 무리를 뜻한다. 즉 방진이란 숫자들이 정사각형 형태로 배치되어 있는 모임이며, n차 방진은 다음과 같은 형태이다.

$$B = \begin{array}{|c|c|c|c|} \hline B(1,1) & B(1,2) & \cdots & B(1,n) \\ \hline B(2,1) & B(2,2) & \cdots & B(2,n) \\ \hline \vdots & \vdots & \ddots & \vdots \\ \hline B(n,1) & B(n,2) & \cdots & B(n,n) \\ \hline \end{array}$$

방진에서도 행과 열, 항은 행렬과 마찬가지로 정의한다.

이제 방진의 대각선에 관한 몇 가지 용어를 정의하자. 먼저 왼쪽 위 꼭지점 위치에서부터 오른쪽 아래 꼭지점 위치까지의 항

$$B(1,1), B(2,2), \ldots, B(n,n)$$

이 놓인 위치를 주대각선(main diagonal)이라 하고, 주대각선과 평행인 방향을 주대각선 방향이라 한다.[17] 오른쪽 위 꼭지점 위치에서부터 왼쪽 아래 꼭지점 위치까지의 항

$$B(1,n), B(2,n-1), \ldots, B(n-1,2), B(n,1)$$

이 놓인 위치를 부대각선(viceauxiliary diagonal)이라 하고, 부대각선과 평행인 방향을 부대각선 방향이라 한다.[18]

---

[17] 주대각선 방향은 왼쪽 위에서 오른쪽 아래로 가는 방향으로 생각할 수도 있고, 그 반대 방향인 오른쪽 아래에서 왼쪽 위로 가는 방향으로 생각할 수도 있다. 둘 중에서 어떤 것인지를 명확히 해야 할 때는 괄호 안에 방향을 구체적으로 표시하겠다. 주대각선 방향($\searrow$) 또는 주대각선 방향($\nwarrow$)으로.

[18] 행렬에서는 '주대각선, 보조대각선'이라고 한다. 왜냐하면 행렬에서는 주대각선이 보조대각선보다 중요하기 때문이다. 하지만 마방진에서는 그렇지 않다. 그런데 우리가 이름 붙인 '주'와 '부' 동등한 가치를 지니지는 않는다. 따라서 동등하면서 짧은 다른 용어를 사용하는 것이 좋겠지만 저자의 어휘가 풍족하지 않아 마땅한 단어가 생각나지 않아서 이 책에서는 '주'와 '부'로 두 대각선을 구분하자. 그러면 그냥 주대각선과 보조대각선이라고 하는 것과 달라진 것은 없지만, 뒤에서 '보조'는 다른 용어에 사용하기 위해서 아껴두었다.

8   제 1 장 준비운동

다음에는 $i \neq 1$일 때, 항

$$B(i,1), B(i+1,2), \ldots, B(n, n-i+1), B(1, n-i+2), \ldots, B(i-1, n)$$

이 놓인 위치를 주대각선 방향의 i번째 절단대각선(broken diagonal)이라 한다. 또한 $i \neq n$일 때, 항

$$B(i,1), B(i-1,2), \ldots, B(1,i), B(n, i+1), \ldots, B(i+1, n)$$

이 놓인 위치를 부대각선 방향의 i번째 절단대각선이라 한다.[19] n차 방진의 위와 아래 양 끝의 두 행이나, 왼쪽 오른쪽 끝의 두 열을 서로 이웃하게 붙여서 원기둥으로 만들면 주대각선이나 부대각선과 평행한 방향에 놓인 n개의 항이 절단대각선을 이룬다. 앞으로 주대각선과 부대각선을 같이 이야기할 때 두 대각선(two diagonals)이라 부르기로 하고, 두 대각선과 모든 절단대각선까지 같이 이야기할 때 범대각선(pan-diagonal)이라고 부르기로 하자. 일반적으로 n차 방진의 절단대각선은 주대각선 방향과 부대각선 방향으로 각각 $n-1$개씩 있고, 두 대각선을 합쳐서 범대각선은 모두 $2n$개가 존재한다.[20]

주목 1.1. 주대각선과 부대각선은 절단대각선이 아니지만 굳이 절단대각선과 같이 취급하고 싶다면, 주대각선은 주대각선 방향의 첫 번째 절단대각선으로 부대각선은 부대각선 방향의 n번째 절단대각선으로 생각할 수도 있다. 그렇다면, 처음부터 절단대각선을 따로 정의하지 않고 범대각선으로 한꺼번에 다음과 같이 정의할 수도 있다. 항

부대각선 방향도 명확히 해야 할 때는 부대각선 방향(↗) 또는 부대각선 방향(↙)으로 표시하겠다.

[19] 절단대각선을 구분할 때 i번째로 사용했는데, 이 용어는 많이 사용하지 않게 되어 혼돈할 우려가 있다. 그래서 'i번째'라는 용어보다는 절단대각선에 포함되는 어떤 항을 지칭하고, 그 항을 포함하는 주대각선 또는 부대각선 방향의 절단대각선이라고 구분하는 경우가 더 많을 것이다.

[20] 1차 방진에서는 주대각선과 부대각선이 같고, 절단대각선이 없다. 2차 방진에서는 주대각선 방향의 절단대각선과 부대각선, 부대각선 방향의 절단대각선과 주대각선이 결국은 같다. 따라서 '일반적으로'의 의미는 $n \geq 3$일 때이다.

제 2 절 마방진의 정의

$$B(i,1), B(i+1,2), \ldots, B(n, n-i+1), B(1, n-i+2), \ldots, B(i-1, n)$$

이 놓인 위치를 주대각선 방향의 i번째 범대각선이라 하고, 또한 항

$$B(i,1), B(i-1,2), \ldots, B(1,i), B(n, i+1), \ldots, B(i+1, n)$$

이 놓인 위치를 부대각선 방향의 i번째 범대각선이라 한다. □

방진의 각 격자에는 하나의 숫자를 넣는데 자연수만을 사용한다. 자연수 전체의 집합을 $\mathbb{N}$이라 쓰고, 즉

$$\mathbb{N} = \{1, 2, 3, 4, 5, \cdots\}$$

이며,[21] 1부터 k까지의 자연수의 집합을 $\mathbb{N}_k$ 라고 쓰자. 즉,

$$\mathbb{N}_k = \{1, 2, \cdots, k-1, k\}$$

이다. 이제 마방진을 정의하자. n차 방진의 각 항에 집합

$$\mathbb{N}_{n^2} = \{1, 2, \cdots, n^2-1, n^2\}$$

의 원소를 반복하지 않고 단 한 번만 사용하여 모든 행과 열 및 두 대각선의 각각의 합이 모두 같은 수가 되게 만든 것을 n차 마방진(魔方陣, magic square)이라 한다. 게다가 각각의 절단대각선의 합까지 같은 마방진을 완전마방진(perfect magic square) 또는 악마방진(惡魔方陣, diabolic square)이라고 한다.[22]

---

[21] 자연수는 영어로 natural number라고 한다.
[22] 방진이 이런 저런 조건을 만족하면 방진에 마귀가 씌었다고 해서 마방진이라 하므로, 더욱 추가된 조건까지 만족하면 나쁜 마귀가 씌인 것이라 생각해서 악마방진이라 이름 붙인 것이다. 완전마방진의 의미는 두 대각선뿐만 아니라 남은 범대각선까지 완전히 합이 같다는 뜻이다. 수학용어로는 '완전'을 붙여 완전마방진이라고 부르는 것이 더욱 합리적인 것 같지만, 이미 수학과 상관없이 방진에 '마귀 마'를 붙였으니 종종 완전마방진보다는 악마방진으로 부른다. 악마방진이라 하는 것이 더 재밌기도 하고. 하지만 수학에 중점을 두어야 할 때는 꼭 완전마방진이라 하자.

n차 마방진의 기본적인 구성요소는 n개의 행과 n개의 열, 두 개의 대각선이다. 이들 모두를 같이 이야기할 때 줄이라 하자. 즉, n차 마방진에서 '모든 줄'이라 하면, n개의 행과 n개의 열, 두 개의 대각선이다. n차 악마방진의 기본적인 구성요소는 n개의 행과 n개의 열, $2n$개의 범대각선이다. 이들도 모두를 같이 이야기할 때 줄이라 하자. 즉, n차 악마방진에서 '모든 줄'이라 하면, n개의 행과 n개의 열, $2n$개의 범대각선이다.

$$\boxed{1}$$

그림 1.3: 뻔한 1차 마방진

예 1.2. 그림 1.3의 1차 방진은 1차 마방진은 정의를 모두 만족하므로, 너무나도 뻔하게 유일한 1차 마방진이다. 게다가 악마방진이기도 하다. 가끔 1차 마방진 또는 1차 악마방진을 언급할 필요가 있다면 그저 뻔한 마방진 또는 뻔한 악마방진이라 하겠다. 하지만 뻔한 마방진과 뻔한 악마방진은 가능하면 고려의 대상으로 삼지도 말자. 이유는 너무나도 뻔하기 때문이다. □

$$\mathbf{Ls} = \begin{array}{|c|c|c|} \hline 4 & 9 & 2 \\ \hline 3 & 5 & 7 \\ \hline 8 & 1 & 6 \\ \hline \end{array}$$

그림 1.4: 3차 낙서 마방진 **Ls**

예 1.3. 낙서 마방진은 역시 마방진이다. 앞으로도 낙서 마방진은 많이 언급하야 하므로, 낙서 마방진을 **Ls**라고 하자. **Ls**의 1행의 합은 $4+9+2=15$, 2행의 합은 $3+5+7=15$, 3행의 합은 $8+1+6=15$, 1열의 합은 $4+3+8=15$, 2열의 합은 $9+5+1=15$, 3열의 합은 $2+7+6=15$, 주대각선의 합은 $4+5+6=15$, 부대각선의 합은 $2+5+8=15$이므로 3차 마방진이다.

그런데 주대각선 방향의 두 번째 절단대각선은 $\{3,1,2\}$이고 그 합이 15가 아니므로 악마방진은 아니다. 게다가 주대각선 방향의 세 번째 절단대각선은 $\{8, 9, 7\}$, 부대각선 방향의 첫 번째 절단대각선은 $\{4, 1, 7\}$, 부대각선 방향의 두 번째 절단대각선은 $\{3, 9, 6\}$이고, 그 합도 모두 다르다. □

n차 마방진의 모든 항의 합은 1부터 n^2까지의 자연수의 합이고, 각 줄의 합은 이를 n으로 나눈 값이다. 이 값을 n차 마상수(magic constant)라 하고 기호로 M_n으로 나타내자. 마상수 M_n을 구하기 위해 다음 문제를 풀어보자.

문제 1.4. 자연수 1부터 n까지의 합은 얼마인가?

풀이. 윗줄에는 1부터 n까지 차례대로 적고, 아랫줄에는 n부터 1까지 역순으로 윗줄과 줄을 잘 맞춰 아래 그림처럼 적는다.[23]

1	2	3	4	⋯	$n-3$	$n-2$	$n-1$	n
n	$n-1$	$n-2$	$n-3$	⋯	4	3	2	1

문제의 답을 S라 하자. 윗줄의 합도 S고, 아랫줄의 합도 S다. 그런데 1열의 합은 $n+1$이고, 또한 모든 열의 합도 $n+1$이다. 따라서 그림의 모든 수의 합은 두 행으로 생각하면 $2S$, n개의 열로 생각하면 $n(n+1)$이므로 $2S = n(n+1)$이 성립한다. 따라서 자연수 1부터 n까지의 합 S는

$$S = \frac{n(n+1)}{2}$$

이다. □

그러면 자연수 1부터 n^2까지의 합은 얼마일까? 문제 1.4의 답에 있는 n 대신에 n^2을 넣으면 구할 수 있으므로, 자연수 1부터 n^2까지의 합은 다음과 같다.

$$\frac{n^2(n^2+1)}{2}$$

---

[23] 이 풀이과정은 고등학교의 저학년 때 등차수열의 합을 배울 때 이미 보았을 것이다. 혹시 이 글의 독자가 아직 등차수열의 합을 배우지 않았다고 해도 걱정할 필요는 없다. 행렬과 마찬가지로 그냥 풀이를 읽어도 이해하는 데 전혀 지장이 없을 것이므로.

마상수 M_n은 1부터 n^2까지의 자연수의 합을 n으로 나눈 값이므로 다음이 성립한다.

$$M_n = \frac{n^2(n^2+1)}{2} \times \frac{1}{n} = \frac{n(n^2+1)}{2} \tag{1.1}$$

이다. 이미 앞에서 확인한 바와 같이 1차인 뻔한 마방진의 마상수는 1이었고, 3차인 낙서 마방진의 마상수는 15였다. 이 값이 맞는지 확신하기 위해 식 (1.1)에서 직접 마상수를 구하면 $M_1 = 1$, $M_3 = 15$이므로, 앞에서 확인한 마방진에 대한 의심이 있을 이유가 없다.

마지막으로 이 절을 마치기 전에 궁금한 점이 하나 떠오른다. 1차, 3차 마방진의 예를 알고 있기에 1차, 3차 마상수는 이미 접했는데, 아직까지 2차 마방진이나 마상수를 언급한 적이 없다. 물론 2차 마상수가 $M_2 = 5$인 것은 아주 쉽게 식 (1.1)에서 구할 수 있다. 하지만 왜 2차 마방진을 아직도 이 책에서 보여주지 않았을까?

세 줄 요약

마방진과 완전마방진을 정의했다.
1차 마방진은 뻔하고, 낙서 마방진은 3차 마방진이다.
그런데 2차 마방진은 왜 안 보여주는데?

제 3 절   마방진의 합동

1절에서 낙서에는 방위의 개념도 있다고 했고, 지금의 지도 작성법과는 달리 동서남북의 방향이 아래가 북쪽, 위가 남쪽, 오른쪽이 서쪽, 왼쪽이 동쪽을 나타낸다고 했다. 이를 지금의 보편적인 지도 작성법으로 나타내면 낙서는 그림 1.5의 아래와 같이 바뀐다.

그림 1.5의 아래는 원래의 낙서를 180° 회전하여 얻은 것으로 결국 두 낙서는 본질적으로 같다.[24] 달리 설명하면, 낙서는 북쪽에서 남쪽을 보고 있는 황제 앞에 놓인 지도라고 하면 지도의 놓인 위치에서 남쪽에 있던 신하들이 지도와 황제를 북쪽으로 바라 볼때, 그 지도는 그림 1.5의 오른쪽에 있는 것으로 보이게 된다. 또한 황제와 신하 사이에 놓여 있는 지도를 지도의 오른쪽과 왼쪽에 있는 사람에게는 또 다르게 지도가 보일 것이고, 게다가 지도를 거울에 비추어 본다면 또한 전혀 다르게 보일 것이다. 바닥에 놓여 있는 지도는 하나지만 지도를 보는 방향에 따라 지도가 달리 보일 것이고, 또한 지도를 직접 보지 않고 거울에 비추어 보면 지도가 또 다르게 보이게 된다. 지도를 보는 방향과 방법에 따라 지도는 다르게 보이지만 지도는 그대로 변하지 않고 바닥에 잘 놓여 있다. 이 절에서 하고자 하는 내용은 거의 다 말했는데 이제부터 수학적으로 정확히 기술하자.

행렬에서 두 행렬 A와 B의 크기가 같고 같은 위치에 있는 항의 원소도 모두 같을 때, 행렬 A와 B가 같다고 하고 $A = B$라고 쓴다. 마찬가지로 두 방진 A와 B의 크기가 같고 같은 위치에 있는 항의 원소도 모두 같을 때, 방진 A와 B가 같다고 하고 $A = B$라고 쓰자. 그러면 두 방진 A와 B가 다르다는 것은 크기가 같지 않든지 또는 크기가 같더라도 같은 위치에 있는 항의 원소가 어느 하나라도 다른 것이 있다는 것이고, 기호로는 $A \neq B$라고 쓴다.

그러면 그림 1.6의 모두 다른 다음 8개의 2차 방진을 살펴보자. 이 그림에서 첫 줄 왼쪽의 방진 즉, 1행 1열의 방진은 $(1,1)$ 항에 1을 두고 시계 방향으로 차례대로 $2, 3, 4$를 배열하였다. 이 방진을 방진의 중심점을 기준으로 90° 회전[25]한 것이 1행 2열의 방진이고, 180° 회전한 것이 1행 3열의

---

[24] '본질적으로 같다'는 말은 뒤에서 자세히 설명하겠다.
[25] 평면에서 회전에 대한 각을 이야기할 때 방향은 항상 시계반대방향이다. 육상트랙을

14   제 1 장 준비운동

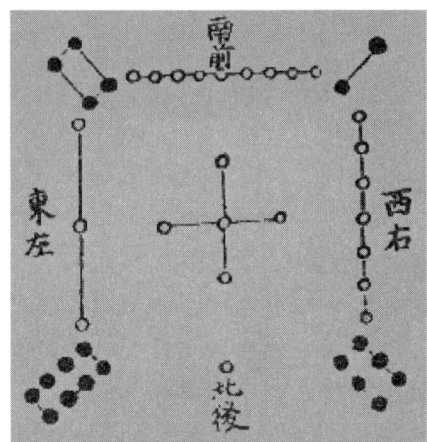

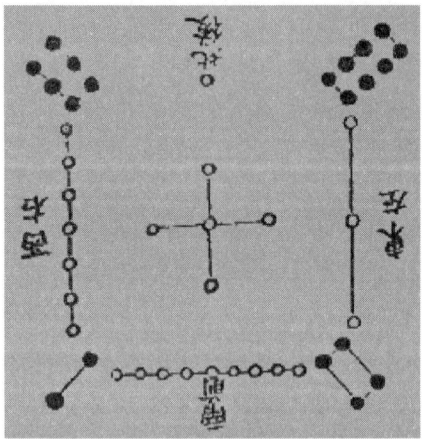

그림 1.5: 아래도 낙서인가? 아닌가?
출처 - https://en.wikipedia.org/wiki/Magic_square

방진이고, 270° 회전한 것이 1행 4열의 방진이다. 2행의 방진은 1행의 방진을 각각 주대각선에 대하여 대칭이동[26]하여 얻었다. 또한 1행 1열의 방진을 중앙수직선[27]에 대하여 대칭이동하면 2행 2열의 방진을 얻고, 부대각

달릴 때도 항상 시계반대방향으로 뛴다.
[26] 어떤 직선에 대한 대칭이동이란 그 직선을 고정하여 회전축으로 삼고 방진 전체를 180° 회전시키는 것이다. 결국 대칭이동은 앞뒤를 뒤집은 것이 된다.
[27] 가운데 위치한 열 또는 그들 사이. 열이 모두 홀수만큼 있으면 가운데 열이 중앙수직선이고, 짝수만큼 있으면 가운데 이웃한 두 열 사이에 중앙수직선이 위치한다.

선에 대하여 대칭이동하면 2행 3열의 방진을 얻고, 중앙수평선[28]에 대하여 대칭이동하면 2행 4열의 방진을 얻는다. 이와 같이 방진에는 방진의 중심점을 기준으로 회전이 0° 회전, 90° 회전, 180° 회전, 270° 회전, 네 개가 존재한다.[29] 또한 주대각선, 부대각선, 중앙수평선, 중앙수직선에 대하여 대칭이동하는 것을 뒤집기라 하는데 또한 뒤집기도 네 개 존재한다.[30]

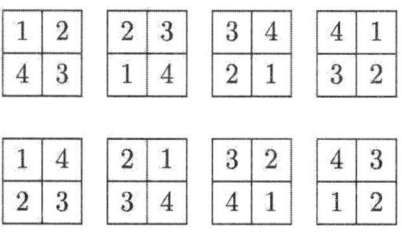

그림 1.6: 서로 다른 8개의 2차 방진

주목 1.5. 서로 다른 평행선에 대한 뒤집기는 뒤집어져서 위치하는 곳이 좀 다르겠지만 결국 결과는 같다. 따라서 '중앙수평선에 대한 뒤집기'는 간단히 수평선에 대한 뒤집기라 해도 상관없다. 그런데 뒤에 가서는 네 가지의 뒤집기를 엄청 많이 언급해야 하는데, 더욱 간단히 '중앙수평선에 대한 뒤집기'는 그냥 수평선 뒤집기라 하자. 주의할 것은 '수평선 뒤집기'는 가운데의 '에 대한'이 생략된 것이지, 절대로 수평선을 뒤집는 것은 아니다. 다른 뒤집기도 간단히 수직선 뒤집기, 주대각선 뒤집기, 부대각선 뒤집기라 하자. □

그런데 방진을 회전시켜 변환된 새로운 방진은 결국 방진은 그대로 있고, 방진을 바라보는 사람의 눈의 위치가 바뀐 것뿐이다. 또한 방진을 뒤집어서 얻은 새로운 방진은 결국 방진을 그대로 두고, 그것을 거울에 비춰

---

[28] 중앙수직선의 정의에서 열을 모두 행으로 바꾸면 된다.
[29] 책은 직사각형이고 방진은 정사각형인데, 방진을 표현할 때 방진의 가로와 세로가 각각 책의 가로와 세로에 평행하게 배치한다. 그러면 방진의 중심점을 기준으로 회전하여 다시 방진의 가로와 세로가 책의 가로와 세로에 평행하게 되려면 0°, 90°, 180°, 270° 회전하야 하고, 이것들뿐이다.
[30] 방진을 뒤집어서 다시 방진의 가로와 세로가 책의 가로와 세로에 평행하게 되는 것은 이런 네 개가 전부다.

보는 것과 같으므로 결국 방진이 바뀐 것은 아니다.[31] 단지 회전이나 뒤집기는 방진을 바라보는 눈의 위치나 보는 방법이 바뀐 것이고, 방진은 그냥 계속 똑같다. 이러한 현상을 조금 학술적으로 이야기 하는 방법은

회전과 뒤집기로 변환된 방진은 결국 '본질적으로 같다'

라고 한다. 본질적으로 같은 방진은 서로 합동이라고도 한다. 좀 더 자세히 또는 명확히 이야기하면 다음과 같다. 임의의 방진 A와 임의의 회전 또는 뒤집기 F에 대하여 A'은 A를 F에 의해 변환된 방진이라 하자. 즉, $A' = F(A)$이다. 이때 A와 A'은 본질적으로 같다고 한다. 또한 A와 A'은 서로 합동이라고도 한다. 앞으로는 '본질적으로 같다'보다는 '합동'이라는 말을 더 많이 사용할 것이다.

주목 1.6. 지금까지는 별 무리없이 부드럽게 잘 진행되고 있었는데, 방금 엄청나게 문제가 많은 이야기를 했다. 방금 한 일은 '본질적으로 같다'와 '합동'을 정의했다. 무엇이 문제일까? 국어에서 조사 '와'(또는 '과', 영어로는 and)는 앞과 뒤의 단어를 같은 자격으로 이어주는 일을 한다. 게다가 '서로 합동'에서 합동 앞에 붙은 부사 '서로'의 의미도 관계를 이루는 대상을 같은 자격으로 한꺼번에 이야기할 때 사용되는 말이다. 따라서 'A와 A'은 서로 합동이다'와 'A'과 A는 서로 합동이다'는 같은 의미를 가져야 한다. 그런데 'A와 A'은 서로 합동이다'라 하면 정의에 의하여 $A' = F(A)$를 만족하는 어떤 회전이나 뒤집기 F가 존재함을 의미한다. 하지만 $A = G(A')$를 만족하는 어떤 회전이나 뒤집기 G가 존재하는지는 아직은 알 수 없다. 즉 문제가 전혀 생기지 않도록 명확히 '본질적으로 같다'나 합동을 정의하기 위해서는 두 방진 A와 A'에 대하여 $A' = F(A)$, $A = G(A')$를 만족하는 회전이나 뒤집기 F와 G가 존재해야만 한다. □

방진의 회전과 뒤집기에 대하여 좀 더 공부하자. 먼저 8개의 회전과 뒤집기를 기호로 나타내자. 0° 회전을 R_0, 90° 회전을 R_1, 180° 회전을 R_2, 270° 회전을 R_3이라 하자.[32] 또한 주대각선 뒤집기를 $S^{\setminus}$, 수평선 뒤집기

---

[31] 방진을 뒤집어서 얻은 새로운 방진은 결국 방진을 그대로 두고 사람이 방진 뒤 쪽으로 가서 보는 것과도 같다. 따라서 회전이나 뒤집기나 이래저래 눈의 위치가 바뀐 것뿐이다.
[32] 회전은 영어로 rotation이다.

를 S^-, 부대각선 뒤집기를 $S^{\diagup}$, 수직선 뒤집기를 $S^|$ 로 나타내자.[33] 즉, 방진의 회전과 뒤집기는 모두 8개로 R_0, R_1, R_2, R_3 와 $S^{\diagdown}, S^-, S^{\diagup}, S^|$ 가 있다. 방진의 회전과 뒤집기는 방진을 방진으로 보내는 변환[34]으로 생각할 수 있는데, 이때 두 방진은 합동이므로 회전과 뒤집기를 합동변환이라 하자. 이 중에서 R_0 는 임의의 방진을 같은 방진으로 보낸다. 즉, 임의의 방진 A 에 대하여 회전 R_0 는 항상

$$R_0(A) = A$$

를 만족한다. 함수에서는 이와 같은 성질을 갖는 함수를 항등함수라고 하므로, R_0 를 항등변환이라고 하자.

다음으로 회전과 뒤집기의 합성에 대하여 생각하자. 방진을 회전이나 뒤집기로 보내면 다시 방진이므로 또 회전이나 뒤집기로 보낼 수 있다. 그런데 회전이나 뒤집기로 한 번이 아닌 두 번 연속으로 보내면 그 결과가 회전이나 뒤집기가 될까? 어떻게 되는지를 확인하자. F 와 G 를 회전이나 뒤집기라 하고, A 를 방진이라 하면 회전과 뒤집기의 합성 $G \circ F$ 를 다음과 같이 정의하자.

$$(G \circ F)(A) = G(F(A))$$

그림 1.7은 1열의 회전과 뒤집기를 F 라 하고 1행의 회전과 뒤집기를 G 라 했을 때, 회전과 뒤집기의 합성 $G \circ F$ 를 나타낸 것이다. 결론은 회전과 뒤집기의 합성은 다시 회전과 뒤집기가 됨을 알 수 있다.

그런데 그림 1.7을 보면 8개의 회전과 뒤집기의 합성인 $R_0 \circ R_0, R_1 \circ R_3$, $R_2 \circ R_2, R_3 \circ R_1, S^{\diagdown} \circ S^{\diagdown}, S^- \circ S^-, S^{\diagup} \circ S^{\diagup}, S^| \circ S^|$ 는 모두 R_0, 즉 항등변환이 됨을 알 수 있다. 어떤 변환 F 에 대하여 $G \circ F$ 와 $F \circ G$ 가 모두 항등변환이 되는 변환 G 가 존재하면 G 를 F 의 역변환이라 하고 F^{-1} 로 나타낸다. 그림 1.8은 8개의 합동변환의 역변환을 나타낸 것이다.

이제 다시 본질적으로 같은 두 방진 또는 합동인 두 방진에 대한 이야기

---

[33]뒤집기는 반사(reflection) 또는 대칭(symmetry)이라고 하기도 한다.
[34]방진을 방진으로 보내는 변환은 여러 가지가 있지만 우리는 모두 8개의 회전과 뒤집기만 생각한다.

$F\backslash G$	R_0	R_1	R_2	R_3	$S^{\backslash}$	S^{-}	$S^{/}$	$S^{|}$
R_0	R_0	R_1	R_2	R_3	$S^{\backslash}$	S^{-}	$S^{/}$	$S^{|}$
R_1	R_1	R_2	R_3	R_0	$S^{|}$	$S^{\backslash}$	S^{-}	$S^{/}$
R_2	R_2	R_3	R_0	R_1	$S^{/}$	$S^{|}$	$S^{\backslash}$	S^{-}
R_3	R_3	R_0	R_1	R_2	S^{-}	$S^{/}$	$S^{|}$	$S^{\backslash}$
$S^{\backslash}$	$S^{\backslash}$	S^{-}	$S^{/}$	$S^{|}$	R_0	R_1	R_2	R_3
S^{-}	S^{-}	$S^{/}$	$S^{|}$	$S^{\backslash}$	R_3	R_0	R_1	R_2
$S^{/}$	$S^{/}$	$S^{|}$	$S^{\backslash}$	S^{-}	R_2	R_3	R_0	R_1
$S^{|}$	$S^{|}$	$S^{\backslash}$	S^{-}	$S^{/}$	R_1	R_2	R_3	R_0

그림 1.7: 합동변환의 합성 $G \circ F$

F	R_0	R_1	R_2	R_3	$S^{\backslash}$	S^{-}	$S^{/}$	$S^{|}$
F^{-1}	R_0	R_3	R_2	R_1	$S^{\backslash}$	S^{-}	$S^{/}$	$S^{|}$

그림 1.8: 합동변환의 역변환

를 마무리 하자. 어떤 집합 X의 임의의 원소 $a, b, c \in X$에 대하여 주어진 둘 사이의 관계 $\sim$[35]이 다음 세 가지 성질

1. (반사율) $a \sim a$

2. (대칭률) $a \sim b$면 $b \sim a$

3. (추이율) $a \sim b, b \sim c$면 $a \sim c$

를 만족하면 동등관계(equivalence relation)라고 한다. 그러면 방진에 대하여 '본질적으로 같은' 또는 '합동'은 동등관계가 되는지 확인하자. 방진 A와 A'이 $A' = F(A)$를 만족하는 어떤 회전이나 뒤집기 F가 존재하면 A와 A'을 합동이라고 했다. 그런데 항등변환 R_0에 의하여

---

[35]둘 사이의 관계 $\sim$을 어떻게 읽는 지는 신경쓰지 말자. 여기에서만 기호 $\sim$을 쓸 뿐이니···

$$R_0(A) = A$$

를 만족하므로 반사율이 성립하고, $F(A) = B$ 면 F의 역변환 F^{-1}에 의하여

$$F^{-1}(B) = A$$

이므로 대칭률이 성립하고, $F(A) = B$ 이고 $G(B) = C$ 면 두 변환의 합성인 $(G \circ F)$ 에 의하여

$$(G \circ F)(A) = G(F(A)) = G(B) = C$$

이므로 추이율이 성립하여 두 방진의 합동은 동등관계가 된다. 따라서 두 방진에 대한 합동의 정의는 잘 정의되었다. 두 방진 A와 B가 서로 합동이면 기호로 $A \equiv B$로 나타내자. 그림 1.6의 8개의 2차 방진은 모두 합동이다. $n \geq 2$일 때 각각의 원소가 모두 다른 하나의 n차 방진이 있으면 자기 자신을 포함하여 모두 8개의 합동인 방진이 존재한다.

이제 2차 마방진이 몇 개나 있는지 생각해보자. 먼저 1부터 4까지 자연수, 즉 $\mathbb{N}_4$의 원소를 반복하여 사용하지 않고 단 한 번만 사용하여 만들 수 있는 2차 방진부터 생각하자. 2차 방진에는 네 개의 격자가 있는데, 이 네 개의 격자가 모두 다르다고[36] 생각하면 순열을 이용하여 $4! = 4 \times 3 \times 2 \times 1 = 24$ 개의 2차 방진이 있음을 알 수 있다.[37] 이미 앞에서 8개는 구했다. 그런데 전부 24개의 2차 방진에는 본질적으로 다른 방진이 세 개만 존재한다. 왜냐하면 $24/8 = 3$. 앞에서 구한 8개의 2차 방진을 잘 살펴보면 1이 위치한 대각선의 다른 항은 항상 3이다. 2와 4는 나머지 두 격자에 넣으면 되는데 어떻게 배치하더라도 뒤집으면 같아지므로 1이 위치한 대각선의 다른 항이 결정되면 그 뒤는 어떻게 하더라도 본질적으로 같다. 따라서 합

---

[36] 위치가 다르기 때문에 이렇게 생각할 수 있다.
[37] 자연수 n에 대하여 $n!$의 값은 $n! = n \times (n-1) \times \cdots 2 \times 1$로 정의한다. 0!은 1로 정의한다. 네 개의 격자 중에 먼저 하나를 선택하면 여기에 네 수 중에 하나를 넣고, 다음 격자에는 남은 세 수 중에서 하나를 넣고, 그다음 격자에는 남은 두 수 중에서 하나를 넣고, 마지막 격자에 남은 하나를 넣는 수를 구하면 $4! = 24$.

동인 것을 제외하면 다음과 같은 세 개의 2차 방진만 존재한다.

1	3
4	2

1	2
4	3

1	2
3	4

그런데 이들 모두 마방진이 아니므로, 2차 마방진은 존재하지 않음을 확인하였다. 물론 2차 악마방진도 존재하지 않는다.

세 줄 요약

> 회전이나 뒤집기로 같아지는 방진을 합동이라 한다.
> 일반적으로 방진은 8개의 합동인 방진이 있다.
> 2차 마방진은 없다.

제 4 절 3차 마방진

이제 3차 마방진에 도전해보자. 마방진은 차수가 하나 올라가면 무지막지하게 더 어려워지므로 2차 마방진에서처럼 생각하면 안 된다. 먼저 1부터 9까지 자연수를 반복하여 사용하지 않고 단 한 번만 사용하여 만들 수 있는 3차 방진은 모두

$$9! = 9 \times 8 \times 7 \times 6 \times 5 \times 4 \times 3 \times 2 \times 1 = 36만 2880(개)$$

가 존재하고, 합동인 것을 제외하면 모두 9!/8개의 방진이 존재하는데, 이들이 마방진인지 확인한다고 하면

$$\frac{9!}{8} = 4만5360(개)$$

의 3차 방진을 구하고 확인해야 한다. 사람이 직접 계산할 것은 아니라고 생각한다. 물론 불가능하지만 1초에 하나씩 찾아서 확인한다고 해도 12시간 36분이 걸리고, A4 용지 한 면에 60개의 3차 방진을 그린다고 해도 양면 모두 사용해서 378장이 필요하다. 따라서 3차 마방진은 2차와 다른 전혀 새로운 방법으로 접근하자.

4.1 3차 마방진의 해법 1

먼저 1부터 9까지의 자연수 중에서 중복을 허락하지 않고 세 개를 뽑아 합이 15(마상수 $M_3 = 15$)가 되는 경우를 모두 구해보자. 이 문제를 다음과 같이 고등학교 수학에서 한 번쯤 봤을 만한 문제로 바꿔보자.

문제 1.7. 1부터 9까지의 자연수 중에서 중복을 허락하지 않고 세 개를 뽑아 세 자리 자연수를 만든다고 하자. 각 자릿수의 합이 15가 되고, 백 자릿수는 열 자릿수보다 크고, 열 자릿수는 한 자릿수보다 큰 세 자리 자연수를 크기 순으로 나열하라.[38]

---

[38] 더욱 고등학교 문제처럼 바꾼다면 '세 자리 자연수를 크기순으로 나열'이 아니라 '세 자리 자연수는 몇 개'일 것이다.

풀이. 9를 포함하고 각 자릿수의 합이 15가 되기 위해서는 남은 두 수의 합은 6이어야 하고, 남은 수 중에서 중복을 허락하지 않고 두 개를 뽑아 합이 6이 되는 경우는 $\{1, 5\}$ 와 $\{2, 4\}$ 두 가지 경우뿐이다. $\{3, 3\}$ 은 중복이므로 제외한다. 따라서 문제의 모든 조건을 만족하는 세 자리 자연수 중에서 가장 큰 수는 951이고, 두 번째는 942이다. 다음으로 8을 포함하고 각 자릿수의 합이 15가 되기 위해서는 남은 두 수의 합은 7이어야 하고, 남은 수 중에서 중복을 허락하지 않고 두 개를 뽑아 합이 7이 되는 경우는 $\{1, 6\}$ 와 $\{2, 5\}, \{3, 4\}$ 세 가지 경우뿐이다. 따라서 942 다음으로 큰 수는 순서대로 861, 852, 843이 있다. 다음으로 7을 포함하고 같은 방법으로 구하면 762, 753이 있고, 마지막으로 654가 있다.

9	9	8	8	8	7	7	6
5	4	6	5	4	6	5	5
1	2	1	2	3	2	3	4

따라서 모두 8개의 세 자리 자연수가 있고, 크기순으로 나열하면 위와 같다. □

위의 풀이는 3차 마방진을 찾는 데 이용할 계획이다. 하지만 그러기 전에 3차 마방진에 대하여 좀 더 생각해 보자. 3차 마방진의 $(1, 1)$ 항은 1행, 1열, 주대각선에 걸쳐 있다. $(1, 2)$ 항은 1행과 2열에 걸쳐 있고, 가운데 $(2, 2)$ 항은 2행, 2열, 주대각선과 부대각선에 걸쳐 있다. 다른 항도 모두 이렇게 어디에 걸쳐져 있는지 쉽게 셀 수 있고, 종합하면 꼭짓점 위치인 $(1, 1)$ 항, $(1, 3)$ 항, $(3, 1)$ 항, $(3, 3)$ 항은 세 줄에 걸쳐 있고, 변의 가운데 위치인 $(1, 2)$ 항, $(2, 1)$ 항, $(2, 3)$ 항, $(3, 2)$ 항은 두 줄에 걸쳐 있고, 정가운데 위치인 $(2, 2)$ 항은 네 줄에 걸쳐 있다. 다음 3차 방진은 위치에 따라 몇 줄에 걸쳐 있는지 숫자를 적은 것이다.

3	2	3
2	4	2
3	2	3

제 4 절 3차 마방진 23

앞에서 구한 여덟 개의 세 자릿수에서 1부터 9까지의 수가 몇 번씩 등장하는지 세면 다음과 같다.

수	1	2	3	4	5	6	7	8	9
등장 횟수	2	3	2	3	4	3	2	3	2

이제 3차 마방진이 존재하는지, 존재한다면 어떤 모습일지 파악하는 데 준비를 마쳤다. 먼저 3차 마방진의 9개의 항 중에서 가장 많은 줄에 걸쳐 있는 $(2,2)$항부터 시작하자. 3차 마방진의 $(2,2)$항은 네 줄에 걸쳐 있으므로 등장 횟수가 4 미만의 수는 올 수 없다. 따라서 $(2,2)$항은 5만 가능성이 있다. 남은 8개의 항 중에서 가장 많은 줄에 걸쳐 있는 곳은 네 곳의 꼭지점 위치로 세 줄에 걸쳐 있다. 또한 5를 제외한 남은 8개의 수 중에서 등장 횟수가 3 미만의 수는 올 수 없으므로 가능한 수는 짝수인 2, 4, 6, 8이다. 2를 꼭지점 중에 어디에 넣든지 회전해서 $(1,1)$항으로 가져 올 수 있으므로 $(1,1)$항에 2를 넣었다고 하자. 주대각선의 합이 15가 되어야 하므로 $(3,3)$항은 자동적으로 8을 넣어야 하고, 문제 1.7의 답 중 하나인 852는 사용했다. 남은 두 꼭지점에 남은 짝수인 4와 6을 넣어야 하는데 어떻게 넣어도 주대각선 뒤집기로 같아지므로 $(1,3)$항에 4를, $(3,1)$항에 6을 넣었다고 하자. 부대각선의 합도 15이므로 문제의 답 중 하나인 654를 사용했다. 이제 두 대각선은 완성됐다. 남은 네 간은 행이나 열의 합이 15가 되도록 수를 넣고 마방진인지 확인하면 되는데 조금 더 차분히 생각하자. 1행에는 이미 2와 4가 있으므로 $(1,2)$항에는 문제의 답 중에서 2와 4가 942를 사용하면 된다. 따라서 $(1,2)$항은 9가 되어야 한다. 마찬가지로 $(2,1)$항은 7이 되어야 한다. 이제 $(2,3)$항을 결정하자. 지금까지와 다른 점은 이미 2행에 두 수가 결정되었고, 3열도 두 수가 결정되어 있어서 2행과 3열의 각각의 합이 동시에 15가 되는 수를 $(2,3)$항에 넣어야 한다. 다행이도 $(2,3)$을 제외한 2행의 합은 12이고, $(2,3)$을 제외한 3열의 합도 12이므로 $(2,3)$항에는 3을 넣어야 한다. 즉 문제의 답 중에서 843과 753을 사용했다. 같은 방법으로 $(3,2)$항은 1이 된다. 그리고 문제의 답 모두를 사용했다. 이렇게 구한 3차 방진은 지금까지의 과정으로 3차 마방진임이 확인되었다. 이와 같이 3차 마방진을 만드는 과정에서 합동을 제외하면 다른 경우의 수는 생

각할 여지가 없었으므로 3차 마방진은 합동을 제외하면 이것 하나뿐이다. 다음은 위의 과정을 순서대로 표현한 것으로 마지막이 우리가 구한 3차 마방진이다.

◇	♡	◇
♡	5	♡
◇	♡	◇

2		
	5	
		8

2		4
	5	
6		8

2	9	4
7	5	
6		8

2	9	4
7	5	3
6	1	8

한 가지 더 알게 된 사실은 3차 악마방진은 존재하지 않는다는 것이다. 물론 3차 마방진은 합동을 제외하면 하나뿐인 것을 알았고, 그 하나가 악마방진인지 확인하면 되기는 하다. MD방향의 두 번째 절단대각선의 합이 $7 + 1 + 4 \neq 15$ 이므로 악마방진이 아닌 것은 쉽게 알 수 있다. 하지만 3차 마방진을 구체적으로 구하지 않고도 그 전에 이미 3차 악마방진은 존재하지 않는다는 것을 유추할 수 있었다. 3차 마방진의 $(1, 1)$ 항은 1행, 1열, 주대각선 세 줄에 걸쳐 있지만, 3차 악마방진의 $(1, 1)$ 항은 1행, 1열, 주대각선과 함께 AD방향의 첫 번째 절단대각선에도 걸쳐 있다. 즉 3차 악마방진의 $(1, 1)$ 항은 네 줄에 걸쳐 있고, 다른 모든 항도 네 줄에 걸쳐 있다.[39] 그런데 문제에서 구한 여덟 개의 세 자릿수에서 1부터 9까지의 등장 횟수가 모두 최소한 4가 되어야 하는데 그렇지 않으므로 악마방진은 존재하지 않는다. 게다가 그 전에 문제에서 구한 세 자릿수는 여덟 개뿐이라 3차 악마방진이 존재하지 않는다는 것을 유추할 수 있다. 3차 악마방진에서 생각해야 할 줄은 행과 열이 각각 세 개, 범대각선이 여섯 개로 모두 12줄이 있어야 하는데 문제에서 구한 것으로는 8줄뿐이므로 3차 악마방진이 존재하지 않는다.

마지막으로 우리가 구한 3차 마방진을 수직선을 축으로 뒤집으면 낙서마방진이 된다.

2	9	4
7	5	3
6	1	8

4	9	2
3	5	7
8	1	6

---

[39] 3차 악마방진뿐만 아니라 n차 악마방진의 모든 항이 네 줄에 걸쳐 있다.

4.2 3차 마방진의 해법 2

다른 방법으로도 3차 마방진을 구할 수 있다. 앞의 방법과 비슷한 점은 먼저 $(2,2)$ 항이 5이어야만 한다는 것을 밝히는 것에서부터 시작한다. 다음과 같은 3차 방진이 있다고 하자.

b_{11}	b_{12}	b_{13}
b_{21}	b_{22}	b_{23}
b_{31}	b_{32}	b_{33}

2행의 합, 2열의 합, 주대각선의 합, 부대각선의 합을 생각하면 b_{22} 항은 네 번 등장하지만 다른 항은 모두 한 번씩만 등장한다. 3차 마상수는 $M_3 = 15$ 이고, 3차 방진이 마방진이 되기 위해서는 수식으로 쓰면

$$\begin{aligned} 4 \times 15 &= (b_{21} + b_{22} + b_{23}) + (b_{12} + b_{22} + b_{32}) \\ &\quad + (b_{11} + b_{22} + b_{33}) + (b_{31} + b_{22} + b_{13}) \\ &= (b_{11} + b_{12} + b_{13}) + (b_{21} + b_{22} + b_{23}) \\ &\quad + (b_{31} + b_{32} + b_{33}) + 3b_{22} \\ &= 3 \times 15 + 3b_{22} \end{aligned} \quad (1.2)$$

이므로 $b_{22} = 5$ 가 된다. 즉 3차 마방진의 가운데 격자엔 꼭 5가 있어야 한다. 지금부터는 5를 제외한 나머지 여덟 개 숫자를 어디에 넣어야 하는지 모든 경우를 다 생각하자. 마치 맨땅에 헤딩하는 걸로 생각이 들겠지만 아직 준비운동 중이니 겁먹을 필요는 없다. 먼저 1을 어디에 넣을 지 생각하면 꼭지점이거나 아니거나 두 위치밖에 없다. 왜냐하면 아래 그림의 꼭지점 위치인 ◇ 어디든 회전하면 모두 같은 위치가 되고, 꼭지점이 아닌 위치인 ♡ 어디든 회전하면 같은 위치가 된다.

◇	♡	◇
♡	5	♡
◇	♡	◇

1	×	×
×	5	
×		9

1	?	4
	5	2
		9

우선 ◇ 위치에 1을 넣고 다음을 생각하자.[40] 따라서 $(1,1)$ 항이 1이라고 가정하자. $(3,3)$ 항은 $15 - (1+5) = 9$가 되어야 한다. 이제 2를 어디엔가 넣어야 하는데, 1과 같은 행이나 열에 있으면 나머지 한 숫자가 $15 - (1+2) = 12$가 되어야 하므로 불가능하다. 남은 두 곳 중에서 아무 데나 넣어도 뒤집으면 같아지므로 $(2,3)$ 항에 2를 두자. 그러면 3열을 합이 15가 되기 위해선 $(1,3)$ 항이 4가 되어야 한다. 하지만 1행의 합이 15가 되려면 $(1,2)$ 항이 10이 되어야 하는데 3차 마방진은 9까지만 사용 가능하므로 안 된다. 어디서부터 잘못되었는지 보면, 거슬러 올라가서 $(1,1)$ 항이 1이라고 가정했고, 그 전에 1은 ◇ 위치에 있다고 가정했다. 따라서 1이 ◇ 위치에 있으면 마방진이 되지 않는다.

×	1	×
	5	♠
	9	♣

×	1	×
8	5	2
	9	×

×	1	×
8	5	2
3	9	×

4	1	?
8	5	2
3	9	

그러면 1이 ♡ 위치에 있다고 가정하자. 즉 $(1,2)$ 항이 1이라고 가정하자. $(3,2)$ 항은 9가 된다. 이제 2를 어디엔가 넣어야 하는데, 1과 같은 행에 있으면 안 된다. 따라서 1행과 2열을 제외한 나머지 네 곳에 위치할 수 있는데, $(2,1)$ 항과 $(2,3)$ 항은 뒤집으면 같은 위치이고, $(3,1)$ 항과 $(3,3)$ 항도 뒤집으면 같은 위치이다. 따라서 2가 $(2,3)$ 항에 있을 수도 있고, $(3,3)$ 항에 있을 수도 있다. 2가 $(2,3)$ 항에 있다고 하면, $(2,1)$ 항은 8이 된다. 다음으로 3을 어디엔가 넣어야 하는데, 3은 1이나 2와는 같은 줄에 있으면 안 된다. 따라서 가능한 곳이 $(3,1)$ 항뿐이다. 1열을 완성하면 $(1,1)$ 항은 4가 되는데, $(1,3)$ 항엔 어떤 수도 넣을 수가 없다. 부대각선을 완성하려면 $(1,3)$ 항엔 7이어야 하지만, 그러면 1행의 합이 15가 되지 않는다. 1행부터 완성하려면 $(1,3)$ 항엔 10이어야 하지만 9보다 크고, 물론 부대각선도 안 된다. 이미 이전에 넣은 수로 인하여 $4+1 \neq 3+5$이기 때문에 $(1,3)$ 항엔 어떤 수도 넣을 수가 없다. 어디서부터 잘못되었는지 보면, 거슬러 올라가서 ♠ 위치인 $(2,3)$ 항이 2라고 가정했기 때문이다.

---

[40]물론 여기에 1을 넣으면 마방진이 안 된다는 것을 이미 알고 있다. 그래도 여기에 두면 안 된다는 것을 다른 방법으로 밝히려고 한다.

제 4 절 3차 마방진

×	1	×
	5	♠
	9	♣

8	1	
	5	
4	9	2

8	1	6
	5	
4	9	2

8	1	6
3	5	7
4	9	2

그러면 2가 $(3,3)$ 항에 있다고 하자. 3행을 완성하면 $(3,1)$ 항은 4가 되고, 주대각선을 완성하면 $(1,1)$ 항은 8이 된다. 이제 1행과 부대각선을 완성하려고 하는데 이미 이전에 넣은 수들이 $8+1=4+5$ 이기 때문에 $(1,3)$ 항에 6이 되면 된다. 나머지 1열은 $(2,1)$ 항이 3이어야 완성되고, 3열은 $(2,3)$ 항이 7이어야 완성된다. 마지막으로 확인할 것은 2행의 합이 $3+5+7=15$ 이고, 1부터 9까지 아홉 개의 자연수를 모두 사용하였으므로 마방진이 완성되었음을 확인하였다. 그런데 위의 풀이과정에서 3차 마방진에 대한 해법은 식 (1.2)에 의하여 가운데 $(2,2)$ 항이 5로 결정되었으며, 1의 위치는 꼭지점이 아닌 ♡에 있어야 했고, 그래서 합동을 제외하면 1은 $(1,2)$ 항에 있다고 할 수 있었다. 다음에도 합동을 제외하면 2는 $(3,3)$ 항에 있다고 할 수 있었고, 나머지는 자동적으로 정해졌으므로 3차 마방진은 합동을 제외하면 이것 하나뿐임을 알 수 있다. 이렇게 구한 3차 마방진을 수평선을 축으로 뒤집으면 낙서 마방진을 얻을 수 있다.

8	1	6
3	5	7
4	9	2

- - - - -

4	9	2
3	5	7
8	1	6

4.3 3차 마방진의 해법 3: 시암 방법

프랑스의 수학자이자 외교관인 루베르(Simon de la Loubère)는 시암[41] 왕국을 방문했다가 1688년 프랑스로 돌아와 홀수차 마방진을 간단하게 만드는 시암 방법을 소개했다. 루베르는 시암에 머무를 때 페르시아에서 시암까지 여행했던 프랑스인 의사인 빈센트(Vincent)로부터 이를 배웠는데, 빈센트는 이 방법을 인도에서 배웠다고 한다. 이 방법은 인도에서 만들어진 것으로 여겨지지만 시암으로 알려진 이유는 루베르가 1693년 시암 왕국에 대한 책인 'Du Royaume de Siam'을 출판했고, 이 책에 그 방법이 실려 있어서 시암 방법(Siamese method)으로 널리 알려지게 되었다. 어렸을 때 마방진을 접한 적이 있는 독자라면, 아마도 시암 방법으로 3차 마방진을 만드는 과정을 보았을 가능성이 높다. 그러면 시암 방법으로 3차 마방진을 만들어 보자.

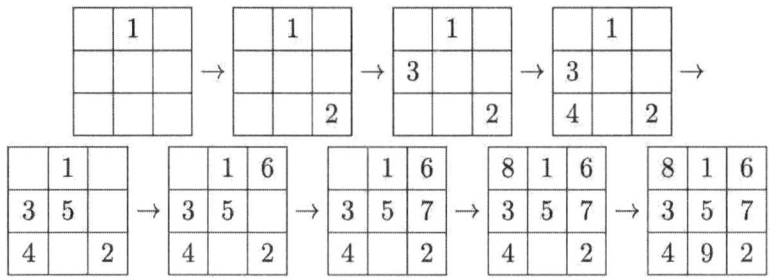

그림 1.9: 시암 방법으로 3차 마방진을 만드는 과정

그림 1.9를 참조하면서 시암 방법을 설명한다. 3차 마방진을 만들 때 시암 방법은 1행의 가운데 항인 (1, 2)항에 1을 적는 것에서부터 시작한다. 이제 다음으로 2를 적기 위해서 이동해야 하는데, 항상 부대각선 방향으로 아래에서 위로(↗) 이동한다. 즉, (1, 2)항에서부터 다음 한 칸 오른쪽 위로 이동하면 방진의 위쪽 밖으로 나간다. 그곳은 굳이 항으로 표현하면 (0, 3)항인데 3차 방진 위에 또 다른 3차 방진이 붙어 있다고 생각하고, 이 붙은 방진을 아래로 이동하여 원래 3차 방진과 겹치게 한다고 생각하자. 그러면

---

[41] 태국의 옛 이름으로 영어로는 Siam, 형용사는 Siamese.

$(0,3)$ 항이 $(3,3)$ 항으로 이동한다. 여기에 2를 적는다. $(3,3)$ 항에서 다시 부대각선 방향으로 아래에서 위로 이동하면 방진의 오른쪽 밖으로 나간다. 앞에서와 마찬가지로 방진 오른쪽에 또 다른 3차 방진이 붙어 있다고 생각하고 이 붙은 방진을 왼쪽으로 이동하여 원래 방진과 겹치게 하면, $(3,3)$ 항에서 $(2,1)$ 항으로 이동하고 여기에 3을 적는다. $(2,1)$ 항에서 다시 부대각선 방향으로 아래에서 위로 이동하면 방진의 밖으로 나가지는 않지만, 거기에는 이미 1이 있어서 부딪친다. 그래서 다른 곳으로 가야 하는데, 처음에 방진의 가장 위의 1행에서 시작했으므로 $(2,1)$ 항에서 한 칸 아래로 이동하여 $(3,1)$ 항에 4를 적는다. $(3,1)$ 항에서 다시 부대각선 방향으로 아래에서 위로 이동하면 아무런 문제 없이 $(2,2)$ 항으로 이동하고 여기에 5를 적고, 다시 $(2,2)$ 항에서 다시 부대각선 방향으로 아래에서 위로 이동하면 또 아무런 문제 없이 $(1,3)$ 항으로 이동하고 여기에 6을 적는다. $(1,3)$ 항에서 다시 부대각선 방향으로 아래에서 위로 이동하면 방진의 밖으로 나가는데, 지금까지 밖으로 나간 방식과는 다르다. 1의 위치에서 밖으로 나갈 때는 1행의 바로 위로 이동했고, 2의 위치에서 밖으로 나갈 때는 3열의 바로 오른쪽으로 이동했지만, 지금 6의 위치에서 밖으로 나가면 1행의 바로 위도 아니고 3열의 바로 오른쪽도 아니다. 이런 경우에는 부딪쳐서 갈 곳이 없다고 간주하고, $(1,3)$ 항에서 한 칸 아래로 이동하여 $(2,3)$ 항에 7를 적는다. 실제로 $(1,3)$ 항에서 부대각선 방향으로 아래에서 위로 이동하면 그곳을 굳이 항으로 표현하면 $(0,4)$ 항인데 이는 $(3,1)$ 항으로 생각할 수 있고, 거기에는 이미 4가 적혀 있으므로 부딪쳐서 한 칸 아래로 이동했다고 생각할 수 있다. 다음으로 같은 방법으로 $(1,1)$ 항에 8를 적고, $(2,3)$ 항에 9를 적는다. 이와 같이 하여 얻은 것은 3차 마방진이고, 수평선을 중심으로 뒤집으면 낙서 마방진이 된다.

 루베르가 소개한 방법은 1행의 가운데 항에서 시작하여 부대각선 방향으로 밖으로 나가는 것인데, 같은 곳에서 시작하여 주대각선 방향으로 밖으로 나가는 방법도 생각할 수 있다. 그림 1.10이 이를 나타낸 것으로 얻어지는 마방진은 시암 방법의 마방진을 수직선을 중심으로 뒤집은 것이다. 또한 시작하는 곳을 1행의 가운데 항이 아니라 마지막 행의 가운데 항, 또는 1열의 가운데 항, 또는 마지막 열의 가운데 항에서 시작하는 방법도 생각할 수 있다. 각각의 경우에 대하여 주대각선 방향으로 밖으로 나가는 방

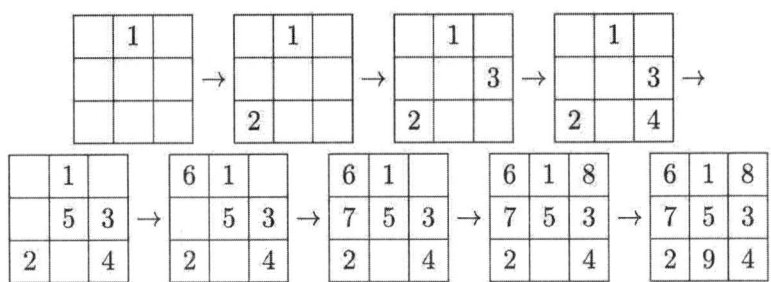

그림 1.10: (1, 2) 항에서 시작하여 주대각선 방향으로 이동하는 방법

법과 부대각선 방향으로 밖으로 나가는 방법으로 두 가지를 생각할 수 있다. 이러면 모두 8개의 서로 합동인 마방진을 얻게 된다. 주의할 점은 이미 숫자가 적혀 있어서 '부딪쳤다'고 표현한 때에 1행에서 시작했으면 한 칸 아래로 이동했는데, 마지막 행에서 시작하면 한 칸 위로 이동하고, 1열에서 시작했으면 한 칸 오른쪽으로 이동하고, 마지막 열에서 시작했으면 한 칸 왼쪽으로 이동해야 한다. 앞으로 시암 방법을 이야기 할 때 애매모호함을 없애기 위해 마지막 열의 가운데에서 시작하고 주대각선 방향으로 이동하는 방법을 표준으로 삼자. 여기서 주대각선 방향은 위에서 아래로 가는 방향(↘)으로 잡고, 이 방법을 주대각선 과정이라 부르자. 주대각선 과정으로 3차 마방진을 만드는 순서는 그림 1.11과 같다.

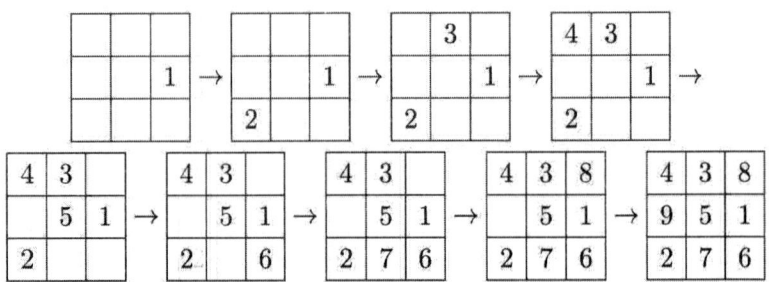

그림 1.11: 3차 마방진의 주대각선 과정

세 줄 요약

3차 마방진의 가운데, (2, 2) 항은 5다.
3차 마방진은 합동을 제외하면 유일하게 존재한다.
그것은 이미 알고 있는 낙서 마방진이다.

제 2 장

마방진의 분해와 보조방진의 치환

준비운동 과정에서 세 가지의 3차 마방진의 해법을 살펴보았다. 그렇다면 우리가 3차 마방진에 대하여는 모든 것을 알고 있다고 할 수 있을까? 먼저 그 과정에서 소개한 시암 방법으로 숫자를 배열하면 왜 마방진이 되는지에 대한 증명도 하지 않았다. 4차 이상의 차수를 갖는 마방진은 3차 마방진보다 더욱 복잡할 것이라는 것은 충분히 예상할 수 있는데, 이 장에서는 3차 마방진을 보다 세밀하게 살펴보고자 한다. 3차 마방진은 1부터 9까지 숫자가 사용되는데, 그 수를 줄이기 위해서 1부터 3까지의 숫자를 각각 세 번씩 사용하는 방진 두 개로 분해하여 이들 방진의 성질을 살펴보려고 한다. 그러면 시암 방법도 어렵지 않게 증명할 수 있고, 더 나아가 새로운 마방진을 만들어 내는 방법에 도달할 수 있는 토대를 구축할 수 있다. 또한 함수의 일종인 치환을 통하여 기존의 마방진으로부터 또 다른 마방진을 쉽게 얻을 수 있는 방법까지 생각해보자. 이 장에서는 3차 마방진에 대하여만 살펴보겠지만, 여기서 다루는 방법은 많은 경우 일반적인 n차 마방진에 대해서도 그대로 적용할 수 있다.

제 1 절 방진의 연산과 마방진의 분해

모든 항이 1인 n차 방진을 n차 일방진이라 하고, J_n으로 나타내자. 예를 들어 J_3는 다음과 같다.

$$J_3 = \begin{array}{|c|c|c|} \hline 1 & 1 & 1 \\ \hline 1 & 1 & 1 \\ \hline 1 & 1 & 1 \\ \hline \end{array}$$

자연수 n과 n차 방진 $A = (a_{ij})$에 대하여 nA를

$$nA = (na_{ij})$$

로 정의하자. 이를 방진의 스칼라 곱이라 한다.[1] 만약 방진 $A = (a_{ij})$와 $B = (b_{ij})$가 모두 같은 n차 방진이면 방진의 합과 차를 다음과 같이 정의한다.

$$A + B = (a_{ij} + b_{ij})$$
$$A - B = (a_{ij} - b_{ij})$$

방진의 연산은 이와 같은 각 항을 n배 하는 스칼라 곱과 두 방진의 같은 위치의 항끼리 더하고 빼는 합과 차만 있으면 마방진을 다루는 데 충분하다.

그러면 방진의 연산을 이용하여 낙서 마방진을 다음과 같은 과정으로 좀 더 쉽게 파악할 수 있게 고쳐보자. 우선 낙서 마방진에서 일방진을 빼면,

$$\begin{array}{|c|c|c|} \hline 4 & 9 & 2 \\ \hline 3 & 5 & 7 \\ \hline 8 & 1 & 6 \\ \hline \end{array} - J_3 = \begin{array}{|c|c|c|} \hline 4 & 9 & 2 \\ \hline 3 & 5 & 7 \\ \hline 8 & 1 & 6 \\ \hline \end{array} - \begin{array}{|c|c|c|} \hline 1 & 1 & 1 \\ \hline 1 & 1 & 1 \\ \hline 1 & 1 & 1 \\ \hline \end{array} = \begin{array}{|c|c|c|} \hline 3 & 8 & 1 \\ \hline 2 & 4 & 6 \\ \hline 7 & 0 & 5 \\ \hline \end{array} \quad (2.1)$$

이므로, 결과는 0부터 8까지의 정수로 이루어진 방진이 된다.[2] 이들 정수

---

[1] 일반적으로 스칼라 곱은 임의의 실수를 모두 곱할 수 있지만, 우리는 이 책에서 n차 방진에는 n만 곱할 것이다.

[2] 우리의 마방진은 1부터 n^2까지의 자연수로 이루어져 있지만, 어떤 이들은 마방진을 0부터 $n^2 - 1$까지의 정수로 이루어진 것으로 정의하기도 한다. 이런 경우엔 식 (2.1)의

를 3으로 나눈 몫과 나머지로 다음과 같이 나타낼 수 있다.

$$0 = 3 \times 0 + 0, \quad 1 = 3 \times 0 + 1, \quad 2 = 3 \times 1 + 2$$
$$3 = 3 \times 1 + 0, \quad 4 = 3 \times 1 + 1, \quad 5 = 3 \times 2 + 2 \quad (2.2)$$
$$6 = 3 \times 2 + 0, \quad 7 = 3 \times 2 + 1, \quad 8 = 3 \times 3 + 2$$

3으로 나눌 때 아홉 개의 항등식의 우변은 몫을 q라 하고, 나머지를 r이라 하면 공통적으로 $3q + r$인 형태가 되는데, 음수가 아닌 정수를 3으로 나누었으므로 몫과 나머지는 모두 $0 \leq q, r \leq 2$인 정수가 된다. 식 (2.1)의 마지막 방진은 각 항을 식 (2.2)를 이용하면 모두 $3q + r$의 형태이므로 다음과 같이

$$\begin{array}{|c|c|c|}\hline 3&8&1\\\hline 2&4&6\\\hline 7&0&5\\\hline\end{array} = 3\begin{array}{|c|c|c|}\hline 1&2&0\\\hline 0&1&2\\\hline 2&0&1\\\hline\end{array} + \begin{array}{|c|c|c|}\hline 0&2&1\\\hline 2&1&0\\\hline 1&0&2\\\hline\end{array} \quad (2.3)$$

몫으로 이루어진 방진에 3을 곱한 것과 나머지로 이루어진 방진의 합으로 표현할 수 있다.[3]

그런데 3차 마방진은 1부터 $9 = 3^2$까지의 자연수로 이루어져 있고, 0은 포함하고 있지 않다. 그래서 식 (2.3)의 우변에 있는 몫과 나머지로 이루어진 방진의 0과 1과 2를 다음과 같이 일방진을 이용하여 순서대로 1, 2, 3으로 바꾸자.

$$3\begin{array}{|c|c|c|}\hline 1&2&0\\\hline 0&1&2\\\hline 2&0&1\\\hline\end{array} = 3\begin{array}{|c|c|c|}\hline 1&2&0\\\hline 0&1&2\\\hline 2&0&1\\\hline\end{array} + 3\begin{array}{|c|c|c|}\hline 1&1&1\\\hline 1&1&1\\\hline 1&1&1\\\hline\end{array} - 3J_3$$

우변이 3차 마방진이 되고, 각 줄의 합은 12가 된다.

[3]마방진을 0부터 $n^2 - 1$까지의 정수로 이루어진 것으로 정의하면 식 (2.3)가 우리가 앞으로 다룰 마방진의 분해에 대한 깔끔한 표현이다. 하지만 우리는 마방진이 1부터 n^2까지의 자연수로 이루어진 것으로 정의했기 때문에 조금은 지저분한 과정을 더 거쳐야 한다.

$$= 3\begin{array}{|c|c|c|}\hline 2 & 3 & 1 \\\hline 1 & 2 & 3 \\\hline 3 & 1 & 2 \\\hline\end{array} - 3J_3 \qquad (2.4)$$

$$\begin{array}{|c|c|c|}\hline 0 & 2 & 1 \\\hline 2 & 1 & 0 \\\hline 1 & 0 & 2 \\\hline\end{array} = \begin{array}{|c|c|c|}\hline 0 & 2 & 1 \\\hline 2 & 1 & 0 \\\hline 1 & 0 & 2 \\\hline\end{array} + \begin{array}{|c|c|c|}\hline 1 & 1 & 1 \\\hline 1 & 1 & 1 \\\hline 1 & 1 & 1 \\\hline\end{array} - J_3$$

$$= \begin{array}{|c|c|c|}\hline 1 & 3 & 2 \\\hline 3 & 2 & 1 \\\hline 2 & 1 & 3 \\\hline\end{array} - J_3 \qquad (2.5)$$

마지막으로 낙서 마방진을 식 (2.1)부터 식 (2.5)까지를 이용하면 다음을 얻는다.

$$\begin{array}{|c|c|c|}\hline 4 & 9 & 2 \\\hline 3 & 5 & 7 \\\hline 8 & 1 & 6 \\\hline\end{array} = \begin{array}{|c|c|c|}\hline 3 & 8 & 1 \\\hline 2 & 4 & 6 \\\hline 7 & 0 & 5 \\\hline\end{array} + J_3 = 3\begin{array}{|c|c|c|}\hline 1 & 2 & 0 \\\hline 0 & 1 & 2 \\\hline 2 & 0 & 1 \\\hline\end{array} + \begin{array}{|c|c|c|}\hline 0 & 2 & 1 \\\hline 2 & 1 & 0 \\\hline 1 & 0 & 2 \\\hline\end{array} + J_3$$

$$= 3\begin{array}{|c|c|c|}\hline 2 & 3 & 1 \\\hline 1 & 2 & 3 \\\hline 3 & 1 & 2 \\\hline\end{array} - 3J_3 + \begin{array}{|c|c|c|}\hline 1 & 3 & 2 \\\hline 3 & 2 & 1 \\\hline 2 & 1 & 3 \\\hline\end{array} - J_3 + J_3$$

$$= 3\begin{array}{|c|c|c|}\hline 2 & 3 & 1 \\\hline 1 & 2 & 3 \\\hline 3 & 1 & 2 \\\hline\end{array} - 3J_3 + \begin{array}{|c|c|c|}\hline 1 & 3 & 2 \\\hline 3 & 2 & 1 \\\hline 2 & 1 & 3 \\\hline\end{array} \qquad (2.6)$$

낙서 마방진의 1에서 $9 = 3^2$까지의 각 항은 식 (2.6)의 결론에서 다음과 같이 계산되었다.

$$1 = 3 \times (1-1) + 1,\ 2 = 3 \times (1-1) + 2,\ 3 = 3 \times (1-1) + 3$$
$$4 = 3 \times (2-1) + 1,\ 5 = 3 \times (2-1) + 2,\ 6 = 3 \times (2-1) + 3 \quad (2.7)$$
$$7 = 3 \times (3-1) + 1,\ 8 = 3 \times (3-1) + 2,\ 9 = 3 \times (3-1) + 3$$

이제 일반적인 n차 마방진에서도 적용할 수 있도록 일반화하여 생각해 보자. 1부터 n^2 까지의 n^2 개의 각각의 자연수 k를

$$k = n \times (a-1) + b \quad (단, 1 \leq a, b \leq n) \qquad (2.8)$$

의 형태로 표현하면, 1부터 n^2 까지의 임의의 자연수 k에 대하여 자연수 a와 b는 유일하게 결정된다. 그러면 정말로 유일하게 결정되는지 증명해보자. $a \neq a'$ 또는 $b \neq b'$에 대하여

$$k = n \times (a-1) + b = n \times (a'-1) + b'$$

이라고 가정하자. 이항해서 정리하면 다음과 같은 항등식을 얻는다.

$$n \times (a - a') = b' - b$$

우변의 $b' - b$는 아무리 커도 n보다는 작고, 아무리 작아도 $-n$보다는 크다. 즉, $-n < b' - b < n$인데. 좌변은 n의 배수이므로 $b' - b$가 될 수 있는 값은 0뿐이다. 따라서 $b = b'$이고, 당연히 $a = a'$이다. 즉 유일하게 결정됨을 증명하였다.

앞으로 n차 마방진의 항을 식 (2.8)처럼 나타냈을 때

$$a \triangleright b = n \times (a-1) + b \quad (단, 1 \leq a, b \leq n) \qquad (2.9)$$

로 표기하자.[4] 식 (2.8)과 식 (2.9)를 한번에 쓰면

$$k = a \triangleright b = n \times (a-1) + b \quad (단, 1 \leq a, b \leq n) \qquad (2.10)$$

인데, 이때 a를 k의 연산 $\triangleright$에 대한 몫, b를 k의 연산 $\triangleright$에 대한 나머지라

---

[4] 표기법 $a \triangleright b$에서 n차 마방진에서 다루기 때문에 n도 표기법에 명시해야 하지만 혼동할 일이 없을 것이므로 n은 생략하였다.

$$\begin{array}{|c|c|c|} \hline 4 & 9 & 2 \\ \hline 3 & 5 & 7 \\ \hline 8 & 1 & 6 \\ \hline \end{array} = \begin{array}{|c|c|c|} \hline 2 & 3 & 1 \\ \hline 1 & 2 & 3 \\ \hline 3 & 1 & 2 \\ \hline \end{array} \triangleright \begin{array}{|c|c|c|} \hline 1 & 3 & 2 \\ \hline 3 & 2 & 1 \\ \hline 2 & 1 & 3 \\ \hline \end{array}$$

그림 2.1: 낙서 마방진의 분해

고 하자.[5]

낙서 마방진을 연산 $\triangleright$ 을 이용하여 나타내면, 우선 낙서 마방진이 3차 마방진이므로 $n = 3$이고, 1부터 9까지의 자연수는 연산 $\triangleright$ 에 의한 몫 q와 나머지 r은 식 (2.7)과 식 (2.10)을 결합하여 다음과 같다.

$$\begin{aligned} 1 &= 1 \triangleright 1, & 2 &= 1 \triangleright 2, & 3 &= 1 \triangleright 3 \\ 4 &= 2 \triangleright 1, & 5 &= 2 \triangleright 2, & 6 &= 2 \triangleright 3 \\ 7 &= 3 \triangleright 1, & 8 &= 3 \triangleright 2, & 9 &= 3 \triangleright 3 \end{aligned} \tag{2.11}$$

따라서 낙서 마방진을 분해한 후에 연산 $\triangleright$ 을 이용하면 그림 2.1과 같이 두 개의 3차 방진으로 나타낼 수 있다. 이렇게 마방진 M을 연산 $\triangleright$ 을 이용하여 방진 Q와 R로

$$M = Q \triangleright R$$

로 나타내는 것을 마방진을 분해한다고 하고 방진 Q와 R을 마방진 M의 보조방진이라 하자. 특히 Q를 M의 몫 보조방진, R을 M의 나머지 보조방진이라 하자.

세 줄 요약

> 방진의 연산으로 합과 차, n배, $\triangleright$ 를 정의했다.
> 연산 $\triangleright$ 는 나눗셈과 비슷하게 생각한다.
> 마방진을 간단한 두 개의 보조방진으로 분해할 수 있다.

---

[5]나눗셈에서 이야기하는 몫과 나머지는 아니지만 연산 $\triangleright$ 에서 몫과 나머지의 역할을 한다고 생각할 수 있다.

제 2 절 보조방진의 성질

낙서 마방진을 분해하여 두 보조방진과 연산 ▷로 나타낸 식 (2.1)의 좌변과 우변을 바꿔 쓰면 다음과 같다.

$$
\begin{array}{|c|c|c|} \hline 2 & 3 & 1 \\ \hline 1 & 2 & 3 \\ \hline 3 & 1 & 2 \\ \hline \end{array} \triangleright
\begin{array}{|c|c|c|} \hline 1 & 3 & 2 \\ \hline 3 & 2 & 1 \\ \hline 2 & 1 & 3 \\ \hline \end{array} =
\begin{array}{|c|c|c|} \hline 4 & 9 & 2 \\ \hline 3 & 5 & 7 \\ \hline 8 & 1 & 6 \\ \hline \end{array}
\tag{2.12}
$$

마방진을 몫 보조방진과 나머지 보조방진으로 분해한 것을 이렇게 좌변과 우변의 위치를 바꿔 보면, 적당한 보조방진 두 개를 찾아서 연산 ▷로 합성하여 마방진을 얻을 수 있다는 사실을 알 수 있다. 몫 보조방진 Q와 나머지 보조방진 R을 연산 ▷로 $Q \triangleright R$을 구하여 마방진을 얻는 것을 연산 ▷로 합성한다고 하자.

그래서 이 절에서는 보조방진의 성질을 파악하고자 한다. 마방진의 정의는 크게 두 부분으로 나눌 수 있다. 하나는 마방진을 구성하는 각 줄의 합이 모두 같다는 것이고, 다른 하나는 n차 마방진은 1부터 n^2까지의 n^2개의 자연수를 빠짐없이 단 한 번씩만 사용한다는 것이다. 두 번째 조건은 너무나 당연하게 생각하고 간과할 수도 있겠지만, 이 조건으로부터 보조방진의 기본적인 성질을 도출할 수 있다.

식 (2.10)에서 정의한 연산 ▷을 다시 쓰고, n차 마방진의 각 항을 구성하는 1부터 n^2까지의 n^2개의 자연수를 연산 ▷에 대한 몫과 나머지를 구해보자.

$$k = a \triangleright b = n \times (a-1) + b \quad (\text{단}, 1 \leq a, b \leq n)$$

a와 b의 범위가 $1 \leq a, b \leq n$이므로 $n \times (a-1)$는 0이거나 n의 배수가 되는 자연수이고, b는 n 이하의 자연수가 된다. 먼저, 1부터 n^2까지의 자연수 중에서 첫 n개의 자연수 $k = 1, 2, \cdots, n$의 연산 ▷에 대한 나머지는 순서대로 $1, 2, \cdots, n$이고, k와 나머지가 같으므로 $n \times (a-1) = 0$이 되어 이들의 연산 ▷에 대한 몫은 1이 된다. 다음으로 두 번째 n개의 자연수 $k = n+1, n+2, \cdots, 2n$의 연산 ▷에 대한 나머지는 마찬가지로 순서대

로 $1, 2, \cdots, n$이고, 따라서 $n \times (a-1) = n$이 되어 이들의 연산 $\triangleright$에 대한 몫은 2가 된다. 즉, 1부터 n^2까지의 자연수의 연산 $\triangleright$에 대한 나머지는 크기 순서대로 $1, 2, \cdots, n$이 계속 반복적으로 되고, 몫은 첫 n개의 자연수 $1, 2, \cdots, n$는 1, 두 번째 n개의 자연수 $n+1, n+2, \cdots, 2n$는 2, 세 번째 n개의 자연수 $2n+1, 2n+2, \cdots, 3n$은 3, $\cdots$, 마지막 n 번째 n개의 자연수 $(n-1)n+1, (n-1)n+2, \cdots, n^2$은 n이 된다.

    i행 j열, 즉 (i,j)항이 $(i-1)n+j$인 n차 방진을 생각하자. 이 방진의 항은 1부터 n^2까지의 자연수로 이루어져 있는데, 다음과 같다.

1	2	3	$\cdots$	n
$n+1$	$n+2$	$n+3$	$\cdots$	$2n$
$2n+1$	$2n+2$	$2n+3$	$\cdots$	$3n$
$\vdots$	$\vdots$	$\vdots$	$\ddots$	$\vdots$
$(n-1)n+1$	$(n-1)n+2$	$(n-1)n+3$	$\cdots$	n^2

(2.13)

이를 마방진이라 생각하고 분해하면 다음과 같다.

1	1	1	$\cdots$	1		1	2	3	$\cdots$	n
2	2	2	$\cdots$	2		1	2	3	$\cdots$	n
3	3	3	$\cdots$	3	$\triangleright$	1	2	3	$\cdots$	n
$\vdots$	$\vdots$	$\vdots$	$\ddots$	$\vdots$		$\vdots$	$\vdots$	$\vdots$	$\ddots$	$\vdots$
n	n	n	$\cdots$	n		1	2	3	$\cdots$	n

(2.14)

식 (2.14)의 연산 $\triangleright$의 몫으로 이루어진 방진과 나머지로 이루어진 방진 둘 다 1부터 n까지의 자연수가 모두 n번씩 배열되어 있다. 물론 방진 (2.13)이 마방진은 아니지만 n차 마방진은 방진 (2.13)의 각 항의 위치가 바뀌어 각 줄의 합이 같아지게 되는 것이므로 그 마방진의 몫 보조방진과 나머지 보조방진은 식 (2.14)의 두 방진의 각 항의 위치가 바뀌는 것일 뿐이다. 따라서 마방진의 몫 보조방진과 나머지 보조방진은 둘 다 1부터 n까지의 자연수가 모두 n번씩 배열한다.

    앞 절에서 보조방진을 마방진을 분해하여 얻은 것으로 정의했는데, 지금부터는 n 차 방진으로 1부터 n 까지의 자연수가 모두 n 번씩 배열된 것을 n 차 보조방진이라고 부르자. 즉 보조방진의 정의가 확장되었다. 그래서 식 (2.14)의 두 방진은 이제 보조방진이라고 부를 수 있다. 그런데 앞 절에서 정의한 몫 보조방진과 나머지 보조방진의 정의는 전혀 손대지 않았으므로, 몫 보조방진과 나머지 보조방진은 마방진을 분해하여 얻은 것이거나 또는 두 보조방진을 연산 ▷ 로 합성하여 마방진을 만들 수 있는 것이어야 한다. 이제 새롭게 확장된 보조방진의 정의에 의하여 다음의 보조정리를 얻는다.

보조정리 2.1. 마방진의 몫 보조방진이나 나머지 보조방진이 되기 위해서는 우선 보조방진이어야 한다.

식 (2.12)에 의하면 몫 보조방진 Q 와 나머지 보조방진 R 을 연산 ▷ 로 합성하여 마방진 $Q \triangleright R = M$ 을 얻는다. 그런데 M 이 마방진이므로 M 의 각 항은 1부터 n^2 까지의 n^2 개의 자연수가 빠짐없이 단 한 번씩만 등장하므로 $Q \triangleright R$ 의 n^2 개의 각 항은 모두 다른 순서쌍 $q \triangleright r$ 로 이루어져야 한다.[6] 이러한 성질을 수학적으로 명확하게 기술하자. 두 n 차 보조방진 $A = (a_{ij})$ 와 $B = (b_{ij})$ 가

$$\{a_{ij} \triangleright b_{ij}\}_{1 \leq i,j \leq n} = \{i \triangleright j\}_{1 \leq i,j \leq n} \tag{2.15}$$

를 만족하면 두 보조방진 A 와 B 는 서로 직교한다고 한다.[7] 수학적으로 명확히 기술했는데 수식의 기호가 조금 어려울 수도 있겠다. 낙서 마방진으로 예를 들어 설명하겠다. 낙서 마방진은 3차이므로 $n = 3$ 이고, 바로 위의 식 (2.15)의 우변은 $\{i \triangleright j\}_{1 \leq i,j \leq 3}$ 이 된다. 여기서 집합을 나타내는 기호인 중괄호가 닫히고 그 뒤에 아래첨자로 $1 \leq i, j \leq 3$ 이 작게 쓰여져 있는데

---

[6] 두 개의 성분으로 이루어진 순서쌍은 일반적으로 소괄호 기호를 사용하여 (a, b) 로 쓴다. 하지만 우리는 이미 소괄호 기호를 방진의 성분을 나타내는 것으로 i 행 j 열을 (i, j) 항으로 사용하고 있으므로 혼돈을 피하기 위하여 다른 기호인 ▷ 를 사용하자. 물론 연산 ▷ 와 같은 기호이지만 연산 ▷ 에 의한 $q \triangleright r$ 은 그 결과인 $n(a-1) + b$ 의 값에 방점을 두는 것이고, 순서쌍 ▷ 에 의한 $q \triangleright r$ 은 계산한 값이 아닌 첫 번째 성분은 q, 두 번째 성분은 r 인 것에 방점을 두는 것이다. 따라서 연산 ▷ 와 순서쌍 ▷ 가 혼돈스럽지 않다.

[7] 서로를 생략하고 간단히 '직교'한다고도 한다. '서로 직교'는 영어로 mutually orthogonal.

이 의미는 i와 j가 둘 다 1부터 3까지의 자연수의 값을 모두 갖는다는 뜻이다. 그러면 이 집합을 원소나열법으로 쓰면

$$\{i \triangleright j\}_{1 \leq i,j \leq 3} = \{1 \triangleright 1, 1 \triangleright 2, 1 \triangleright 3, 2 \triangleright 1, 2 \triangleright 2, 2 \triangleright 3, 3 \triangleright 1, 3 \triangleright 2, 3 \triangleright 3\}$$

이 된다. 식 (2.12)에서 낙서 마방진의 몫 보조방진 Q와 나머지 보조방진 R은 다음과 같다.

$$Q = \begin{array}{|c|c|c|} \hline 2 & 3 & 1 \\ \hline 1 & 2 & 3 \\ \hline 3 & 1 & 2 \\ \hline \end{array}, \quad R = \begin{array}{|c|c|c|} \hline 1 & 3 & 2 \\ \hline 3 & 2 & 1 \\ \hline 2 & 1 & 3 \\ \hline \end{array} \qquad (2.16)$$

따라서 $q_{11} = 2$이고 $r_{11} = 1$이므로 $q_{11} \triangleright r_{11} = 2 \triangleright 1$이다. 이렇게 i와 j를 둘 다 1부터 3까지의 자연수의 값을 모두 취하면

$$\{q_{ij} \triangleright r_{ij}\}_{1 \leq i,j \leq 3} = \{2 \triangleright 1, 3 \triangleright 3, 1 \triangleright 2, 1 \triangleright 3, 2 \triangleright 2, 3 \triangleright 1, 3 \triangleright 2, 1 \triangleright 1, 2 \triangleright 3\}$$

이다. 두 집합 모두 원소나열법으로 적었는데 두 집합의 원소를 차분히 비교해 보면 두 집합이 같음을 쉽게 알 수 있다. 3차 마방진뿐만 아니라 모든 마방진에 대하여 서로 직교한다는 성질은 성립하므로 다음의 보조정리를 얻는다.

보조정리 2.2. 모든 마방진의 몫 보조방진과 나머지 보조방진은 서로 직교한다.

n차 마방진은 1부터 n^2까지의 n^2개의 자연수를 빠짐없이 단 한 번씩만 사용한다는 것에서부터 두 개의 보조정리를 얻었다. 이제 마방진을 구성하는 각 줄의 합이 모두 같다는 것으로부터 보조방진의 조건이 어떻게 되는지 알아보자.

먼저 식 (2.16)의 낙서 마방진의 몫 보조방진 Q와 나머지 보조방진 R의 각 줄의 합을 보면, 모두 6이다. 3차 마상수 $M_3 = 15$인데, 몫 보조방진의 각 줄의 합은 6이고, 일방진의 각 줄의 합은 3이므로 연산 $\triangleright$를 실행한 후에 실제로 몫 보조방진에 의한 각 줄의 합은 $3 \times (6 - 3) = 9$를 담당하고,

나머지 보조방진의 각 줄의 합은 6이므로 두 보조방진을 합성한 후의 마방진의 각 줄의 합이 $9 + 6 = 15$가 된다. 그런데 3차 마방진에서 몫 보조방진의 어떤 한 줄의 합이 5일 수 있을까? 당연히 모든 3차 마방진은 낙서 마방진과 합동이므로 이럴 수는 없다. 하지만 왜 몫 보조방진의 어떤 한 줄의 합이 5가 되는 것이 불가능한지를 알아보자. 만약 그렇다고 하면 합이 5인 줄에서는 몫 보조방진에서 담당하는 합이 $3 \times (5 - 3) = 6$이므로 나머지 보조방진에서 그 줄의 합이 9가 되어야 한다. 나머지 보조방진에서 어떤 줄의 합이 9라면 그 줄은 $\{3, 3, 3\}$ 이어야 한다.[8] 그러면 3차 마방진의 그 줄엔 연산 ▷에 의한 나머지가 3인 자연수 세 개 모두 있어야 한다. 결국 마방진의 그 줄은 $\{3, 6, 9\}$가 되는데 이 줄의 합은 15가 아니다. 마찬가지로 3차 마방진에서 몫 보조방진의 어떤 한 줄의 합이 7일 수도 없다. 그렇다면 합이 7인 줄에서는 몫 보조방진에서 담당하는 합이 $3 \times (7 - 3) = 12$이므로 나머지 보조방진에서 그 줄의 합이 3이 되어야 한다. 나머지 보조방진에서 어떤 줄의 합이 3이라면 그 줄은 $\{1, 1, 1\}$ 이어야 하고, 이런 나머지 보조방진으로 만들어진 마방진의 그 줄은 $\{1, 4, 7\}$ 이고 합이 15가 아니므로 마방진이 아니다. 따라서 3차 마방진의 몫 보조방진의 어떤 한 줄의 합이 5일 수도 없고, 7일 수도 없다. 물론 그 합이 5보다 작거나 7보다 클 수도 없는데 그렇다면 나머지 보조방진의 그 줄의 합은 3보다 작거나 9보다 커야 하기 때문에 불가능하다. 즉 3차 마방진의 몫 보조방진의 각 줄의 합은 모두 6이다. 그러면 나머지 보조방진의 각 줄의 합은 $15 - 9 = 6$이어야 한다. 지금까지 너무나 당연한 이야기를 한 것 같다.

마방진은 각 행과 열, 두 대각선의 합이 같다. 그런데 두 보조방진이 있는데 각각의 보조방진의 각 행과 열, 두 대각선의 합이 같으면, 두 보조방진의 합성으로 만들어진 방진은 각 행과 열, 두 대각선의 합이 같아진다. 또한 완전 마방진은 각 행과 열, 모든 범대각선의 합이 같다. 그래서 각각의

---

[8]1장의 예 1.3에서 대각선의 성분을 나타낼 때 집합 기호인 중괄호를 사용하였다. 그때는 마방진의 대각선의 성분을 원소로 표시했기 때문에 중복되는 원소가 존재하지 않았지만, 지금은 보조방진의 각 줄에 대한 성분을 다루기 때문에 같은 자연수 값이 중복해서 구성될 수 있다. 그런데 일반적으로 집합을 원소나열법으로 나타낼 때 중복해서 원소를 쓰지는 않지만, 보조방진의 각 줄에 대한 성분을 표기할 때는 지금처럼 집합기호인 중괄호를 계속 사용하고, 중복되는 원소는 중복되는 횟수만큼 중복해서 쓰기로 하자. 단, 순서는 상관없다.

보조방진의 각 행과 열, 모든 범대각선의 합이 같으면, 이러한 두 보조방진의 합성으로 만들어진 방진은 각 행과 열, 모든 범대각선의 합이 같아진다. 따라서 너무나 당연한 다음 정리를 얻는다.

정리 2.3. 두 보조방진이 서로 직교하고 각각의 보조방진의 각 행과 열, 두 대각선의 합이 같으면, 두 보조방진의 합성으로 만들어진 방진은 마방진이다. 게다가 모든 대각선의 합까지 같으면, 두 보조방진의 합성으로 만들어진 방진은 완전 마방진이다.

이 정리는 너무나 당연한 정리인 것이 맞지만 앞 단락에서 이야기한 것과는 다른 이야기다. 앞 단락에서는 몫 보조방진과 나머지 보조방진이 어떤 성질을 갖는지를 살펴보았지만 이 정리는 보조방진이 어떠하면 합성하여 마방진이 된다는 것으로 다른 문제다. 이정리는 마방진을 분해하여 얻은 몫 보조방진과 나머지 보조방진의 각 줄의 합이 같다는 것을 결코 보장하지 않는다.[9] 앞 단락에서 살펴본 것은 단지 3차 마방진에 대한 것이었으므로 4차 이상의 마빙진에선 어떤 일이 일어나는지에 대하여 전혀 이야기하지 못한다. 4차 이상에서는 경우의 수가 엄청나게 많기 때문에 지금으로서는 상상하기 힘든 현상도 일어날 수 있을지도 모른다. 지금은 할 수 없는 이야기를 더 할 수는 없으니 4차 이상의 마방진에선 어떤 일이 일어나는지에 대하여는 뒤로 미루고 지금 할 수 있는 이야기를 조금만 더 하자.

각 줄의 합이 같은 n차 보조방진의 모든 항의 합은 $n(1+2+\cdots+n)$이므로 각 줄의 합은 $1+2+\cdots+n$이다.[10] 그런데 식 (2.16)의 낙서 마방진을 분해하여 얻은 몫 보조방진 Q와 나머지 보조방진 R을 살펴보면 Q 주대각선과 R의 부대각선만 $\{2,2,2\}$로 이루어져 있고, 나머지는 모두 $\{1,2,3\}$이다. 자연수 $1, 2, 3$을 중복을 허락하고 세 개를 뽑아서 합이 $1+2+3 = 6$이 되는 경우는 $\{1,2,3\}$과 $\{2,2,2\}$ 두 가지뿐이다. 합이 $1+2+3$인데 $\{1,2,3\}$인 경우는 너무 당연한 또는 뻔한 것이 아닌가?

n차 보조방진이면서 각 행과 열에 숫자의 중복이 없도록 한 것을 n차 라틴방진(Latin square)이라고 하자.[11] 특히 주대각선과 부대각선상에도

---

[9]즉, 명제가 참이라고 해도 이의 역은 참이라는 보장이 없다.
[10]즉, 1장의 문제 1.4에서 구한 $1 + 2 + \cdots + n = n(n + 1)/2$이다.
[11]라틴방진은 조합론이나 디자인 분야에서 쓰이는 개념으로 n개의 다른 기호로 쓰던

숫자의 중복이 없을 때 대각라틴방진이라 하고, 각 절단대각선 상에도 숫자의 중복이 없을 때 완전라틴방진이라고 하자. 대각라틴방진은 보조방진이고 각 행과 열과 두 대각선의 합이 같고, 또한 완전라틴방진은 보조방진이고 각 절단대각선까지 합이 같으므로 다음의 따름정리를 얻는다.

따름정리 2.4. 두 대각라틴방진이 서로 직교하면, 두 대각라틴방진의 합성으로 만들어진 방진은 마방진이다. 또한, 두 완전라틴방진이 서로 직교하면, 두 완전라틴방진의 합성으로 만들어진 방진은 완전 마방진이다.

낙서 마방진의 몫 보조방진은 라틴방진이지만 주대각선이 $\{2,2,2\}$ 이므로 대각라틴방진이 아니고, 완전라틴방진도 아니다. 낙서 마방진의 나머지 보조방진은 역시 라틴방진이지만 부대각선이 $\{2,2,2\}$ 이므로 대각라틴방진이 아니고, 완전라틴방진도 아니다. 이렇게 대각라틴방진은 아니지만 보조방진이면서 각 행과 열, 주대각선과 부대각선의 합이 같으면, 대각라틴방진과 유사한 성질을 갖으므로 유사대각라틴방진이라 하자. 또한 완전대각라틴방진은 아니지만 보조방진이면서 각 행과 열, 모든 범대각선의 합이 같으면, 완전라틴방진과 유사한 성질을 갖으므로 유사완전라틴방진이라 하자. 그러면 낙서 마방진의 몫 보조방진과 나머지 보조방진은 라틴방진이고, 유사대각라틴방진이다. 새로운 정의에 의하여 정리 2.3은 다음과 같이 바꿔 쓸 수 있다.

따름정리 2.5. 두 유사대각라틴방진이 서로 직교하면, 이들의 합성으로 만들어진 방진은 마방진이다. 또한 두 유사완전라틴방진이 서로 직교하면, 이들의 합성으로 만들어진 방진은 완전 마방진이다.

낙서 마방진의 몫 보조방진과 나머지 보조방진은 유사대각라틴방진이고 서로 직교한다. 따라서 따름정리 2.5에 의하여 이들의 합성으로 만들어진 방진은 마방진이 된다. 그런데 따름정리 2.5에서는 몫 보조방진과 나머지 보조방진의 역할에 구분이 없으므로 $Q \triangleright R$이 마방진이 되듯이 $R \triangleright Q$

것을 18세기에 오일러가 라틴 문자(지금의 로마 문자)로 쓰기 시작해서 라틴이란 이름이 붙여졌다. 오일러는 이를 자연수로 바꿔 라틴방진에 대한 일반론을 전개했다. 조선의 최석정은 오일러보다 앞서 9차 마방진을 만드는 데 라틴방진의 개념을 이용했다고 한다.

도 마방진이 될 것이다. 물론 실제로 그렇다.

$$R \triangleright Q = \begin{array}{|c|c|c|} \hline 1 & 3 & 2 \\ \hline 3 & 2 & 1 \\ \hline 2 & 1 & 3 \\ \hline \end{array} \triangleright \begin{array}{|c|c|c|} \hline 2 & 3 & 1 \\ \hline 1 & 2 & 3 \\ \hline 3 & 1 & 2 \\ \hline \end{array} = \begin{array}{|c|c|c|} \hline 2 & 9 & 4 \\ \hline 7 & 5 & 3 \\ \hline 6 & 1 & 8 \\ \hline \end{array}$$

이렇게 새롭게 얻은 마방진은 낙서 마방진을 수직선을 중심으로 뒤집은 것이다.

세 줄 요약

    보조방진을 조금 더 확장된 개념으로 정의했다.
    마방진의 몫 보조방진과 나머지 보조방진은 서로 직교한다.
    각 줄의 합이 같은 직교하는 보조방진으로 마방진을 얻는다.

제 3 절 보조방진을 이용한 3차 마방진의 해법 4

3차 마방진은 합동을 제외하면 낙서 마방진뿐이고, 이미 낙서 마방진의 몫 보조방진과 나머지 보조방진을 알고 있지만, 모른다고 가정하고 보조방진의 성질을 고려하여 3차 마방진의 해법을 생각해보자.

3차 보조방진 중에서 몫 보조방진으로 합당한 것부터 찾자. 앞 절에서 몫 보조방진의 각 줄의 합은 6이어야만 한다는 것을 이미 보였지만, 조금은 다른 방법으로 다시 이를 증명한다. 3차 보조방진은 9개의 격자에 1, 2, 3이 각각 세 번씩 등장해야만 하기 때문에 한 줄의 합은 3부터 9까지의 값을 가질 수 있다. 이 중에서 오직 6만이 가능하다는 것을 보이자. 먼저 몫 보조방진의 어떤 한 줄의 합이 9라고 하자. 그러면 그 줄은 $\{3, 3, 3\}$ 일 수밖에 없고, 몫[12]이 3인 세 수는 7, 8, 9인데, 이러한 몫 보조방진으로 합성한 방진에서 이 줄에 해당하는 곳에 원소는 7, 8, 9이어야 하고, 이 줄의 합이 15를 넘어서 안 된다. 만약 몫 보조방진의 어떤 한 줄의 합이 8이라고 하면, 그 줄은 $\{3, 3, 2\}$ 일 수밖에 없고, 몫이 3인 수 중에서 작은 것을 두 개 가져와도 7과 8이므로 이미 두 수 만으로 합이 15가 되므로 안 된다. 만약 몫 보조방진의 어떤 한 줄의 합이 7이라고 하면, 그 줄은 $\{3, 3, 1\}$ 이거나 $\{3, 2, 2\}$ 인데, 3이 두 개면 안 된다는 것을 바로 앞에서 보였다. $\{3, 2, 2\}$ 라면 몫이 2인 수 중에서 작은 것 두 개와 몫이 3인 것 중에서 가장 작은 수는 4, 5와 7인데 그 합은 16이므로 안 된다.

몫 보조방진의 어떤 한 줄의 합이 3이라고 하면, 그 줄은 $\{1, 1, 1\}$ 이고, 몫이 1인 세 수는 1, 2, 3이므로 합이 6이므로 안 된다. 만약 몫 보조방진의 어떤 한 줄의 합이 4라고 하면, 그 줄은 $\{1, 1, 2\}$ 이고, 몫이 1인 수 중에서 큰 것 두 개를 가져와도 2와 3이고 합은 5인데 10은 3차 마방진에는 등장할 수 없으므로 안 된다. 만약 몫 보조방진의 어떤 한 줄의 합이 5라고 하면, 그 줄은 $\{1, 1, 3\}$ 이거나 $\{1, 2, 2\}$ 인데, 1이 두 개면 안 된다는 것을 바로 앞에서 보였고, $\{1, 2, 2\}$ 라면 몫이 2인 수 중에서 큰 것 두개와 몫이 1인 것 중에서 가장 큰 수는 5, 6와 3인데 그 합은 14이므로 안 된다.[13] 따라서

---

[12] 물론 나눗셈의 몫이 아닌 연산 ▷ 의 몫이다.
[13] 합이 6보다 클 때와 6보다 작을 때는 서로 대칭적으로 유사하다.

몫 보조방진의 각 행과 열, 주대각선과 부대각선의 합은 모두 6일 수밖에 없다.

3차 몫 보조방진의 각 줄의 합은 6이므로 가능한 것은 $\{1, 2, 3\}$ 이거나 $\{2, 2, 2\}$ 다. 만약 몫 보조방진의 한 행이 $\{2, 2, 2\}$ 라면 남은 두 행은 1 세 개와 3 세 개로 이루어지는데, 이 중에서 어떻게 셋을 취하더라도 합이 6이 되게 할 수 없으므로 어떠한 행도 $\{2, 2, 2\}$ 가 될 수는 없다. 같은 이유로 어떠한 열도 $\{2, 2, 2\}$ 가 될 수는 없다. 따라서 몫 보조방진에 $\{2, 2, 2\}$ 인 줄이 존재한다면 그것은 주대각선이거나 부대각선이다. 만약 두 대각선 모두 $\{2, 2, 2\}$ 라면 몫 보조방진에 2가 다섯 번 등장하므로 안 된다. 즉 몫 보조방진에 $\{2, 2, 2\}$ 인 줄이 존재한다면 그것은 두 대각선 중에서 하나만 그렇다. 마지막으로 두 대각선에도 $\{2, 2, 2\}$ 가 존재하지 않는다면, 아래의 왼쪽과 같이 주대각선이 $\{1, 2, 3\}$ 으로 이루어져야 하고, 서로 다른 수이므로 $\bigcirc, \triangle, \times$ 로 주대각선에 차례대로 배치된다고 하자. 부대각선도 $\{1, 2, 3\}$ 으로 이루어져야 하므로 아래의 오른쪽과 같이 배치되어야 한다. 물론 $\bigcirc$ 와 $\times$ 의 위치가 서로 바뀔 수도 있지만 합동이다.

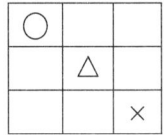 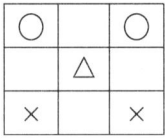

그런데 한 행에 같은 원소가 있으면 그 행은 $\{2, 2, 2\}$ 이어야 하는데 행은 $\{2, 2, 2\}$ 가 될 수 없으므로 안 된다. 따라서 몫 보조방진은 주대각선이나 부대각선 중 하나는 $\{2, 2, 2\}$ 로 이루어져 있고 나머지는 모두 $\{1, 2, 3\}$ 으로 이루어져 있다.

이제 몫 보조방진의 주대각선이 $\{2, 2, 2\}$ 라고 가정하고, 구체적으로 몫 보조방진이 어떻게 생겼는지 알아보자. 먼저 아래 첫 번째 방진이 주대각선에 $\{2, 2, 2\}$ 를 배치한 것이고, 부대각선은 $\{1, 2, 3\}$ 으로 이루어지므로 1을 1행 3열에 3을 3행 1열에 배치하여 두 번째 방진이다. 남은 행과 열은 모두 $\{1, 2, 3\}$ 으로 이루어지므로 그렇게 빈 칸을 채우면 세 번째 방진을 얻고 이는 낙서 마방진의 몫 보조방진과 같다.

제 3 절 보조방진을 이용한 3차 마방진의 해법 4

								2	3	1
---	---	---		---	---	---		---	---	---
2				2		1		2	3	1
	2				2			1	2	3
		2		3		2		3	1	2

								3	1	2
---	---	---		---	---	---		---	---	---
	2			3		2		3	1	2
	2				2			1	2	3
2				2		1		2	3	1

3차 몫 보조방진을 구했으므로 이와 쌍을 이루는 나머지 보조방진을 구하자. 몫 보조방진의 각 줄의 합이 모두 같은 6이므로 나머지 보조방진의 각 줄의 합도 모두 같아야 하므로 합이 6이어야 한다. 그러면 주대각선이나 부대각선 중에 하나만 $\{2, 2, 2\}$로 이루어지고, 남은 줄은 모두 $\{1, 2, 3\}$으로 이루어져야 한다. 그런데 몫 보조방진과 나머지 보조방진이 서로 직교해야 하는데, 위에서 구한 몫 보조방진은 주대각선이 $\{2, 2, 2\}$이므로 이의 쌍인 나머지 보조방진은 위의 첫 번재 방진과 같이 부대각선이 $\{2, 2, 2\}$이어야만 직교할 가능성이 생긴다. 나머지 줄은 모두 $\{1, 2, 3\}$으로 이루어지는데 두 번째 방진처럼 주대각선에 3을 1행 1열에 1을 3행 3열에 배치하면 아직 직교가 훼손되지 않았고 조건에도 만족한다. 마지막으로 남은 행과 열은 모두 $\{1, 2, 3\}$으로 이루어도록 빈 칸을 채우면 세 번째 방진을 얻는데 이는 낙서 마방진의 나머지 보조방진과는 다르다. 하지만 위에서 구한 몫 보조방진과는 서로 직교한다. 따라서 나머지 보조방진이 된다.

이제 위에서 구한 몫 보조방진과 나머지 보조방진을 합성하면 3차 마방진을 다음과 같이 얻는다. 이 3차 마방진은 낙서 마방진을 부대각선을 중심으로 뒤집은 것인데 위에서 구한 몫 보조방진과 나머지 보조방진은 낙서 마방진의 몫 보조방진과 나머지 보조방진을 부대각선을 중심으로 뒤집은 것과 같다.

제 2 장 마방진의 분해와 보조방진의 치환

2	3	1		3	1	2		6	7	2
1	2	3	▷	1	2	3	=	1	5	9
3	1	2		2	3	1		8	3	4

2	3	1		1	3	2		4	9	2
1	2	3	▷	3	2	1	=	3	5	7
3	1	2		2	1	3		8	1	6

세 줄 요약

보조방진의 성질을 이용하여 3차 몫 보조방진을 구했다.
직교를 염두에 두고 쌍이 되는 나머지 보조방진을 구했다.
보조방진을 이용하여 또 3차 마방진을 구했다.

제 4 절 보조방진의 치환

자연수 n에 대하여 집합 $\mathbb{N}_n = \{1, 2, \ldots, n\}$에서 같은 집합 $\mathbb{N}_n$으로 가는 일대일 대응을 치환(permutation)이라 한다. 치환의 뻔한 예로 항등치환을 들 수 있다. 항등치환을 ι로 나타내면

$$\iota(k) = k \qquad (k = 1, 2, \cdots, n)$$

이다. 치환 σ를 일반적으로

$$\begin{pmatrix} 1 & 2 & 3 & \cdots & n \\ \sigma(1) & \sigma(2) & \sigma(3) & \cdots & \sigma(n) \end{pmatrix}$$

과 같이 나타내기도 하지만, 간단히 $\sigma = (\sigma(1), \sigma(2), \sigma(3), \cdots, \sigma(n))$으로 쓰기도 한다. 임의의 치환 σ는 일대일 대응이므로 함수로써 역함수 σ^{-1}가 존재하고, 이것은 또한 치환이므로 σ^{-1}를 σ의 역치환이라 한다. $\mathbb{N}_n$에서 정의되는 치환은 모두 $n!$개가 있다. 1이 대응될 수 있는 것은 1부터 n까지 수 중 하나이므로 n개의 경우의 수가 있고, 2가 대응될 수 있는 수는 1이 대응된 것을 제외하고 $n - 1$개의 경우의 수가 있고, 3이 대응될 수 있는 수는 1과 2가 대응된 것을 제외하고 $n - 2$개의 경우의 수가 있고 $\cdots$

n차 보조방진의 각 항은 집합 $\mathbb{N}_n = \{1, 2, \ldots, n\}$의 원소로 이루어져 있으므로 보조방진에도 치환을 적용할 수 있다. 예를 들면 치환 $\sigma = (3, 2, 1)$일 때

$$\sigma \begin{array}{|c|c|c|} \hline 2 & 3 & 1 \\ \hline 1 & 2 & 3 \\ \hline 3 & 1 & 2 \\ \hline \end{array} = \begin{array}{|c|c|c|} \hline 2 & 1 & 3 \\ \hline 3 & 2 & 1 \\ \hline 1 & 3 & 2 \\ \hline \end{array}$$

이 된다. 보조방진을 치환의 정의역으로 할 때는 치환을 나타내는 σ 다음에 일반적으로 쓰는 소괄호를 생략하자. 앞으로 본문에서 치환을 표현할 때는 간단한 방법으로 쓸 것이며, 보조방진을 구체적으로 주고 이를 치환할 때는 치환을 간단한 방법처럼 가로로 쓰지 말고, 지면의 공간을 조금 차지하기

위해 아래와 같이 세로로 표현하자. 또한 소괄호 대신 대괄호를 사용하자. 소괄호를 쓰지 않는 이유는 열벡터와 확실히 구분하기 위함이다.

$$\begin{bmatrix} 3 \\ 2 \\ 1 \end{bmatrix} \begin{array}{|c|c|c|} \hline 2 & 3 & 1 \\ \hline 1 & 2 & 3 \\ \hline 3 & 1 & 2 \\ \hline \end{array} = \begin{array}{|c|c|c|} \hline 2 & 1 & 3 \\ \hline 3 & 2 & 1 \\ \hline 1 & 3 & 2 \\ \hline \end{array}$$

보조방진에 치환을 적용하면 보조방진에 있는 n개의 k는 $\sigma(k)$가 되는데(단, $k = 1, 2, \cdots, n$), 서로 다른 k에 대하여 $\sigma(k)$도 서로 다르므로 다음과 같은 보조정리를 얻는다.

보조정리 2.6. 보조방진에 어떠한 치환을 적용하더라도 여전히 보조방진이다.

서로 직교하는 두 보조방진 A, B에 대하여 A에 있는 n개의 k가 있는 위치에 B에는 1부터 n까지의 수가 한 번씩 있다(단, $k = 1, 2, \cdots, n$). 따라서 방진 A에 어떠한 치환 σ를 적용하더라도 $\sigma(A)$와 B는 서로 직교한다. A와 B의 역할을 맞바꿔도 마찬가지로 A와 $\sigma(B)$도 서로 직교하고, 또한 A와 B 각각에 임의의 치환 σ, τ을 적용해도 $\sigma(A)$와 $\tau(B)$도 서로 직교한다.

보조정리 2.7. 서로 직교하는 두 보조방진에 각각 어떠한 치환을 적용하더라도 여전히 직교한다.

이제 마방진의 몫 보조방진 Q와 나머지 보조방진 R에 치환을 적용시켜 보자. 임의의 치환 σ, τ을 각각 Q와 나머지 보조방진 R에 적용하면, 앞의 두 보조정리에 의하여 $\sigma(Q)$와 $\tau(R)$은 보조방진이고 서로 직교한다. 그런데 $\sigma(Q)$와 $\tau(R)$을 합성해서 즉, $\sigma(Q) \triangleright \tau(R)$이 마방진이 되기 위해서는 $\sigma(Q)$가 몫 보조방진 Q가 했던 역할을 하고, $\tau(R)$이 나머지 보조방진 R의 역할을 그대로 하면 된다. 즉, 같은 역할을 하면 된다는 것인데 이를 풀어서 설명하자. $Q \triangleright R$이 마방진인 것은 각 줄의 합이 모두 같은 값을 갖는다는 것이다. 그러면 어떤 한 줄만 생각하면 몫 보조방진 Q의 그 줄의 합에서 일방진의 그 줄의 합 n을 빼고 이 값에 n을 곱하고 여기에 나머지 보조방진 R의 그 줄의 합을 더한 것이 마상수 M_n이 된다. 그렇다면 $\sigma(Q)$의 모든 행과 열, 두 대각선 각각의 합이 거기에 해당하는 Q의 모든 행과 열, 두 대각선 각각의 합이 같고, $\tau(R)$도 모든 행과 열, 두 대각선 각각의 합이 거기에 해당하는 Q의 모든 행과 열, 두 대각선 각각의 합이 같으면 $\sigma(Q) \triangleright \tau(R)$이 마방진이 된다. 치환 중에서 보조방진의 모든 행과 열, 두 대각선의 합들을 변하지 않게 보존하는 치환을 마방진에 대한 보조방진의 적절한 치환이라 하자. 또한 보조방진의 모든 행과 열, 모든 범대각선의 합들을 변하지 않게 보존하는 치환을 완전마방진에 대한 보조방진의 적절한 치환이라 하자. 이렇게 마방진에 대한 적절한 치환과 완전마방진에 대한 적절한 치환으로 정의해도 혼돈할 염려는 거의 없다. 완전마방진이 아닌 마방진의 경우에는 혼돈의 우려가 전혀 없고, 완전마방진의 경우에는 이 방진을 완전마방진으로 취급할지 단순한 마방진으로 취급할지를 미리 결정하면 된다. 어쩌면 이 책 전체를 통하여 가장 중요한 다음의 정리를 얻었다.

정리 2.8. 마방진의 몇 보조방진과 나머지 보조방진에 각각 임의의 적절한 치환을 적용하더라도 그 합성은 여전히 마방진이다. 또한, 완전마방진에 대하여도 마찬가지로 성립한다.

이와 같이 마방진 M의 몇 보조방진 Q와 나머지 보조방진 R에 각각 임의의 적절한 치환 σ, τ를 적용하여 얻은 마방진 $M' = \sigma(Q) \triangleright \tau(R)$ 중에서 M과 합동이 아닌 마방진을 마방진 M의 닮은 마방진이라 하자. 단, 마방진 M도 마방진 M의 닮은 마방진으로 추가하자. 즉, 마방진 M의 몇 보조방진 Q와 나머지 보조방진 R에 모두 항등치환을 적용하여 얻은 똑같은 마방진 M은 닮은 마방진이지만, 항등변환이 아닌 회전이나 뒤집기의 결과와 같은 마방진은 합동관계에 있을 뿐 닮은 마방진은 아니다. 이렇게 정의하는 이유는 합동과 마찬가지로 닮음도 동치관계가 되게 하기 위함이다. 앞으로 이 정리 2.8을 이용하여 새로운 닮은 마방진을 찾으려고 한다. 하지만 이 정리 2.8에서 보조방진을 적절한 치환으로 바꾸고 합성해서 얻은 것이 마방진이나 완전마방진이 된다고만 했지 새로운 마방진이나 완전마방진을 얻었다는 보장은 전혀 없다. 실제로 원래 마방진과 합동인 마방진을 얻는 경우가 많다. 우리가 원하는 바는 보조방진을 적절한 치환으로 바꿔 합동이 아닌 새로운 마방진을 얻는 것이다.

그러면 낙서 마방진 **Ls**로 이 절에서 공부한 것을 연습해보자. 낙서 마방진의 몫 보조방진을 Q, 나머지 보조방진을 R이라 하자.

$$Q \triangleright R = \begin{array}{|c|c|c|} \hline 2 & 3 & 1 \\ \hline 1 & 2 & 3 \\ \hline 3 & 1 & 2 \\ \hline \end{array} \triangleright \begin{array}{|c|c|c|} \hline 1 & 3 & 2 \\ \hline 3 & 2 & 1 \\ \hline 2 & 1 & 3 \\ \hline \end{array} = \begin{array}{|c|c|c|} \hline 4 & 9 & 2 \\ \hline 3 & 5 & 7 \\ \hline 8 & 1 & 6 \\ \hline \end{array} = \mathbf{Ls}$$

낙서 마방진은 완전마방진이 아니므로 절단대각선은 신경 쓸 필요가 없고, 몫 보조방진의 각 줄은 $\{1,2,3\}$ 이거나 $\{2,2,2\}$ 이고, 나머지 보조방진의 각 줄도 $\{1,2,3\}$ 이거나 $\{2,2,2\}$ 이다. $\{1,2,3\}$ 은 어떠한 치환을 적용하더라도 다시 $\{1,2,3\}$ 이 되어 합이 변하지 않는다. 하지만 $\{2,2,2\}$ 는 임의의 치환 σ를 적용하여 합을 구하면 $2+2+2 = \sigma(2)+\sigma(2)+\sigma(2)$ 이 성립해야 하므로 $\sigma(2) = 2$ 가 되어야 한다. 따라서 낙서 마방진의 몫 보조방진과 나머지 보조방진의 적절한 치환은 항등치환인 $\iota = (1,2,3)$ 과 $\sigma = (3,2,1)$ 두 개가 있다. 그래서 정리 2.8에 의하여 닮은 마방진이 될 가능성이 있는 마방진을 $2 \times 2 = 4$개 $\iota(Q) \triangleright \iota(R), \iota(Q) \triangleright \sigma(R), \sigma(Q) \triangleright \iota(R), \sigma(Q) \triangleright \sigma(R)$ 를 얻을 수 있다.

$\iota(Q) \triangleright \iota(R) = Q \triangleright R$ 이므로 원래의 낙서 마방진이고, $\iota(Q) \triangleright \sigma(R)$ 는 다음과 같다.

$$\iota(Q) \triangleright \sigma(R) = \begin{bmatrix} 1 \\ 2 \\ 3 \end{bmatrix} \begin{array}{|c|c|c|} \hline 2 & 3 & 1 \\ \hline 1 & 2 & 3 \\ \hline 3 & 1 & 2 \\ \hline \end{array} \triangleright \begin{bmatrix} 3 \\ 2 \\ 1 \end{bmatrix} \begin{array}{|c|c|c|} \hline 1 & 3 & 2 \\ \hline 3 & 2 & 1 \\ \hline 2 & 1 & 3 \\ \hline \end{array}$$

$$= \begin{array}{|c|c|c|} \hline 2 & 3 & 1 \\ \hline 1 & 2 & 3 \\ \hline 3 & 1 & 2 \\ \hline \end{array} \triangleright \begin{array}{|c|c|c|} \hline 3 & 1 & 2 \\ \hline 1 & 2 & 3 \\ \hline 2 & 3 & 1 \\ \hline \end{array} = \begin{array}{|c|c|c|} \hline 6 & 7 & 2 \\ \hline 1 & 5 & 9 \\ \hline 8 & 3 & 4 \\ \hline \end{array}$$

이렇게 얻은 마방진은 낙서 마방진을 부대각선을 회전축으로 뒤집은 것으로, 앞에서 쓴 기호로는 나타내면 $S^{\diagup}(\mathbf{Ls})$ 이다. 낙서 마방진 **Ls**의 몫 보조방진과 나머지 보조방진이 각각 Q, R 이므로, $S^{\swarrow}(\mathbf{Ls})$ 의 몫 보조방진과 나머지 보조방진이 각각 $S^{\swarrow}(Q), S^{\swarrow}(R)$ 이어야 한다. 그런데 $\iota(Q) = Q = S^{\swarrow}(Q)$ 이고, $\sigma(R) = S^{\swarrow}(R)$ 이므로 실제로도 그렇다. 여기서 주의할 점은 방진을 이루는 숫자가 어떻게 배치되었는지에 의존하여 $\iota(Q) = Q = S^{\swarrow}(Q)$ 와 같은 경우도 가능하다는 것이다. 어찌됐든 $\iota(Q) \triangleright \sigma(R)$ 는 낙서마방진과 합동인 마방진이다.

다음으로 $\sigma(Q) \triangleright \iota(R)$ 는 다음과 같다.

$$\sigma(Q) \triangleright \iota(R) = \begin{bmatrix} 3 \\ 2 \\ 1 \end{bmatrix} \begin{array}{|c|c|c|} \hline 2 & 3 & 1 \\ \hline 1 & 2 & 3 \\ \hline 3 & 1 & 2 \\ \hline \end{array} \triangleright \begin{bmatrix} 1 \\ 2 \\ 3 \end{bmatrix} \begin{array}{|c|c|c|} \hline 1 & 3 & 2 \\ \hline 3 & 2 & 1 \\ \hline 2 & 1 & 3 \\ \hline \end{array}$$

$$= \begin{array}{|c|c|c|} \hline 2 & 1 & 3 \\ \hline 3 & 2 & 1 \\ \hline 1 & 3 & 2 \\ \hline \end{array} \triangleright \begin{array}{|c|c|c|} \hline 1 & 3 & 2 \\ \hline 3 & 2 & 1 \\ \hline 2 & 1 & 3 \\ \hline \end{array} = \begin{array}{|c|c|c|} \hline 4 & 3 & 8 \\ \hline 9 & 5 & 1 \\ \hline 2 & 7 & 6 \\ \hline \end{array}$$

이번에 얻은 마방진은 **Ls** 를 주대각선을 고정하고 뒤집은 것으로 $S^{\searrow}(\mathbf{Ls})$ 이다. $\sigma(Q) = S^{\searrow}(Q)$ 이고, $\iota(R) = R = S^{\searrow}(R)$ 이므로 $S^{\searrow}(\mathbf{Ls})$ 인 것이 당연하다. 마지막으로 $\sigma(Q) \triangleright \sigma(R)$ 는 다음과 같다.

$$\sigma(Q) \triangleright \sigma(R) = \begin{bmatrix} 3 \\ 2 \\ 1 \end{bmatrix} \begin{array}{|c|c|c|} \hline 2 & 3 & 1 \\ \hline 1 & 2 & 3 \\ \hline 3 & 1 & 2 \\ \hline \end{array} \triangleright \begin{bmatrix} 3 \\ 2 \\ 1 \end{bmatrix} \begin{array}{|c|c|c|} \hline 1 & 3 & 2 \\ \hline 3 & 2 & 1 \\ \hline 2 & 1 & 3 \\ \hline \end{array}$$

$$= \begin{array}{|c|c|c|} \hline 2 & 1 & 3 \\ \hline 3 & 2 & 1 \\ \hline 1 & 3 & 2 \\ \hline \end{array} \triangleright \begin{array}{|c|c|c|} \hline 3 & 1 & 2 \\ \hline 1 & 2 & 3 \\ \hline 2 & 3 & 1 \\ \hline \end{array} = \begin{array}{|c|c|c|} \hline 6 & 1 & 8 \\ \hline 7 & 5 & 3 \\ \hline 2 & 9 & 4 \\ \hline \end{array}$$

이번에 얻은 마방진은 **Ls** 를 $180°$ 회전하여 얻은 것으로 $R_2(\mathbf{Ls})$ 가 된다. $\sigma(Q) = R_2(Q)$ 이고, $\sigma(R) = R_2(R)$ 이므로 $R_2(\mathbf{Ls})$ 인 것이 당연하다.[14]

---

[14]여기서 잠깐! Q, R 에 적절한 치환을 적용했더니 $\iota(Q) = Q = S^{\swarrow}(Q), \iota(R) = R = S^{\searrow}(R), \sigma(Q) = R_2(Q) = S^{\searrow}(Q), \sigma(R) = R_2(R) = S^{\swarrow}(R)$ 이 성립한다. 앞에서 이야기했듯이 방진을 이루는 숫자가 어떻게 배치되었는지에 따라 회전하고 뒤집는 것과

이렇게 정리 2.8에 의하여 닮은 마방진을 네 개 얻었는데 그 중 하나는 같은 마방진이고[15] 나머지 세 개는 합동인 마방진이다.

그런데 낙서 마방진 **Ls**의 몫 보조방진 Q와 나머지 보조방진을 R은 유사대각라틴방진이므로 따름정리 2.5에 의하여 $R \triangleright Q$도 마방진이다. 이와 같이 몫 보조방진과 나머지 보조방진의 역할을 서로 맞바꾸는 것을 역할 바꾸기라 하자. 앞에서 닮은 마방진은 몫 보조방진과 나머지 보조방진을 적절한 치환으로 얻을 수 있는 것으로 정의했는데, 이 정의를 확장하여 닮은 마방진은 몫 보조방진과 나머지 보조방진을 적절한 치환과 역할 바꾸기로 얻을 수 있는 것으로 다시 정의하자.[16] 그러면 마방진 $R \triangleright Q$에 또다시 정리 2.8를 적용하면 다음과 같은 네 개의 마방진을 얻는다.

$$\iota(R) \triangleright \iota(Q) = \begin{array}{|c|c|c|} \hline 1 & 3 & 2 \\ \hline 3 & 2 & 1 \\ \hline 2 & 1 & 3 \\ \hline \end{array} \triangleright \begin{array}{|c|c|c|} \hline 2 & 3 & 1 \\ \hline 1 & 2 & 3 \\ \hline 3 & 1 & 2 \\ \hline \end{array} = \begin{array}{|c|c|c|} \hline 2 & 9 & 4 \\ \hline 7 & 5 & 3 \\ \hline 6 & 1 & 8 \\ \hline \end{array} = S^|(\mathbf{Ls})$$

$$\iota(R) \triangleright \sigma(Q) = \begin{array}{|c|c|c|} \hline 1 & 3 & 2 \\ \hline 3 & 2 & 1 \\ \hline 2 & 1 & 3 \\ \hline \end{array} \triangleright \begin{array}{|c|c|c|} \hline 2 & 1 & 3 \\ \hline 3 & 2 & 1 \\ \hline 1 & 3 & 2 \\ \hline \end{array} = \begin{array}{|c|c|c|} \hline 2 & 7 & 6 \\ \hline 9 & 5 & 1 \\ \hline 4 & 3 & 8 \\ \hline \end{array} = R_1(\mathbf{Ls})$$

$$\sigma(R) \triangleright \iota(Q) = \begin{array}{|c|c|c|} \hline 3 & 1 & 2 \\ \hline 1 & 2 & 3 \\ \hline 2 & 3 & 1 \\ \hline \end{array} \triangleright \begin{array}{|c|c|c|} \hline 2 & 3 & 1 \\ \hline 1 & 2 & 3 \\ \hline 3 & 1 & 2 \\ \hline \end{array} = \begin{array}{|c|c|c|} \hline 8 & 3 & 4 \\ \hline 1 & 5 & 9 \\ \hline 6 & 7 & 2 \\ \hline \end{array} = R_3(\mathbf{Ls})$$

$$\sigma(R) \triangleright \sigma(Q) = \begin{array}{|c|c|c|} \hline 3 & 1 & 2 \\ \hline 1 & 2 & 3 \\ \hline 2 & 3 & 1 \\ \hline \end{array} \triangleright \begin{array}{|c|c|c|} \hline 2 & 1 & 3 \\ \hline 3 & 2 & 1 \\ \hline 1 & 3 & 2 \\ \hline \end{array} = \begin{array}{|c|c|c|} \hline 8 & 1 & 6 \\ \hline 3 & 5 & 7 \\ \hline 4 & 9 & 2 \\ \hline \end{array} = S^-(\mathbf{Ls})$$

낙서 마방진의 몫 보조방진 Q와 나머지 보조방진 R이 유사대각라틴방진이어서 합성으로 마방진을 얻는 경우의 수가 역할 바꾸기로 $Q \triangleright R, R \triangleright Q$

치환으로 바꾸는 것이 같은 경우도 있다는 사실이다.

[15] 항등치환은 언제나 적절한 치환이므로 같은 마방진은 언제든지 하나 얻어진다.

[16] 뒤에 가면 적절한 치환의 정의도 다시 확장할 것이고, 그러면 닮은 마방진의 정의도 또다시 달라지게 된다.

두 가지, Q의 적절한 치환이 두 개, R의 적절한 치환이 두 개이므로 마방진을 얻는 경우의 수는 곱의 법칙에 의하여

$$2 \times 2 \times 2$$

이고, 이들 모두 낙서 마방진과 합동이므로 합동을 제외하면

$$\frac{2 \times 2 \times 2}{8} = 1(개)$$

의 마방진을 얻는다. 결국 열심히 했지만 새롭게 얻은 것은 없다. 물론 3차 마방진은 합동을 따지지 않는다면 8개가 있지만, 그 모두가 전설에서부터 전해오는 낙서 마방진과 합동이므로 합동을 제외하면 하나만 존재한다는 것을 이미 알고 있으므로 놀라운 결과는 아니다. 아마도 3차 마방진은 크기가 작아서 이렇게 되었다고 생각하고 4차부터는 이런 일이 일어나지 않기를 기대하자.

세 줄 요약

보조방진에 적절한 치환으로 마방진을 얻을 수 있다.
이렇게 해도 낙서 마방진과 합동인 것만 얻었다.
4차부터는 이러지 않기를 기대합시다!

제 3 장

4의 배수인 짝수차 마방진

4차 마방진은 3차 마방진보다 훨씬 더 복잡하다. 1부터 16까지 자연수를 반복하여 사용하지 않고 단 한 번만 사용하여 만들 수 있는 4차 방진은 합동을 제외하고 모두

$$\frac{16!}{8} = 2조\ 6153억\ 4873만\ 6000(개)$$

가 존재하는데, 이들이 마방진인지 1초에 하나씩 찾아서 확인한다고 하면

$$\frac{2조\ 6153억\ 4873만\ 6000}{60 \times 60 \times 24 \times 365.2422} \approx 8만\ 2877(년)$$

이 걸리고, A4 용지 한 면에 100개의 4차 방진을 그린다고 해도 양면 모두 사용해서 엄청 필요한데, 100장의 두께가 대략 1cm이라고 하면 A4 용지를 대충 1307km 정도만 쌓으면 된다. 따라서 4차 마방진을 섭렵하기 위해서는 전혀 다른 전략이 필요한데 컴퓨터를 이용하면 어렵지 않게 모든 4차 마방진을 찾을 수 있다. 하지만 이 장에서 앞 장에서 공부한 직교하는 보조방진의 합성을 이용하여 마방진을 가능한 많이 찾고자 노력하겠다.

참고로 17세기에 이미 4차 마방진은 합동을 제외하고 모두 880개가 존재한다는 것을 알았다. 프랑스 수학자인 Bernard Frénicle de Bessy에 의해 밝혀졌는데, 이는 그의 사후인 1693년에 출판된 마방진에 관한 논문인

Des quarrez ou tables magiques에 언급되어 있다.

    4의 배수인 짝수차 마방진은 4차 마방진을 만드는 방법을 확장하여 만들 수 있다.

제 1 절 4차 대각라틴방진

지금까지 완전마방진은 1차의 뻔한 악마방진뿐이었다. 마방진은 모든 행과 열, 두 대각선의 각각의 합이 같지만, 완전마방진은 게다가 모든 절단대각선의 각각의 합까지 같아야 하므로 마방진보다 제한 조건이 더 추가된다. 그런데 4차는 경우의 수가 매우 커서 이러한 많은 조건을 만족하는 것이 존재할 가능성이 크다.

보조방진 중에서 완전라틴방진은 합성으로 완전마방진을 만들 수 있고, 치환으로 가장 많은 닮은 꼴의 방진을 얻을 수 있으므로, 가장 많은 마방진을 얻을 수 있으니 4차 완전라틴방진이 존재하는지 찾아보자.

완전라틴방진은 모든 행과 열, 범대각선의 각각에 어느 숫자도 중복되어 나타나지 않으므로, 먼저 다음에 오는 그림과 같이 주대각선에 1, 2, 3, 4를 (1, 1)항부터 차례대로 배열하자. 다음에 (3, 2)항에는 3행에 이미 있는 3과 2열에 이미 있는 2와 중복을 피해야 하므로 1 또는 4만 가능하다. 만약 (3, 2)항에 1을 배치하면 (2, 3)항에는 4만 가능하고, (2, 3)항에 1를 배치하면 (3, 2)항에는 4만 가능하다. 그런데 이런 두 경우는 주대각선을 중심으로 뒤집으면 합동이므로 (3, 2)항엔 1, (2, 3)항엔 4를 배열하자. 다음에 (4, 1)항에는 1열에 이미 있는 1과 4행에 있는 4, 부대각선에 있는 1과 4와는 중복되지 않아야 하므로 2와 3이 가능하다. 그런데 (4, 1)항이 3이라고 하면 4행에 남은 두 자리엔 1과 2를 넣어야 하시만 2열에서 항상 1이나 2의 중복이 생기므로 라틴방진이 되지 않는다. 따라서 (4, 1)항에는 2를 배열하야만 하고, 자동적으로 (1, 4)항은 3을 배열해야 한다. 나머지 항은 우선적으로 라틴방진이 되도록 배열하면 되는데, (1, 2)항엔 기존의 1행에 있는 1과 3, 2열에 있는 1과 2는 제외하고 다른 것이 배열되어야 하므로 4가 된다. 이렇게 기존에 배열된 숫자와 중복되지 않도록 배열하면 (1, 3)항은 2, (4, 3)항은 1, (4, 2)항은 3이 된다. 마찬가지로 (2, 1)항은 3, (2, 4)항은 1, (3, 4)항은 2, (3, 1)항은 4가 된다. 이렇게 구한 4차 방진은 주대각선과 보조대각선에 1, 2, 3, 4가 한 번씩 들어갔고, 라틴방진이 되었으므로 4차 대각라틴방진이다. 하지만 절단대각선 중에는 중복되어 배열된 것이 있으므로 4차 완전라틴방진은 존재하지 않음을 알 수 있다.

1			
	2		
		3	
			4

1			
	2	4	
	1	3	
			4

1			3
	2	4	
	1	3	
2			4

1	4	2	3
3	2	4	1
4	1	3	2
2	3	1	4

완전라틴방진을 찾았던 근본적인 이유는 많은 완전마방진을 만들기 위함인데, 완전라틴방진이 아닌 대각라틴방진이라도 모든 절단대각선의 각각의 합이 다른 줄의 합과 같으면 완전마방진을 만드는 데 이용할 수 있다. 앞에서 찾은 4차 대각라틴방진의 절단대각선은 각각 $\{4,4,2,2\}$, $\{2,1,4,3\}$, $\{3,3,1,1\}$, $\{1,1,3,3\}$, $\{4,3,2,1\}$, $\{2,2,4,4\}$ 인데, 3과 4를 바꾸는 치환[1]을 하면, 각각의 절단대각선의 합도 같아진다. 즉 유사완전라틴방진이 되었다. 이를 L_4라 하고, L_4을 주대각선을 축으로 뒤집은 것을 L_4^t라 하면 다음과 같다.

$$L_4 = \begin{array}{|c|c|c|c|} \hline 1 & 3 & 2 & 4 \\ \hline 4 & 2 & 3 & 1 \\ \hline 3 & 1 & 4 & 2 \\ \hline 2 & 4 & 1 & 3 \\ \hline \end{array}, \quad L_4^t = \begin{array}{|c|c|c|c|} \hline 1 & 4 & 3 & 2 \\ \hline 3 & 2 & 1 & 4 \\ \hline 2 & 3 & 4 & 1 \\ \hline 4 & 1 & 2 & 3 \\ \hline \end{array}$$

L_4가 범대각선을 포함한 모든 줄의 합이 같은 4차 대각라틴방진이므로 L_4^t도 역시 모든 줄의 합이 같은 4차 대각라틴방진이다. 이제 L_4와 L_4^t가 서로 직교함을 확인하자. L_4와 L_4^t의 같은 항으로 이루어진 16개의 순서쌍은 $(1,1)$항부터 순서대로 나열하면

---

[1] 꼭 3과 4를 바꾸는 치환일 필요는 없다. 1과 2를 바꾸는 치환이어도 되고, 1을 3, 2를 4, 3을 2, 4를 1로 보내는 치환이어도 된다. 또 다른 치환도 존재한다.

$$L_4 \triangleright L_4^t = \begin{array}{|c|c|c|c|} \hline 1 \triangleright 1 & 3 \triangleright 4 & 2 \triangleright 3 & 4 \triangleright 2 \\ \hline 4 \triangleright 3 & 2 \triangleright 2 & 3 \triangleright 1 & 1 \triangleright 4 \\ \hline 3 \triangleright 2 & 1 \triangleright 3 & 4 \triangleright 4 & 2 \triangleright 1 \\ \hline 2 \triangleright 4 & 4 \triangleright 1 & 1 \triangleright 2 & 3 \triangleright 3 \\ \hline \end{array}$$

인데, 서로 중복되는 것이 없으므로, L_4 와 L_4^t 가 직교한다. 따라서 두 보조방진 L_4 과 L_4^t 의 합성 $L_4 \triangleright L_4^t$ 는 4차 완전마방진이다.

$$L_4 \triangleright L_4^t = \begin{array}{|c|c|c|c|} \hline 1 & 3 & 2 & 4 \\ \hline 4 & 2 & 3 & 1 \\ \hline 3 & 1 & 4 & 2 \\ \hline 2 & 4 & 1 & 3 \\ \hline \end{array} \triangleright \begin{array}{|c|c|c|c|} \hline 1 & 4 & 3 & 2 \\ \hline 3 & 2 & 1 & 4 \\ \hline 2 & 3 & 4 & 1 \\ \hline 4 & 1 & 2 & 3 \\ \hline \end{array} = \begin{array}{|c|c|c|c|} \hline 1 & 12 & 7 & 14 \\ \hline 15 & 6 & 9 & 4 \\ \hline 10 & 3 & 16 & 5 \\ \hline 8 & 13 & 2 & 11 \\ \hline \end{array}$$

그림 3.1: 4차 대각라틴방진의 합성으로 만든 4차 완전마방진 $L_4 \triangleright L_4^t$

이제 위에서 구한 4차 완전마방진 $L_4 \triangleright L_4^t$ 의 닮은 완전마방진을 찾기 위하여, 먼저 $L_4 \triangleright L_4^t$ 의 몫 보조방진인 L_4 을 치환해도 여전히 모든 줄의 각각의 합이 같아지는 치환이 무엇이며, 몇 개가 존재하는지 알아보자. L_4 의 대부분의 줄은 그 항이 $\{1, 2, 3, 4\}$ 로 이루어져 있으므로 어떠한 치환을 적용하더라도 결국 다시 $\{1, 2, 3, 4\}$ 가 되므로 그 합이 변하지 않는다. 앞으로도 보조방진의 각 줄의 구성을 살피는 경우가 많이 나오는데 위와 같이 n차 보조방진의 한 줄이 $\mathbb{N}_n = \{1, 2, \ldots, n\}$ 으로 구성되는 경우에 그 줄이 라틴이라고 하자. 그러면 라틴인 줄은 어떠한 치환으로도 다시 라틴이 된다.

다시 L_4 로 돌아가서, L_4 의 줄 중에서 라틴이 아닌 것만 고려하면 되는데, 라틴이 아닌 줄은 절단대각선 중에서 $\{1, 1, 4, 4\}$ 와 $\{2, 2, 3, 3\}$ 으로 이루어진 줄뿐이다. 그 구성이 $\{1, 1, 4, 4\}$ 인 절단대각선을 치환을 적용해서 $\{1, 1, 4, 4\}$ 나 $\{2, 2, 3, 3\}$ 이 아닌 다른 구성으로 보내지면 합이 달라지므로 다음 두 경우만 생각하면 된다. $\{1, 1, 4, 4\}$ 인 절단대각선 치환으로 다시 $\{1, 1, 4, 4\}$ 가 된다면, $\{2, 2, 3, 3\}$ 인 절단대각선도 마찬가지로 그 치환으로 다시 $\{2, 2, 3, 3\}$ 이 되어야 한다. 만약 $\{1, 1, 4, 4\}$ 인 절단대각선이 치환으로 $\{2, 2, 3, 3\}$ 이 되면, $\{2, 2, 3, 3\}$ 인 절단대각선은 그 치환으로

제 3 장 4의 배수인 짝수차 마방진

$\{1, 1, 4, 4\}$이 되어야 한다. 이를 만족하는 적절한 치환은 다음과 같이 8개가 존재한다.

$$\sigma_1 = \begin{pmatrix} 1 & 2 & 3 & 4 \\ 1 & 2 & 3 & 4 \end{pmatrix} \quad \sigma_2 = \begin{pmatrix} 1 & 2 & 3 & 4 \\ 1 & 3 & 2 & 4 \end{pmatrix}$$

$$\sigma_3 = \begin{pmatrix} 1 & 2 & 3 & 4 \\ 2 & 1 & 4 & 3 \end{pmatrix} \quad \sigma_4 = \begin{pmatrix} 1 & 2 & 3 & 4 \\ 2 & 4 & 1 & 3 \end{pmatrix}$$

$$\sigma_5 = \begin{pmatrix} 1 & 2 & 3 & 4 \\ 3 & 1 & 4 & 2 \end{pmatrix} \quad \sigma_6 = \begin{pmatrix} 1 & 2 & 3 & 4 \\ 3 & 4 & 1 & 2 \end{pmatrix} \quad (3.1)$$

$$\sigma_7 = \begin{pmatrix} 1 & 2 & 3 & 4 \\ 4 & 2 & 3 & 1 \end{pmatrix} \quad \sigma_8 = \begin{pmatrix} 1 & 2 & 3 & 4 \\ 4 & 3 & 2 & 1 \end{pmatrix}$$

이 8개의 적절한 치환으로 L_4는 다음과 같은 모든 줄의 합이 같은 4차 대각라틴방진이 된다.

$$\begin{bmatrix} 1 \\ 2 \\ 3 \\ 4 \end{bmatrix} \begin{array}{|c|c|c|c|} \hline 1 & 3 & 2 & 4 \\ \hline 4 & 2 & 3 & 1 \\ \hline 3 & 1 & 4 & 2 \\ \hline 2 & 4 & 1 & 3 \\ \hline \end{array} = \begin{array}{|c|c|c|c|} \hline 1 & 3 & 2 & 4 \\ \hline 4 & 2 & 3 & 1 \\ \hline 3 & 1 & 4 & 2 \\ \hline 2 & 4 & 1 & 3 \\ \hline \end{array}$$

$$\begin{bmatrix} 1 \\ 3 \\ 2 \\ 4 \end{bmatrix} \begin{array}{|c|c|c|c|} \hline 1 & 3 & 2 & 4 \\ \hline 4 & 2 & 3 & 1 \\ \hline 3 & 1 & 4 & 2 \\ \hline 2 & 4 & 1 & 3 \\ \hline \end{array} = \begin{array}{|c|c|c|c|} \hline 1 & 2 & 3 & 4 \\ \hline 4 & 3 & 2 & 1 \\ \hline 2 & 1 & 4 & 3 \\ \hline 3 & 4 & 1 & 2 \\ \hline \end{array}$$

$$\begin{bmatrix} 2 \\ 1 \\ 4 \\ 3 \end{bmatrix} \begin{array}{|c|c|c|c|} \hline 1 & 3 & 2 & 4 \\ \hline 4 & 2 & 3 & 1 \\ \hline 3 & 1 & 4 & 2 \\ \hline 2 & 4 & 1 & 3 \\ \hline \end{array} = \begin{array}{|c|c|c|c|} \hline 2 & 4 & 1 & 3 \\ \hline 3 & 1 & 4 & 2 \\ \hline 4 & 2 & 3 & 1 \\ \hline 1 & 3 & 2 & 4 \\ \hline \end{array}$$

$$\begin{bmatrix} 2 \\ 4 \\ 1 \\ 3 \end{bmatrix} \begin{array}{|c|c|c|c|} \hline 1 & 3 & 2 & 4 \\ \hline 4 & 2 & 3 & 1 \\ \hline 3 & 1 & 4 & 2 \\ \hline 2 & 4 & 1 & 3 \\ \hline \end{array} = \begin{array}{|c|c|c|c|} \hline 2 & 1 & 4 & 3 \\ \hline 3 & 4 & 1 & 2 \\ \hline 1 & 2 & 3 & 4 \\ \hline 4 & 3 & 2 & 1 \\ \hline \end{array}$$

$$\begin{bmatrix} 3 \\ 1 \\ 4 \\ 2 \end{bmatrix} \begin{array}{|c|c|c|c|} \hline 1 & 3 & 2 & 4 \\ \hline 4 & 2 & 3 & 1 \\ \hline 3 & 1 & 4 & 2 \\ \hline 2 & 4 & 1 & 3 \\ \hline \end{array} = \begin{array}{|c|c|c|c|} \hline 3 & 4 & 1 & 2 \\ \hline 2 & 1 & 4 & 3 \\ \hline 4 & 3 & 2 & 1 \\ \hline 1 & 2 & 3 & 4 \\ \hline \end{array}$$

$$\begin{bmatrix} 3 \\ 4 \\ 1 \\ 2 \end{bmatrix} \begin{array}{|c|c|c|c|} \hline 1 & 3 & 2 & 4 \\ \hline 4 & 2 & 3 & 1 \\ \hline 3 & 1 & 4 & 2 \\ \hline 2 & 4 & 1 & 3 \\ \hline \end{array} = \begin{array}{|c|c|c|c|} \hline 3 & 1 & 4 & 2 \\ \hline 2 & 4 & 1 & 3 \\ \hline 1 & 3 & 2 & 4 \\ \hline 4 & 2 & 3 & 1 \\ \hline \end{array}$$

$$\begin{bmatrix} 4 \\ 2 \\ 3 \\ 1 \end{bmatrix} \begin{array}{|c|c|c|c|} \hline 1 & 3 & 2 & 4 \\ \hline 4 & 2 & 3 & 1 \\ \hline 3 & 1 & 4 & 2 \\ \hline 2 & 4 & 1 & 3 \\ \hline \end{array} = \begin{array}{|c|c|c|c|} \hline 4 & 3 & 2 & 1 \\ \hline 1 & 2 & 3 & 4 \\ \hline 3 & 4 & 1 & 2 \\ \hline 2 & 1 & 4 & 3 \\ \hline \end{array}$$

$$\begin{bmatrix} 4 \\ 3 \\ 2 \\ 1 \end{bmatrix} \begin{array}{|c|c|c|c|} \hline 1 & 3 & 2 & 4 \\ \hline 4 & 2 & 3 & 1 \\ \hline 3 & 1 & 4 & 2 \\ \hline 2 & 4 & 1 & 3 \\ \hline \end{array} = \begin{array}{|c|c|c|c|} \hline 4 & 2 & 3 & 1 \\ \hline 1 & 3 & 2 & 4 \\ \hline 2 & 4 & 1 & 3 \\ \hline 3 & 1 & 4 & 2 \\ \hline \end{array}$$

다음으로 $L_4 \triangleright L_4^t$ 의 나머지 보조방진인 L_4^t 는 몫 보조방진인 L_4 를 주대각선을 축으로 뒤집은 전치행렬이므로, 마찬가지로 식 (3.1)의 8개의 치환으로 여전히 모든 줄의 각각의 합이 같아진다. 이 8개의 적절한 치환을 L_4^t 에 적용하면 다음과 같다.

제 3 장 4의 배수인 짝수차 마방진

$$\begin{bmatrix}1\\2\\3\\4\end{bmatrix} \begin{array}{|c|c|c|c|}\hline 1&4&3&2\\\hline 3&2&1&4\\\hline 2&3&4&1\\\hline 4&1&2&3\\\hline\end{array} = \begin{array}{|c|c|c|c|}\hline 1&4&3&2\\\hline 3&2&1&4\\\hline 2&3&4&1\\\hline 4&1&2&3\\\hline\end{array}$$

$$\begin{bmatrix}1\\3\\2\\4\end{bmatrix} \begin{array}{|c|c|c|c|}\hline 1&4&3&2\\\hline 3&2&1&4\\\hline 2&3&4&1\\\hline 4&1&2&3\\\hline\end{array} = \begin{array}{|c|c|c|c|}\hline 1&4&2&3\\\hline 2&3&1&4\\\hline 3&2&4&1\\\hline 4&1&3&2\\\hline\end{array}$$

$$\begin{bmatrix}2\\1\\4\\3\end{bmatrix} \begin{array}{|c|c|c|c|}\hline 1&4&3&2\\\hline 3&2&1&4\\\hline 2&3&4&1\\\hline 4&1&2&3\\\hline\end{array} = \begin{array}{|c|c|c|c|}\hline 2&3&4&1\\\hline 4&1&2&3\\\hline 1&4&3&2\\\hline 3&2&1&4\\\hline\end{array}$$

$$\begin{bmatrix}2\\4\\1\\3\end{bmatrix} \begin{array}{|c|c|c|c|}\hline 1&4&3&2\\\hline 3&2&1&4\\\hline 2&3&4&1\\\hline 4&1&2&3\\\hline\end{array} = \begin{array}{|c|c|c|c|}\hline 2&3&1&4\\\hline 1&4&2&3\\\hline 4&1&3&2\\\hline 3&2&4&1\\\hline\end{array}$$

$$\begin{bmatrix}3\\1\\4\\2\end{bmatrix} \begin{array}{|c|c|c|c|}\hline 1&4&3&2\\\hline 3&2&1&4\\\hline 2&3&4&1\\\hline 4&1&2&3\\\hline\end{array} = \begin{array}{|c|c|c|c|}\hline 3&2&4&1\\\hline 4&1&3&2\\\hline 1&4&2&3\\\hline 2&3&1&4\\\hline\end{array}$$

$$\begin{bmatrix}3\\4\\1\\2\end{bmatrix} \begin{array}{|c|c|c|c|}\hline 1&4&3&2\\\hline 3&2&1&4\\\hline 2&3&4&1\\\hline 4&1&2&3\\\hline\end{array} = \begin{array}{|c|c|c|c|}\hline 3&2&1&4\\\hline 1&4&3&2\\\hline 4&1&2&3\\\hline 2&3&4&1\\\hline\end{array}$$

$$\begin{bmatrix}4\\2\\3\\1\end{bmatrix} \begin{array}{|c|c|c|c|}\hline 1&4&3&2\\\hline 3&2&1&4\\\hline 2&3&4&1\\\hline 4&1&2&3\\\hline\end{array} = \begin{array}{|c|c|c|c|}\hline 4&1&3&2\\\hline 3&2&4&1\\\hline 2&3&1&4\\\hline 1&4&2&3\\\hline\end{array}$$

$$\begin{bmatrix} 4 \\ 3 \\ 2 \\ 1 \end{bmatrix} \begin{array}{|c|c|c|c|} \hline 1 & 4 & 3 & 2 \\ \hline 3 & 2 & 1 & 4 \\ \hline 2 & 3 & 4 & 1 \\ \hline 4 & 1 & 2 & 3 \\ \hline \end{array} = \begin{array}{|c|c|c|c|} \hline 4 & 1 & 2 & 3 \\ \hline 2 & 3 & 4 & 1 \\ \hline 3 & 2 & 1 & 4 \\ \hline 1 & 4 & 3 & 2 \\ \hline \end{array}$$

그러면 완전마방진인 $L_4 \triangleright L_4^t$ 에서부터 몫 보조방진인 L_4 에 적절한 치환을 하는 것이 8개, 또한 나머지 보조방진인 L_4^t 도 적절한 치환을 하는 것이 8개이고, 몫 보조방진과 나머지 보조방진의 역할 바꾸기가 있으므로 2개이다. 경우의 수의 곱의 법칙에 의하여 모두

$$8 \times 8 \times 2 = 128$$

개의 완전마방진을 얻는다. 물론 여기에는 서로 합동관계가 되는 것도 있을 수 있으므로 그러한 완전마방진은 제외해야 한다.

지금부터는 합동인 마방진을 제외하는 방법을 생각해보자. 전체 128개의 완전마방진을 적고, 이 중에서 합동인 것을 찾아 제외하는 방법은 너무나 번거로운 일이다. 그래서 먼저 $L_4 \triangleright L_4^t$ 와 합동인 마방진 8개를 찾고, 이들 중에서 적절한 치환과 역할 바꾸기로 얻을 수 있는 것을 추려보자. $L_4 \triangleright L_4^t$ 와 합동인 마방진은 $L_4 \triangleright L_4^t$ 를 합동변환 F 로 보내는 것인데

$$F(L_4 \triangleright L_4^t) = F(L_4) \triangleright F(L_4^t)$$

을 만족한다. 다음은 $L_4 \triangleright L_4^t$ 와 합동인 마방진 8개와 이를 분해한 결과이다.

$$R_0(L_4 \triangleright L_4^t) = \begin{array}{|c|c|c|c|} \hline 1 & 3 & 2 & 4 \\ \hline 4 & 2 & 3 & 1 \\ \hline 3 & 1 & 4 & 2 \\ \hline 2 & 4 & 1 & 3 \\ \hline \end{array} \triangleright \begin{array}{|c|c|c|c|} \hline 1 & 4 & 3 & 2 \\ \hline 3 & 2 & 1 & 4 \\ \hline 2 & 3 & 4 & 1 \\ \hline 4 & 1 & 2 & 3 \\ \hline \end{array} = \sigma_1(L_4) \triangleright \sigma_1(L_4^t)$$

제 3 장 4의 배수인 짝수차 마방진

$$R_1(L_4 \triangleright L_4^t) = \begin{array}{|c|c|c|c|} \hline 4 & 1 & 2 & 3 \\ \hline 2 & 3 & 4 & 1 \\ \hline 3 & 2 & 1 & 4 \\ \hline 1 & 4 & 3 & 2 \\ \hline \end{array} \triangleright \begin{array}{|c|c|c|c|} \hline 2 & 4 & 1 & 3 \\ \hline 3 & 1 & 4 & 2 \\ \hline 4 & 2 & 3 & 1 \\ \hline 1 & 3 & 2 & 4 \\ \hline \end{array} = \sigma_8(L_4^t) \triangleright \sigma_3(L_4)$$

$$R_2(L_4 \triangleright L_4^t) = \begin{array}{|c|c|c|c|} \hline 3 & 1 & 4 & 2 \\ \hline 2 & 4 & 1 & 3 \\ \hline 1 & 3 & 2 & 4 \\ \hline 4 & 2 & 3 & 1 \\ \hline \end{array} \triangleright \begin{array}{|c|c|c|c|} \hline 3 & 2 & 1 & 4 \\ \hline 1 & 4 & 3 & 2 \\ \hline 4 & 1 & 2 & 3 \\ \hline 2 & 3 & 4 & 1 \\ \hline \end{array} = \sigma_6(L_4) \triangleright \sigma_6(L_4^t)$$

$$R_3(L_4 \triangleright L_4^t) = \begin{array}{|c|c|c|c|} \hline 2 & 3 & 4 & 1 \\ \hline 4 & 1 & 2 & 3 \\ \hline 1 & 4 & 3 & 2 \\ \hline 3 & 2 & 1 & 4 \\ \hline \end{array} \triangleright \begin{array}{|c|c|c|c|} \hline 4 & 2 & 3 & 1 \\ \hline 1 & 3 & 2 & 4 \\ \hline 2 & 4 & 1 & 3 \\ \hline 3 & 1 & 4 & 2 \\ \hline \end{array} = \sigma_3(L_4^t) \triangleright \sigma_8(L_4)$$

$$S^{\setminus}(L_4 \triangleright L_4^t) = \begin{array}{|c|c|c|c|} \hline 1 & 4 & 3 & 2 \\ \hline 3 & 2 & 1 & 4 \\ \hline 2 & 3 & 4 & 1 \\ \hline 4 & 1 & 2 & 3 \\ \hline \end{array} \triangleright \begin{array}{|c|c|c|c|} \hline 1 & 3 & 2 & 4 \\ \hline 4 & 2 & 3 & 1 \\ \hline 3 & 1 & 4 & 2 \\ \hline 2 & 4 & 1 & 3 \\ \hline \end{array} = \sigma_1(L_4^t) \triangleright \sigma_1(L_4)$$

$$S^{-}(L_4 \triangleright L_4^t) = \begin{array}{|c|c|c|c|} \hline 2 & 4 & 1 & 3 \\ \hline 3 & 1 & 4 & 2 \\ \hline 4 & 2 & 3 & 1 \\ \hline 1 & 3 & 2 & 4 \\ \hline \end{array} \triangleright \begin{array}{|c|c|c|c|} \hline 4 & 1 & 2 & 3 \\ \hline 2 & 3 & 4 & 1 \\ \hline 3 & 2 & 1 & 4 \\ \hline 1 & 4 & 3 & 2 \\ \hline \end{array} = \sigma_3(L_4) \triangleright \sigma_8(L_4^t)$$

$$S^{/}(L_4 \triangleright L_4^t) = \begin{array}{|c|c|c|c|} \hline 3 & 2 & 1 & 4 \\ \hline 1 & 4 & 3 & 2 \\ \hline 4 & 1 & 2 & 3 \\ \hline 2 & 3 & 4 & 1 \\ \hline \end{array} \triangleright \begin{array}{|c|c|c|c|} \hline 3 & 1 & 4 & 2 \\ \hline 2 & 4 & 1 & 3 \\ \hline 1 & 3 & 2 & 4 \\ \hline 4 & 2 & 3 & 1 \\ \hline \end{array} = \sigma_6(L_4^t) \triangleright \sigma_6(L_4)$$

$$S^{|}(L_4 \triangleright L_4^t) = \begin{array}{|c|c|c|c|} \hline 4 & 2 & 3 & 1 \\ \hline 1 & 3 & 2 & 4 \\ \hline 2 & 4 & 1 & 3 \\ \hline 3 & 1 & 4 & 2 \\ \hline \end{array} \triangleright \begin{array}{|c|c|c|c|} \hline 2 & 3 & 4 & 1 \\ \hline 4 & 1 & 2 & 3 \\ \hline 1 & 4 & 3 & 2 \\ \hline 3 & 2 & 1 & 4 \\ \hline \end{array} = \sigma_8(L_4) \triangleright \sigma_3(L_4^t)$$

제 1 절 4차 대각라틴방진 69

따라서 다음과 같이 128개의 마방진 중에서 $L_4 \triangleright L_4^t$와 합동인 마방진은 8개 모두 존재한다.

$$\begin{aligned}
L \triangleright L^t &= R_0(L_4 \triangleright L_4^t) = \sigma_1(L_4) \triangleright \sigma_1(L_4^t) \\
&\equiv R_1(L_4 \triangleright L_4^t) = \sigma_8(L_4^t) \triangleright \sigma_3(L_4) \\
&\equiv R_2(L_4 \triangleright L_4^t) = \sigma_6(L_4) \triangleright \sigma_6(L_4^t) \\
&\equiv R_3(L_4 \triangleright L_4^t) = \sigma_3(L_4^t) \triangleright \sigma_8(L_4) \\
&\equiv S^{\setminus}(L_4 \triangleright L_4^t) = \sigma_1(L_4^t) \triangleright \sigma_1(L_4) \\
&\equiv S^{-}(L_4 \triangleright L_4^t) = \sigma_3(L_4) \triangleright \sigma_8(L_4^t) \\
&\equiv S^{/}(L_4 \triangleright L_4^t) = \sigma_6(L_4^t) \triangleright \sigma_6(L_4) \\
&\equiv S^{|}(L_4 \triangleright L_4^t) = \sigma_8(L_4) \triangleright \sigma_3(L_4^t)
\end{aligned}$$

여기서 중요한 점은 $L_4 \triangleright L_4^t$와 합동인 마방진은 8개 모두가 존재하는 것은 물론이고, 이 8개의 합동인 마방진이 모두 다른 방식으로 표현된다는 사실이다.

이제 128개의 마방진 중에서 $L_4 \triangleright L_4^t$와 합동인 마방진은 8개를 제외하면 120개가 남는데, 남은 120개 중의 하나인 $\sigma_1(L_4) \triangleright \sigma_2(L_4^t)$와 합동인 마방진은 몇 개가 존재하는지 살펴보자. $\sigma_1(L_4) \triangleright \sigma_2(L_4^t)$와 합동인 마방진은 회전과 뒤집기로 얻을 수 있는데, 두 보조방진을 합성하여 회전이나 뒤집기를 하는 것이나 두 보조방진을 먼저 회전이나 뒤집기를 하고 합성하는 것은 같다. 이를 식으로 표현하면 다음과 같다.

$$\begin{aligned}
\sigma_1(L_4) \triangleright \sigma_2(L_4^t) &= R_0(\sigma_1(L_4) \triangleright \sigma_2(L_4^t)) = R_0(\sigma_1(L_4)) \triangleright R_0(\sigma_2(L_4^t)) \\
&\equiv R_1(\sigma_1(L_4) \triangleright \sigma_2(L_4^t)) = R_1(\sigma_1(L_4)) \triangleright R_1(\sigma_2(L_4^t)) \\
&\equiv R_2(\sigma_1(L_4) \triangleright \sigma_2(L_4^t)) = R_2(\sigma_1(L_4)) \triangleright R_2(\sigma_2(L_4^t)) \\
&\equiv R_3(\sigma_1(L_4) \triangleright \sigma_2(L_4^t)) = R_3(\sigma_1(L_4)) \triangleright R_3(\sigma_2(L_4^t)) \\
&\equiv S^{\setminus}(\sigma_1(L_4) \triangleright \sigma_2(L_4^t)) = S^{\setminus}(\sigma_1(L_4)) \triangleright S^{\setminus}(\sigma_2(L_4^t)) \\
&\equiv S^{-}(\sigma_1(L_4) \triangleright \sigma_2(L_4^t)) = S^{-}(\sigma_1(L_4)) \triangleright S^{-}(\sigma_2(L_4^t)) \\
&\equiv S^{/}(\sigma_1(L_4) \triangleright \sigma_2(L_4^t)) = S^{/}(\sigma_1(L_4)) \triangleright S^{/}(\sigma_2(L_4^t))
\end{aligned}$$

$$\equiv S^|(\sigma_1(L_4) \triangleright \sigma_2(L_4^t)) = S^|(\sigma_1(L_4)) \triangleright S^|(\sigma_2(L_4^t))$$

그런데 위 식의 몇 보조방진은 이미 앞에서 L_4 나 L_4^t 의 여덟 개의 적절한 치환 중의 하나로 표현했으므로 그 결과를 갖다가 쓰면 된다. 나머지 보조방진은 L_4^t 를 치환 σ_2 로 바꾸고 다시 회전이나 뒤집기를 취한 것인데, 이는 L_4^t 를 먼저 회전이나 뒤집기를 하고 치환하는 것과 같다.

$$\begin{aligned}
\sigma_1(L_4) \triangleright \sigma_2(L_4^t) &= R_0(\sigma_1(L_4) \triangleright \sigma_2(L_4^t)) = \sigma_1(L_4) \triangleright \sigma_2(R_0(L_4^t)) \\
&\equiv R_1(\sigma_1(L_4) \triangleright \sigma_2(L_4^t)) = \sigma_8(L_4^t) \triangleright \sigma_2(R_1(L_4^t)) \\
&\equiv R_2(\sigma_1(L_4) \triangleright \sigma_2(L_4^t)) = \sigma_6(L_4) \triangleright \sigma_2(R_2(L_4^t)) \\
&\equiv R_3(\sigma_1(L_4) \triangleright \sigma_2(L_4^t)) = \sigma_3(L_4^t) \triangleright \sigma_2(R_3(L_4^t)) \\
&\equiv S^{\setminus}(\sigma_1(L_4) \triangleright \sigma_2(L_4^t)) = \sigma_1(L_4^t) \triangleright \sigma_2(S^{\setminus}(L_4^t)) \\
&\equiv S^{-}(\sigma_1(L_4) \triangleright \sigma_2(L_4^t)) = \sigma_3(L_4) \triangleright \sigma_2(S^{-}(L_4^t)) \\
&\equiv S^{/}(\sigma_1(L_4) \triangleright \sigma_2(L_4^t)) = \sigma_6(L_4^t) \triangleright \sigma_2(S^{/}(L_4^t)) \\
&\equiv S^|(\sigma_1(L_4) \triangleright \sigma_2(L_4^t)) = \sigma_8(L_4) \triangleright \sigma_2(S^|(L_4^t))
\end{aligned}$$

이제 다시 $L_4 \triangleright L_4^t$ 와 합동인 마방진을 찾는 과정에서 쓴 결과를 나머지 보조방진에 쓰면 다음을 얻는다.

$$\begin{aligned}
\sigma_1(L_4) \triangleright \sigma_2(L_4^t) &= R_0(\sigma_1(L_4) \triangleright \sigma_2(L_4^t)) = \sigma_1(L_4) \triangleright (\sigma_2 \circ \sigma_1)(L_4^t) \\
&\equiv R_1(\sigma_1(L_4) \triangleright \sigma_2(L_4^t)) = \sigma_8(L_4^t) \triangleright (\sigma_2 \circ \sigma_3)(L_4) \\
&\equiv R_2(\sigma_1(L_4) \triangleright \sigma_2(L_4^t)) = \sigma_6(L_4) \triangleright (\sigma_2 \circ \sigma_6)(L_4^t) \\
&\equiv R_3(\sigma_1(L_4) \triangleright \sigma_2(L_4^t)) = \sigma_3(L_4^t) \triangleright (\sigma_2 \circ \sigma_8)(L_4) \\
&\equiv S^{\setminus}(\sigma_1(L_4) \triangleright \sigma_2(L_4^t)) = \sigma_1(L_4^t) \triangleright (\sigma_2 \circ \sigma_1)(L_4) \\
&\equiv S^{-}(\sigma_1(L_4) \triangleright \sigma_2(L_4^t)) = \sigma_3(L_4) \triangleright (\sigma_2 \circ \sigma_8)(L_4^t) \\
&\equiv S^{/}(\sigma_1(L_4) \triangleright \sigma_2(L_4^t)) = \sigma_6(L_4^t) \triangleright (\sigma_2 \circ \sigma_6)(L_4) \\
&\equiv S^|(\sigma_1(L_4) \triangleright \sigma_2(L_4^t)) = \sigma_8(L_4) \triangleright (\sigma_2 \circ \sigma_3)(L_4^t)
\end{aligned}$$

그러면 나머지 보조방진은 L_4 나 L_4^t 를 두 치환의 합성으로 보내는 것인데 여기서 두 치환의 합성이 기존의 적절한 치환 σ_i $(1 \leq i \leq 8)$ 중에 존재하면 된다. 먼저 위에서 나온 두 치환의 합성만 살펴보면,

$$\sigma_2 \circ \sigma_1 = \sigma_2, \quad \sigma_2 \circ \sigma_3 = \sigma_5, \quad \sigma_2 \circ \sigma_6 = \sigma_4, \quad \sigma_2 \circ \sigma_8 = \sigma_7$$

이므로 몫 보조방진과 마찬가지로 나머지 보조방진도 L_4 나 L_4^t 를 기존의 적절한 치환 σ_i 로 보내는 것이므로 128개의 마방진에 포함되어 있다. 또한 $\sigma_1(L_4) \triangleright \sigma_2(L_4^t)$ 와 합동인 8개의 마방진도 모두 다른 방식으로 표현된다는 사실이다.

128개의 마방진에는 $L_4 \triangleright L_4^t$ 와 합동인 마방진이 8개, $\sigma_1(L_4) \triangleright \sigma_2(L_4^t)$ 와 합동인 마방진도 8개가 존재한다. 그러면 128개의 마방진 중에서 $L_4 \triangleright L_4^t$ 와 $\sigma_1(L_4) \triangleright \sigma_2(L_4^t)$ 에 모두 합동이 아닌 마방진 하나를 생각한다면 이와 합동인 마방진 8개도 역시 128개의 마방진에 포함될 것으로 짐작이 된다. $\sigma_1(L_4) \triangleright \sigma_2(L_4^t)$ 와 합동인 마방진도 8개를 확인하는 과정을 잘 살펴보면, 먼저 하나의 마방진을 선택하는데 이는 $\sigma_i(L_4) \triangleright \sigma_j(L_4^t)$ 의 형태이고, 이와 합동인 마방진 8개를 회전이나 뒤집기의 합동변환으로 구하는데, 결국 보조방진을 합성하여 합동변환으로 보내는 것이나 보조방진을 합동변환으로 보내고 합성하는 것은 같고, 또한 치환을 먼저하고 합동변환으로 보내는 것이나 합동변환을 하고 치환하는 것이 같으므로 마지막의 치환의 합성이 기존의 치환이 되면 처음의 $L_4 \triangleright L_4^t$ 와 합동인 마방진의 수와 같아지게 된다. 그런데 적절한 치환이란 보조방진의 성질을 그대로 보존하는 것이므로 적절한 치환끼리의 합성도 여전히 적절한 치환이다.

그래서 완전마방진인 $L_4 \triangleright L_4^t$ 에서부터 몫 보조방진인 L_4 를 각 줄의 합이 변하지 않게 치환할 수 있는 것이 8개, 또한 나머지 보조방진인 L_4^t 도 각 줄의 합이 변하지 않게 치환할 수 있는 것이 8개이고, 몫 보조방진과 나머지 보조방진의 역할을 맞바꿀 수 있으므로 2개이므로

$$8 \times 8 \times 2 = 128(개)$$

의 완전마방진을 얻었고, 여기에는 $L_4 \triangleright L_4^t$ 와 합동인 마방진이 8개가 존재하면서 모두 다른 방식으로 표현되므로 합동을 제외하고 모두

$$\frac{8 \times 8 \times 2}{8} = 16$$

개의 닮은 완전마방진을 얻었다.

지금까지의 과정을 다시 돌이켜 보면, 보조방진의 합성으로 마방진을 하나 찾고, 각각의 보조방진의 각 줄의 합이 변하지 않게 하는 적절한 치환을 구하고, 그 개수를 세고, 역할 바꾸기까지 고려하여 마방진을 만들었다.[2] 이렇게 만들어진 마방진 첫 마방진과 합동인 마방진이 몇 개가 생기는지 알면 다른 마방진도 같은 개수의 합동인 마방진이 얻어지므로 다음의 정리를 얻는다. 이는 4차 마방진뿐만 아니라 언제든지 성립한다.

정리 3.1. 각 줄의 합이 모두 같은 몫 보조방진 Q와 나머지 보조방진이 R의 합성인 마방진 $M = Q \triangleright R$이 있을 때, 보조방진 Q와 R의 적절한 치환이 각각 a개와 b개라고 하자. 적절한 치환과 보조방진의 역할 바꾸기로 마방진 M과 합동인 것이 c개 존재한다면, 모두 $a \times b \times 2$개의 마방진 중에서 합동을 제외하고 모두

$$\frac{a \times b \times 2}{c}$$

개의 닮은 마방진이 존재한다.

여기서 꼭 언급해야 할 사실이 있다. 몫 보조방진과 나머지 보조방진이 전치행렬 관계가 있으면 지금까의 긴 과정보다는 조금은 간단하게 닮은 마방진을 찾을 수 있다. $L_4 \triangleright L_4^t$를 역할 바꾸기를 하면 $L_4^t \triangleright L_4$인데, $L_4^t \triangleright L_4$은 다음과 같이

$$L_4^t \triangleright L_4 = L_4^t \triangleright (L_4^t)^t = (L_4 \triangleright L_4^t)^t$$

$L_4 \triangleright L_4^t$을 주대각선을 중심으로 뒤집은 것이다. 즉 이런 경우에는 역할 바꾸기에 대하여는 처음부터 생각할 필요가 없었다. 하지만 닮은 마방진을

---

[2] 이렇게 만들어진 마방진은 서로 합동인 것도 있지만, 똑같은(=) 마방진은 존재하지 않는다.

얻는 과정을 본격적으로 처음 설명하는 부분이라서 가장 모범적인 방법을 제시한 것이다.

4차 대각라틴방진 L_4과 L_4^t를 보조방진으로 하는 완전마방진 $L_4 \triangleright L_4^t$으로부터 적절한 치환과 역할 바꾸기로 얻을 수 있는 16개의 4차 완전마방진을 구하기 전에, $n = 4$일 때 1부터 16까지의 자연수는 연산 $\triangleright$에 대한 몫 q와 나머지 r은

$$1 = 1 \triangleright 1, \quad 2 = 1 \triangleright 2, \quad 3 = 1 \triangleright 3, \quad 4 = 1 \triangleright 4$$
$$5 = 2 \triangleright 1, \quad 6 = 2 \triangleright 2, \quad 7 = 2 \triangleright 3, \quad 8 = 2 \triangleright 4$$
$$9 = 3 \triangleright 1, \quad 10 = 3 \triangleright 2, \quad 11 = 3 \triangleright 3, \quad 12 = 3 \triangleright 4$$
$$13 = 4 \triangleright 1, \quad 14 = 4 \triangleright 2, \quad 15 = 4 \triangleright 3, \quad 16 = 4 \triangleright 4$$

임을 기억하자. 지금까지 서로 합동이 아닌 완전마방진 $\sigma_1(L_4) \triangleright \sigma_1(L_4^t)$와 $\sigma_1(L_4) \triangleright \sigma_2(L_4^t)$를 얻었다. 다음으로는 이와 합동이 아닌 것 중에서 하나를 선택하고, 이 선택된 마방진과 합동인 것을 전부 구하여 제외하고, 또 나머지 중에서 하나를 선택하고 하면서 계속하면 구할 수 있다. 그렇게 해서 구한 결과가 다음과 같다.

$\sigma_1(L_4) \triangleright \sigma_1(L_4^t)$

$=$
1	3	2	4
4	2	3	1
3	1	4	2
2	4	1	3

$\triangleright$
1	4	3	2
3	2	1	4
2	3	4	1
4	1	2	3

$=$
1	12	7	14
15	6	9	4
10	3	16	5
8	13	2	11

$\sigma_1(L_4) \triangleright \sigma_2(L_4^t)$

$=$
1	3	2	4
4	2	3	1
3	1	4	2
2	4	1	3

$\triangleright$
1	4	2	3
2	3	1	4
3	2	4	1
4	1	3	2

$=$
1	12	6	15
14	7	9	4
11	2	16	5
8	13	3	10

$\sigma_1(L_4) \triangleright \sigma_3(L_4^t)$

$=$
1	3	2	4
4	2	3	1
3	1	4	2
2	4	1	3
$\triangleright$
2	3	4	1
4	1	2	3
1	4	3	2
3	2	1	4
$=$
2	11	8	13
16	5	10	3
9	4	15	6
7	14	1	12

$\sigma_1(L_4) \triangleright \sigma_4(L_4^t)$

$=$
1	3	2	4
4	2	3	1
3	1	4	2
2	4	1	3
$\triangleright$
2	3	1	4
1	4	2	3
4	1	3	2
3	2	4	1
$=$
2	11	5	16
13	8	10	3
12	1	15	6
7	14	4	9

$\sigma_1(L_4) \triangleright \sigma_5(L_4^t)$

$=$
1	3	2	4
4	2	3	1
3	1	4	2
2	4	1	3
$\triangleright$
3	2	4	1
4	1	3	2
1	4	2	3
2	3	1	4
$=$
3	10	8	13
16	5	11	2
9	4	14	7
6	15	1	12

$\sigma_1(L_4) \triangleright \sigma_6(L_4^t)$

$=$
1	3	2	4
4	2	3	1
3	1	4	2
2	4	1	3
$\triangleright$
3	2	1	4
1	4	3	2
4	1	2	3
2	3	4	1
$=$
3	10	5	16
13	8	11	2
12	1	14	7
6	15	4	9

$\sigma_1(L_4) \triangleright \sigma_7(L_4^t)$

$=$
1	3	2	4
4	2	3	1
3	1	4	2
2	4	1	3
$\triangleright$
4	1	3	2
3	2	4	1
2	3	1	4
1	4	2	3
$=$
4	9	7	14
15	6	12	1
10	3	13	8
5	16	2	11

제 1 절 4차 대각라틴방진

$\sigma_1(L_4) \triangleright \sigma_8(L_4^t)$

$=\begin{array}{|c|c|c|c|} \hline 1 & 3 & 2 & 4 \\ \hline 4 & 2 & 3 & 1 \\ \hline 3 & 1 & 4 & 2 \\ \hline 2 & 4 & 1 & 3 \\ \hline \end{array} \triangleright \begin{array}{|c|c|c|c|} \hline 4 & 1 & 2 & 3 \\ \hline 2 & 3 & 4 & 1 \\ \hline 3 & 2 & 1 & 4 \\ \hline 1 & 4 & 3 & 2 \\ \hline \end{array} = \begin{array}{|c|c|c|c|} \hline 4 & 9 & 6 & 15 \\ \hline 14 & 7 & 12 & 1 \\ \hline 11 & 2 & 13 & 8 \\ \hline 5 & 16 & 3 & 10 \\ \hline \end{array}$

$\sigma_2(L_4) \triangleright \sigma_1(L_4^t)$

$=\begin{array}{|c|c|c|c|} \hline 1 & 2 & 3 & 4 \\ \hline 4 & 3 & 2 & 1 \\ \hline 2 & 1 & 4 & 3 \\ \hline 3 & 4 & 1 & 2 \\ \hline \end{array} \triangleright \begin{array}{|c|c|c|c|} \hline 1 & 4 & 3 & 2 \\ \hline 3 & 2 & 1 & 4 \\ \hline 2 & 3 & 4 & 1 \\ \hline 4 & 1 & 2 & 3 \\ \hline \end{array} = \begin{array}{|c|c|c|c|} \hline 1 & 8 & 11 & 14 \\ \hline 15 & 10 & 5 & 4 \\ \hline 6 & 3 & 16 & 9 \\ \hline 12 & 13 & 2 & 7 \\ \hline \end{array}$

$\sigma_2(L_4) \triangleright \sigma_2(L_4^t)$

$=\begin{array}{|c|c|c|c|} \hline 1 & 2 & 3 & 4 \\ \hline 4 & 3 & 2 & 1 \\ \hline 2 & 1 & 4 & 3 \\ \hline 3 & 4 & 1 & 2 \\ \hline \end{array} \triangleright \begin{array}{|c|c|c|c|} \hline 1 & 4 & 2 & 3 \\ \hline 2 & 3 & 1 & 4 \\ \hline 3 & 2 & 4 & 1 \\ \hline 4 & 1 & 3 & 2 \\ \hline \end{array} = \begin{array}{|c|c|c|c|} \hline 1 & 8 & 10 & 15 \\ \hline 14 & 11 & 5 & 4 \\ \hline 7 & 2 & 16 & 9 \\ \hline 12 & 13 & 3 & 6 \\ \hline \end{array}$

$\sigma_2(L_4) \triangleright \sigma_3(L_4^t)$

$=\begin{array}{|c|c|c|c|} \hline 1 & 2 & 3 & 4 \\ \hline 4 & 3 & 2 & 1 \\ \hline 2 & 1 & 4 & 3 \\ \hline 3 & 4 & 1 & 2 \\ \hline \end{array} \triangleright \begin{array}{|c|c|c|c|} \hline 2 & 3 & 4 & 1 \\ \hline 4 & 1 & 2 & 3 \\ \hline 1 & 4 & 3 & 2 \\ \hline 3 & 2 & 1 & 4 \\ \hline \end{array} = \begin{array}{|c|c|c|c|} \hline 2 & 7 & 12 & 13 \\ \hline 16 & 9 & 6 & 3 \\ \hline 5 & 4 & 15 & 10 \\ \hline 11 & 14 & 1 & 8 \\ \hline \end{array}$

$\sigma_2(L_4) \triangleright \sigma_4(L_4^t)$

$=\begin{array}{|c|c|c|c|} \hline 1 & 2 & 3 & 4 \\ \hline 4 & 3 & 2 & 1 \\ \hline 2 & 1 & 4 & 3 \\ \hline 3 & 4 & 1 & 2 \\ \hline \end{array} \triangleright \begin{array}{|c|c|c|c|} \hline 2 & 3 & 1 & 4 \\ \hline 1 & 4 & 2 & 3 \\ \hline 4 & 1 & 3 & 2 \\ \hline 3 & 2 & 4 & 1 \\ \hline \end{array} = \begin{array}{|c|c|c|c|} \hline 2 & 7 & 9 & 16 \\ \hline 13 & 12 & 6 & 3 \\ \hline 8 & 1 & 15 & 10 \\ \hline 11 & 14 & 4 & 5 \\ \hline \end{array}$

$\sigma_2(L_4) \triangleright \sigma_5(L_4^t)$

$=$
1	2	3	4
4	3	2	1
2	1	4	3
3	4	1	2

$\triangleright$
3	2	4	1
4	1	3	2
1	4	2	3
2	3	1	4

$=$
3	6	12	13
16	9	7	2
5	4	14	11
10	15	1	8

$\sigma_2(L_4) \triangleright \sigma_6(L_4^t)$

$=$
1	2	3	4
4	3	2	1
2	1	4	3
3	4	1	2

$\triangleright$
3	2	1	4
1	4	3	2
4	1	2	3
2	3	4	1

$=$
3	6	9	16
13	12	7	2
8	1	14	11
10	15	4	5

$\sigma_2(L_4) \triangleright \sigma_7(L_4^t)$

$=$
1	2	3	4
4	3	2	1
2	1	4	3
3	4	1	2

$\triangleright$
4	1	3	2
3	2	4	1
2	3	1	4
1	4	2	3

$=$
4	5	11	14
15	10	8	1
6	3	13	12
9	16	2	7

$\sigma_2(L_4) \triangleright \sigma_8(L_4^t)$

$=$
1	2	3	4
4	3	2	1
2	1	4	3
3	4	1	2

$\triangleright$
4	1	2	3
2	3	4	1
3	2	1	4
1	4	3	2

$=$
4	5	10	15
14	11	8	1
7	2	13	12
9	16	3	6

참고로 위에서 구한 16개의 마방진의 몫 보조방진은 모두 L_4을 치환한 것이고, 나머지 보조방진은 모두 L_4^t를 치환한 것이다. 그러면 보조방진의 역할 바꾸기는 사용하지 않았다고도 생각할 수 있고, 앞에서 언급했듯이 두 보조방진 L_4과 L_4^t가 합동이기 때문에 생길 수 있는 현상이고, 보조방진의 역할 바꾸기는 할 필요가 없지만 합동인 마방진은 적절한 치환으로만 구할 수 있는 개수가 4개로 줄어든다. 결국

제 1 절 4차 대각라틴방진

1	12	7	14
15	6	9	4
10	3	16	5
8	13	2	11

1	12	6	15
14	7	9	4
11	2	16	5
8	13	3	10

2	11	8	13
16	5	10	3
9	4	15	6
7	14	1	12

2	11	5	16
13	8	10	3
12	1	15	6
7	14	4	9

3	10	8	13
16	5	11	2
9	4	14	7
6	15	1	12

3	10	5	16
13	8	11	2
12	1	14	7
6	15	4	9

4	9	7	14
15	6	12	1
10	3	13	8
5	16	2	11

4	9	6	15
14	7	12	1
11	2	13	8
5	16	3	10

1	8	11	14
15	10	5	4
6	3	16	9
12	13	2	7

1	8	10	15
14	11	5	4
7	2	16	9
12	13	3	6

2	7	12	13
16	9	6	3
5	4	15	10
11	14	1	8

2	7	9	16
13	12	6	3
8	1	15	10
11	14	4	5

3	6	12	13
16	9	7	2
5	4	14	11
10	15	1	8

3	6	9	16
13	12	7	2
8	1	14	11
10	15	4	5

4	5	11	14
15	10	8	1
6	3	13	12
9	16	2	7

4	5	10	15
14	11	8	1
7	2	13	12
9	16	3	6

그림 3.2: $L_4 \triangleright L_4^t$ 와 닮은 완전마방진으로 모두 16개의 4차 완전마방진

$$\frac{2 \times 8 \times 8}{8} = \frac{8 \times 8}{4}$$

가 된다.

이 절을 마치기 전에 보조방진 L 을 조금만 더 생각해보자. 4차 보조방진인 L_4 은 당연히 16개의 항이 $1, 2, 3, 4$ 가 각각 네 번씩 사용되는데, $1, 2, 3, 4$의 위치는 다음과 같다.

$$L_4 = \begin{array}{|c|c|c|c|} \hline 1 & 3 & 2 & 4 \\ \hline 4 & 2 & 3 & 1 \\ \hline 3 & 1 & 4 & 2 \\ \hline 2 & 4 & 1 & 3 \\ \hline \end{array}$$

$$= \begin{array}{|c|c|c|c|} \hline 1 & & & \\ \hline & & 1 & \\ \hline & 1 & & \\ \hline & & & 1 \\ \hline \end{array} + \begin{array}{|c|c|c|c|} \hline & & 2 & \\ \hline 2 & & & \\ \hline & & & 2 \\ \hline & 2 & & \\ \hline \end{array} + \begin{array}{|c|c|c|c|} \hline & & & 3 \\ \hline & & & 3 \\ \hline 3 & & & \\ \hline & & 3 & \\ \hline \end{array} + \begin{array}{|c|c|c|c|} \hline & & & 4 \\ \hline 4 & & & \\ \hline & & & 4 \\ \hline & 4 & & \\ \hline \end{array}$$

여기서 마지막에는 0인 항은 생략하였다. 치환으로 보조방진 L_4을 변환하면 각각의 네 수 $1, 2, 3, 4$가 위의 배열 중에 겹치지 않고 하나씩 갖게 된다. 따라서 어떠한 치환이든지 L_4은 다음과 같은 모양으로 변환된다.

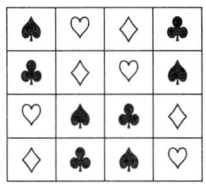

그런데 당연히 $1, 2, 3, 4$ 각각의 위치는 다르지만 이들의 위치는 합동변환인 관계가 있다. 다른 보조방진도 이런 성질을 갖고 있는지는 아직 판단하기는 힘들지만, 적어도 보조방진 L_4과 L_4^t는 이런 성질을 갖고 있다. 앞으로 다양한 보조방진이 등장할 텐데 그때마다 보조방진이 새로운 것인지 아닌지를 판단할 때, 보조방진의 각 수의 위치를 알면 쉽다. 그래서 보조방진의 유형을 다음과 같은 방법으로 구분하고 표현하자. 먼저 $(1, 1)$ 항에 있는 수가 있는 모든 위치를 ■으로 표시하자. 단, 주대각선을 중심으로 뒤집기를 하여 표시할 수도 있다. 다른 한 수의 모든 위치가 앞의 배치와 합동변환 관계가 되고 명확하게 정해질 때는 생략할 수도 있고, 아니면 그 위치를 □으로 표시하자. 합동변환 관계가 아니면 ▲ 등으로 표시한다. 빈칸에는 보조방진의 보조방진을 적어 넣고, 이 보조방진과 합동관계인 보조방진도 표시하자. 그러면 보조방진 L_4과 L_4^t은 다음과 같이 보조방진의 유형으로 나타낸다.

제 1 절 4차 대각라틴방진   79

세 줄 요약

    4차 대각라틴방진은 존재한다.

    L_4와 L_4^t를 보조방진으로 4차 완전마방진을 얻었다.

    이 완전마방진과 닮은 16개의 4차 완전마방진을 얻었다.

제 2 절 자이나 마방진

역사적으로 보면 중국만큼 오래되진 않았으나 이란, 아랍, 인도에서도 마방진을 최소한 기원 근방부터 알고 있었고, 중국과 마찬가지로 다른 지역에서도 마방진을 점술이나 주술에 사용하였고, 부적으로 만들어 지니고 다니기도 했다. 심지어 연금술에 마방진을 이용할 수 있다고 믿기까지도 했다. 마방진은 크기가 커질수록 찾기가 힘들어지는데 4차 마방진을 알게 된 때는 분명히 10세기 전이라 생각된다. 왜냐하면, 아랍의 중심 도시인 바그다드에서 출판된 백과사전[3]에 5차와 6차 마방진이 실려있는데 때는 대략 983년경이기 때문이다. 이제 인도의 어느 사원 기둥에 새겨진 4차 완전마방진을 하나 소개하려 한다.

그림 3.3: 파르수바나트 사원의 자이나 마방진.
출처 - https://en.wikipedia.org/wiki/Magic_square

인도의 아주 오래된 종교 중 하나인 자이나교는 불교와 비슷한 시기에 시작되었고, 교리도 불교와 비슷하여 불살생, 불간음, 무소유, 금욕과 고행

---

[3] 백과사전의 이름은 '라사일 이콴 알사파'인데 그 뜻은 '순수한 성도들의 백과사전'이다.

을 강조하는데, 오히려 불교보다도 더욱 엄격하여 자이나교도들은 불살생을 위해서 채식만을 행할 뿐만 아니라 자신도 모르게 벌레도 죽이지 않기 위해 농사도 짓지 않았다고 한다. 자이나교도는 현재 인도에도 얼마 남아 있지 않지만 그 사상은 현대 인도인에게도 지대한 영향을 미치고 있다고 한다. 그런데 10세기에 세워진 인도 중부 지방의 카주라호(Khajuraho)에 있는 자이나교의 파르수바나트(Parshvanath) 사원에 있는 기둥에 새겨진 4차 마방진이 지금까지도 전해지고 있다.[4] 그림 3.3은 그것을 사진으로 찍은 것인데, 여기에 쓰인 숫자는 우리가 흔히 아라비아 숫자라고 부르는 것이다. 아리비아 숫자는 원래 인도 산스크리트어의 문자에서 기원한 것으로 아랍인들이 유럽에 전해서 아라비아 숫자라고 부르게 되었다. 그런데 요즈음에는 인도가 기원이라는 것을 강조하기 위해 인도-아라비아 숫자라고도 불리운다.

그림 3.3을 보면 현재의 인도-아라비아 숫자와 비슷한 것도 있고, 전혀 다른 모양도 보이는데 합리적인 추론으로 각 격자에 있는 숫자를 맞춰보자. 먼저 4차 마방진은 1부터 16까지의 자연수로 이루어져 있으므로 두 자리 숫자는 모두 일곱 개가 있고, 모양으로 판단하면 (1, 2)항, (1, 4)항, (2, 2)항, (2, 4)항, (3, 1)항, (3, 3)항, (4, 3)항이 두 자리 숫자일 것이다. 그런데 이들의 앞자릿수는 모두 같은 1이어야 하는데 위쪽에 아주 작은 동그라미를 만들고 아래로 길게 내려오면서 약간 오른쪽으로 비스듬하다. 게다가 11이 있어야 하는데 두 자릿수가 거의 같은 모양인 것은 (2, 4)항이고, 이들 모양과 또 거의 같은 한 자릿수는 (1, 3)항에 있고, 이것이 1일 것이다. 현재의 1과는 조금 다르지만 그럭저럭 많이 변하지는 않았다고 생각할 수 있다. 다음으로 0을 찾자. 0은 10에서만 나타난다. 그런데 두 자리 숫자 중에서 11은 이미 찾았고, 12, 13, 14, 15, 16은 한 자릿수인 2, 3, 4, 5, 6도 있으므로 두 자리 숫자의 뒷 모양과 한 자릿수의 모양이 비슷한 것끼리 쌍으로 묶으면 남은 두 자릿수가 10이다. (1, 2)항과 (2, 1)항, (1, 4)항과 (4, 4)항, (2, 2)항과 (3, 2)항, (3, 1)항과 (4, 2)항, (4, 3)항과 (3, 4)항을 쌍으로 묶으면 여기에 2, 3, 4, 5, 6이 있고, 쌍으로 묶이지 못한 (3, 3)항이 10이다. 현재의 0보다 동그라미 크기가 엄청 작다. 지금까지의 추론을 정리하면 다

---

[4] 사원은 10세기에 지워졌지만, 마방진은 12세기 쯤에 새긴 것으로 추정하고 있다.

음과 같다.

?	1?	1	1?
?	1?	?	11
1?	?	10	?
?	?	1?	?

모양으로 판단하여 각 쌍에 어떤 숫자가 있을지 추측하면, 쌍으로 묶은 $(1,2)$ 항과 $(2,1)$ 항에는 2, $(2,2)$ 항과 $(3,2)$ 항에는 3, $(4,3)$ 항과 $(3,4)$ 항에는 4, $(3,1)$ 항과 $(4,2)$ 항에는 5, $(1,4)$ 항과 $(4,4)$ 항에는 8은 불가능하니 6이 있을 가능성이 높다고 생각할 수 있다. 지금까지의 추측을 정리하면 다음과 같다.

?	12	1	16
2	13	?	11
15	3	10	4
?	5	14	6

저런! 틀렸다. 4차 마상수는 34이므로, 1행의 합이 34가 되도록 $(1,1)$ 항에 들어갈 수는 $34 - 12 - 1 - 16 = 5$인데 5는 이미 $(4,2)$ 항에 있다. 어디에서부터 틀렸는지를 세심히 살펴보면, 1과 0의 판단은 합리적으로 한 후에 모양이 지금과는 조금 다르지만 이해할 수준으로 여겼고, 쌍으로 묶은 것은 모양의 유사성으로 판단했고, 다르게 쌍으로 묶는 것은 생각조차 할 수 없었다. 그런데 쌍으로 묶은 것에서 지금의 인도-아라비아 숫자와 유사성으로 추측한 것에서부터 잘못이라는 생각이 든다. 여기서부터 다시 시작하자.

2와 12, 3과 13, 4와 14, 5와 15, 6과 16일 쌍은 순서는 알 수 없지만 $(1,2)$ 항과 $(2,1)$ 항, $(1,4)$ 항과 $(4,4)$ 항, $(2,2)$ 항과 $(3,2)$ 항, $(3,1)$ 항과 $(4,2)$ 항, $(4,3)$ 항과 $(3,4)$ 항이다. 한 자리 숫자이며 2 이상 6이하의 미지수 a, b, c, d, e가 위의 각 쌍에 순서대로 대응된다고 하자. 그리고, 쌍으로 묶이지 않은 한 자릿수가 들어갈 $(1,1)$ 항, $(2,3)$ 항, $(4,1)$ 항에는 각각 7, 8, 9 중 하나인 미지수 f, g, h를 순서대로 대응시키자. 이를 4차 방진에

적으면 다음과 같다.

f	$1a$	1	$1b$
a	$1c$	g	11
$1d$	c	10	e
h	d	$1e$	b

여기서 $1x = 10 + x$를 의미한다. 이 방진이 마방진이므로 각 줄의 합이 34가 되어야 하는데, 3열의 합은 $1 + g + 10 + 10 + e = 34$이므로 $g = 13 - e$가 된다. 2행의 합은 $a + 10 + c + g + 11 = 34$인데 앞에서 구한 $g = 13 - e$를 대입하면 $a + c = e$를 얻는다. 그런데 a, c, e는 서로 다른 수이고, $2 \leq a, c, e \leq 6$이므로 $a + c = e$로 가능한 조합은 $2 + 3 = 5$뿐이다. 따라서 $e = 5$이고, $g = 8$이다. 저런! y와 비슷하게 생긴 것이 5이고, Γ와 비슷하게 생긴 것이 8이라니! 4열에서 보면 $b = 4$가 된다. 1열에는 f와 h가 있는데 $g = 8$이므로 $f + h = 7 + 9 = 16$이고, 1열의 합에서 $a + d = 8$을 얻는다. 남은 숫자 중에 두 수의 합이 8인 것은 2와 6뿐이고, 따라서 $c = 3$이다. 그래서 2행에서 $a = 2$를 얻고, 나머지 $d = 6, f = 7, h = 9$도 쉽게 구할 수 있다. 결론은 파르수바나트 사원에 있는 기둥에 새겨진 4차 마방진이 현재의 인도-아라비아 숫자로 쓰면 그림 3.4와 같은데, 이를 지이니 미방진이라 하자. 자이나 마방진은 심지어 완전마방진이다. 왜냐하면 절단대각선 $\{12, 8, 5, 9\}$, $\{1, 11, 16, 6\}$, $\{14, 2, 3, 15\}$, $\{7, 11, 10, 6\}$, $\{12, 2, 5, 15\}$, $\{1, 13, 16, 4\}$의 합도 모두 34가 되기 때문이다.

7	12	1	14
2	13	8	11
16	3	10	5
9	6	15	4

그림 3.4: 자이나 마방진

파르수바나트 사원은 10세기에 건설되었지만 자이나 마방진이 새겨진 것은 12세기경이라 했으니 그림 3.5의 인도-아라비아 숫자는 12세기경에 인도에서 쓰인 형태이다. 지금과는 많이 다른 숫자도 보이는데, 1은 수긍할 수도 있으나 현재 9의 원형이 아닐까 하는 생각도 든다. 2는 거의 변한 것이 없는 것 같고, 3은 아래의 삐침이 걸리긴 하지만 다른 수와 혼동될 위험은 없어 보인다. 4는 현재의 8이나 6으로 착각하기 쉬운데 4의 모양이 보이기도 한다. 5는 현재의 5의 모습은 전혀 없고 현재의 4라고 하는 것이 타당해 보이고, 6도 현재의 6의 모습은 전혀 없고 그리스 문자 ϵ 이나 ξ 처럼 보인다. 7은 2처럼 거의 변한 것이 없는 것 같다. 8과 9도 전혀 짐작도 하지 못할 정도로 다른 모양이고, 0은 크기만 아주 작을 뿐이다. 인도에서 쓰이던 숫자가 아라비아를 거쳐서 유럽으로 전해지면서 지금은 전 세계적으로 사용되는데 그 모양은 얼마든지 변할 수 있다는 것이 놀랍다.[5]

그림 3.5: 자이나 마방진의 인도-아라비아 숫자 1234567890.
출처 - https://en.wikipedia.org/wiki/Magic_square

자이나 마방진은 다음과 같은 몫 보조방진과 나머지 보조방진으로 분해된다.

7	12	1	14		2	3	1	4		3	4	1	2
2	13	8	11	=	1	4	2	3	▷	2	1	4	3
16	3	10	5		4	1	3	2		4	3	2	1
9	6	15	4		3	2	4	1		1	2	3	4

자이나 마방진의 몫 보조방진과 나머지 보조방진은 둘 다 4차 라틴방진이고, 주대각선과 부대각선도 모두 $\{1, 2, 3, 4\}$ 로 이루어져 있으므로 4차 대각라틴방진이다. 또한 절단대각선의 구성도 모두 $\{1, 2, 3, 4\}$ 이거나 $\{1, 1, 4, 4\}$ 이거나 $\{2, 2, 3, 3\}$ 이므로, 자이나 마방진은 앞 절에서 찾은 16개의 4차 완

---

[5] 홀수차 마방진을 만드는 방법인 시암 방법도 인도에서 발견되었지만 시암이라는 다른 곳의 이름으로 통용되는데, 아라비아 숫자도 인도에서 처음 쓰였지만 인도보다는 아라비아가 우선하니 우연이 너무 자주 일어나는 것이 아닐까?

제 2 절 자이나 마방진

전마방진 중에 하나이어야만 한다. 그런데 앞에서 찾은 16개의 4차 완전마방진 중에서 다음과 같이 15번째로 구한 완전마방진과 합동이다.

$$\sigma_2(L_4) \triangleright \sigma_7(L_4^t)$$

$$=\begin{array}{|c|c|c|c|} \hline 1 & 2 & 3 & 4 \\ \hline 4 & 3 & 2 & 1 \\ \hline 2 & 1 & 4 & 3 \\ \hline 3 & 4 & 1 & 2 \\ \hline \end{array} \triangleright \begin{array}{|c|c|c|c|} \hline 4 & 1 & 3 & 2 \\ \hline 3 & 2 & 4 & 1 \\ \hline 2 & 3 & 1 & 4 \\ \hline 1 & 4 & 2 & 3 \\ \hline \end{array} = \begin{array}{|c|c|c|c|} \hline 4 & 5 & 11 & 14 \\ \hline 15 & 10 & 8 & 1 \\ \hline 6 & 3 & 13 & 12 \\ \hline 9 & 16 & 2 & 7 \\ \hline \end{array}$$

즉, $\sigma_2(L_4) \triangleright \sigma_7(L_4^t)$를 부대각선을 기준으로 뒤집으면 다음과 같이 앞 절에서 구한 $\sigma_4(L_4^t) \triangleright \sigma_5(L_4)$ 이고 그것이 바로 자이나 마방진이다.

$$S^{\swarrow}(\sigma_2(L_4) \triangleright \sigma_7(L_4^t)) = S^{\swarrow}(\sigma_2(L_4)) \triangleright S^{\swarrow}(\sigma_2(\sigma_7(L_4^t)))$$
$$= \sigma_4(L_4^t) \triangleright \sigma_5(L_4)$$

$$=\begin{array}{|c|c|c|c|} \hline 2 & 3 & 1 & 4 \\ \hline 1 & 4 & 2 & 3 \\ \hline 4 & 1 & 3 & 2 \\ \hline 3 & 2 & 4 & 1 \\ \hline \end{array} \triangleright \begin{array}{|c|c|c|c|} \hline 3 & 4 & 1 & 2 \\ \hline 2 & 1 & 4 & 3 \\ \hline 4 & 3 & 2 & 1 \\ \hline 1 & 2 & 3 & 4 \\ \hline \end{array} = \begin{array}{|c|c|c|c|} \hline 7 & 12 & 1 & 14 \\ \hline 2 & 13 & 8 & 11 \\ \hline 16 & 3 & 10 & 5 \\ \hline 9 & 6 & 15 & 4 \\ \hline \end{array}$$

세 줄 요약

자이나 마방진은 12세기경부터 전해지고 있다.
자이나 마방진은 완전마방진이다.
자이나 마방진은 바로 $\sigma_4(L_4^t) \triangleright \sigma_5(L_4)$ 이다.

제 3 절 완전마방진과 한 줄 이동

완전마방진에서는 회전과 뒤집기 외에, 행 또는 열을 순환적으로 변형하여도 완전마방진의 성질이 변하지 않는다는 것을 원통으로 알아 붙인 행렬을 생각하면 쉽게 알 수 있을 것이다. 앞에서 구한 완전마방진 $L_4 \triangleright L_4^t$ 의 4행을 1행 위에 붙이면 다음과 같은 방진을 얻는다.

$$L_4 \triangleright L_4^t = \begin{array}{|c|c|c|c|} \hline 1 & 12 & 7 & 14 \\ \hline 15 & 6 & 9 & 4 \\ \hline 10 & 3 & 16 & 5 \\ \hline 8 & 13 & 2 & 11 \\ \hline \end{array} \implies \begin{array}{|c|c|c|c|} \hline 8 & 13 & 2 & 11 \\ \hline 1 & 12 & 7 & 14 \\ \hline 15 & 6 & 9 & 4 \\ \hline 10 & 3 & 16 & 5 \\ \hline \end{array}$$

새롭게 얻은 방진의 행과 열은 완전마방진 $L_4 \triangleright L_4^t$ 의 각각 행과 열이고, 새롭게 얻은 방진의 모든 범대각선은 마찬가지로 완전마방진 $L_4 \triangleright L_4^t$ 의 범대각선이므로 새롭게 얻은 방진은 완전마방진이다. 이와 같이 완전마방진의 끝 행을 떼어 반대 편에 붙이거나, 끝 열을 떼어 반대편에 붙이는 것을 한 줄 이동이라 하자.

다시 완전마방진 $L_4 \triangleright L_4^t$ 의 한 줄 이동한 위의 결과를 살펴보자. 새롭게 얻은 것은 분명히 4차 완전마방진인데 앞에서 구한 16개의 완전마방진인지 아니면 그 완전마방진과 합동인지를 직접 확인하려면 눈이 많이 피로하겠다. 그래서 이 작업을 좀 쉽게 하기 위하여 자이나 마방진에서 했듯이 보조방진으로 분해하여 살펴보자.

$$\begin{array}{|c|c|c|c|} \hline 8 & 13 & 2 & 11 \\ \hline 1 & 12 & 7 & 14 \\ \hline 15 & 6 & 9 & 4 \\ \hline 10 & 3 & 16 & 5 \\ \hline \end{array}$$

그림 3.6: $L_4 \triangleright L_4^t$ 를 한 줄 이동하여 얻은 4차 완전마방진 $U_4 \triangleright U_4'$

제 3 절 완전마방진과 한 줄 이동   87

$$L_4 \triangleright L_4^t = \begin{array}{|c|c|c|c|} \hline 1 & 3 & 2 & 4 \\ \hline 4 & 2 & 3 & 1 \\ \hline 3 & 1 & 4 & 2 \\ \hline 2 & 4 & 1 & 3 \\ \hline \end{array} \triangleright \begin{array}{|c|c|c|c|} \hline 1 & 4 & 3 & 2 \\ \hline 3 & 2 & 1 & 4 \\ \hline 2 & 3 & 4 & 1 \\ \hline 4 & 1 & 2 & 3 \\ \hline \end{array} = \begin{array}{|c|c|c|c|} \hline 1 & 12 & 7 & 14 \\ \hline 15 & 6 & 9 & 4 \\ \hline 10 & 3 & 16 & 5 \\ \hline 8 & 13 & 2 & 11 \\ \hline \end{array}$$

$$\Longrightarrow \begin{array}{|c|c|c|c|} \hline 8 & 13 & 2 & 11 \\ \hline 1 & 12 & 7 & 14 \\ \hline 15 & 6 & 9 & 4 \\ \hline 10 & 3 & 16 & 5 \\ \hline \end{array} = \begin{array}{|c|c|c|c|} \hline 2 & 4 & 1 & 3 \\ \hline 1 & 3 & 2 & 4 \\ \hline 4 & 2 & 3 & 1 \\ \hline 3 & 1 & 4 & 2 \\ \hline \end{array} \triangleright \begin{array}{|c|c|c|c|} \hline 4 & 1 & 2 & 3 \\ \hline 1 & 4 & 3 & 2 \\ \hline 3 & 2 & 1 & 4 \\ \hline 2 & 3 & 4 & 1 \\ \hline \end{array}$$

새롭게 얻은 완전마방진의 몫 보조방진과 나머지 보조방진은 둘 다 라틴방진이긴 하지만 대각라틴방진은 아니다. 따라서 새롭게 얻은 완전마방진은 앞에서 구한 16개의 완전마방진과는 합동이 아닌 정말로 새로운 4차 완전마방진이다.

그러면 이 새로운 4차 마방진의 몫 보조방진을 U_4라 하고, 나머지 보조방진을 U_4'이라 하자.

$$U_4 = \begin{array}{|c|c|c|c|} \hline 2 & 4 & 1 & 3 \\ \hline 1 & 3 & 2 & 4 \\ \hline 4 & 2 & 3 & 1 \\ \hline 3 & 1 & 4 & 2 \\ \hline \end{array}, \quad U_4' = \begin{array}{|c|c|c|c|} \hline 4 & 1 & 2 & 3 \\ \hline 1 & 4 & 3 & 2 \\ \hline 3 & 2 & 1 & 4 \\ \hline 2 & 3 & 4 & 1 \\ \hline \end{array}$$

U_4와 U_4'이 4차 보조방진 L_4의 치환이나 합동변환인지를 판단하기 위하여 보조방진의 유형을 파악하자.

$$U_4 = \begin{array}{|c|c|c|c|} \hline 2 & 4 & 1 & 3 \\ \hline 1 & 3 & 2 & 4 \\ \hline 4 & 2 & 3 & 1 \\ \hline 3 & 1 & 4 & 2 \\ \hline \end{array}$$

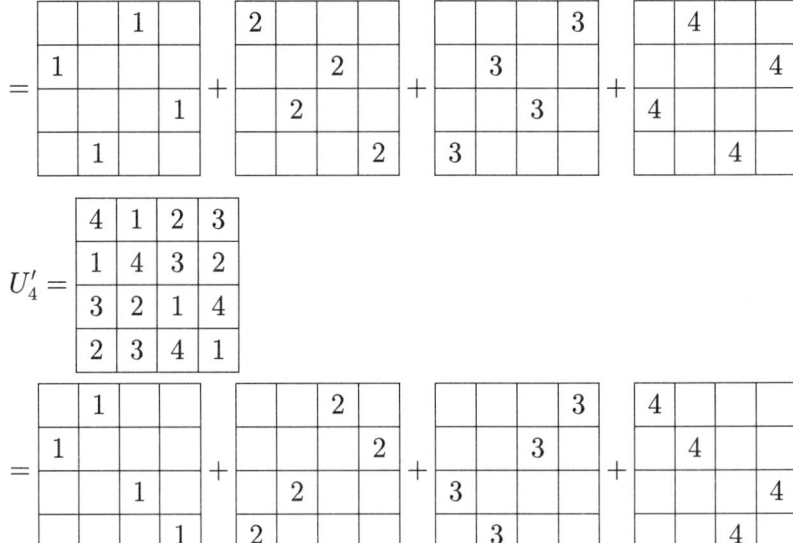

U_4는 1의 위치와 4의 위치는 합동이고, 2와 3의 위치도 서로 합동이지만 이 두 쌍의 위치는 합동이지 않다. 한편 U_4'의 각 수의 위치는 모두 합동이지만 보조방진 L_4의 각 수의 위치와는 합동관계가 아니다. 따라서 U_4와 U_4'은 보조방진 L_4의 치환이나 합동변환으로 얻을 수 없는 L_4과는 전혀 별개의 보조방진이고, 그 유형은 다음과 같다.

새롭게 얻은 4차 완전마방진 $U_4 \triangleright U_4'$과 닮은 완전마방진을 찾기 위하여 U_4와 U_4'의 적절한 치환을 구하자. U_4와 U_4' 둘 다 라틴방진이므로 행과 열은 어떠한 치환에도 합이 변하지 않으며, U_4와 U_4' 둘 다 범대각선은 $\{1,2,3,4\}$, $\{1,1,4,4\}$, $\{2,2,3,3\}$으로 이루어져 있으므로 앞의 4차 대각라틴방진에서 사용했던 8개의 적절한 치환을 그대로 사용하면 된다.

제 3 절 완전마방진과 한 줄 이동   89

$$\sigma_1 = \begin{pmatrix} 1 & 2 & 3 & 4 \\ 1 & 2 & 3 & 4 \end{pmatrix} \quad \sigma_2 = \begin{pmatrix} 1 & 2 & 3 & 4 \\ 1 & 3 & 2 & 4 \end{pmatrix}$$

$$\sigma_3 = \begin{pmatrix} 1 & 2 & 3 & 4 \\ 2 & 1 & 4 & 3 \end{pmatrix} \quad \sigma_4 = \begin{pmatrix} 1 & 2 & 3 & 4 \\ 2 & 4 & 1 & 3 \end{pmatrix}$$

$$\sigma_5 = \begin{pmatrix} 1 & 2 & 3 & 4 \\ 3 & 1 & 4 & 2 \end{pmatrix} \quad \sigma_6 = \begin{pmatrix} 1 & 2 & 3 & 4 \\ 3 & 4 & 1 & 2 \end{pmatrix}$$

$$\sigma_7 = \begin{pmatrix} 1 & 2 & 3 & 4 \\ 4 & 2 & 3 & 1 \end{pmatrix} \quad \sigma_8 = \begin{pmatrix} 1 & 2 & 3 & 4 \\ 4 & 3 & 2 & 1 \end{pmatrix}$$

그러면 앞의 4차 대각라틴방진에서의 경우의 수와 마찬가지로 몫 보조방진에 대한 치환 8개, 나머지 보조방진에 대한 치환 8개, 역할 바꾸기에 2개이므로 합동인 것을 포함하여 모두 $8 \times 8 \times 2 = 128$ 개의 완전마방진을 얻는다.

이제 $U_4 \triangleright U_4'$의 회전이나 뒤집기로 얻을 수 있는 8개의 합동인 마방진 중에서 치환과 역할 바꾸기로 얻을 수 있는 것이 몇 개인지만 알면 합동을 제외하고 새롭게 얻는 것의 개수를 알 수 있다. 다음은 $U_4 \triangleright U_4'$과 합동인 마방진 8개와 이를 분해한 결과이다.

$R_0(U_4 \triangleright U_4')$ =
2	4	1	3
1	3	2	4
4	2	3	1
3	1	4	2
$\triangleright$
4	1	2	3
1	4	3	2
3	2	1	4
2	3	4	1
$= \sigma_1(U_4) \triangleright \sigma_1(U_4')$

$R_1(U_4 \triangleright U_4')$ =
3	4	1	2
1	2	3	4
4	3	2	1
2	1	4	3
$\triangleright$
3	2	4	1
2	3	1	4
1	4	2	3
4	1	3	2
$= \sigma_2(U_4) \triangleright \sigma_4(U_4')$

$R_2(U_4 \triangleright U_4') = \begin{array}{|c|c|c|c|} \hline 2 & 4 & 1 & 3 \\ \hline 1 & 3 & 2 & 4 \\ \hline 4 & 2 & 3 & 1 \\ \hline 3 & 1 & 4 & 2 \\ \hline \end{array} \triangleright \begin{array}{|c|c|c|c|} \hline 1 & 4 & 3 & 2 \\ \hline 4 & 1 & 2 & 3 \\ \hline 2 & 3 & 4 & 1 \\ \hline 3 & 2 & 1 & 4 \\ \hline \end{array} = \sigma_1(U_4) \triangleright \sigma_8(U_4')$

$R_3(U_4 \triangleright U_4') = \begin{array}{|c|c|c|c|} \hline 3 & 4 & 1 & 2 \\ \hline 1 & 2 & 3 & 4 \\ \hline 4 & 3 & 2 & 1 \\ \hline 2 & 1 & 4 & 3 \\ \hline \end{array} \triangleright \begin{array}{|c|c|c|c|} \hline 2 & 3 & 1 & 4 \\ \hline 3 & 2 & 4 & 1 \\ \hline 4 & 1 & 3 & 2 \\ \hline 1 & 4 & 2 & 3 \\ \hline \end{array} = \sigma_2(U_4) \triangleright \sigma_5(U_4')$

$S^{\setminus}(U_4 \triangleright U_4') = \begin{array}{|c|c|c|c|} \hline 2 & 1 & 4 & 3 \\ \hline 4 & 3 & 2 & 1 \\ \hline 1 & 2 & 3 & 4 \\ \hline 3 & 4 & 1 & 2 \\ \hline \end{array} \triangleright \begin{array}{|c|c|c|c|} \hline 4 & 1 & 3 & 2 \\ \hline 1 & 4 & 2 & 3 \\ \hline 2 & 3 & 1 & 4 \\ \hline 3 & 2 & 4 & 1 \\ \hline \end{array} = \sigma_7(U_4) \triangleright \sigma_2(U_4')$

$S^{-}(U_4 \triangleright U_4') = \begin{array}{|c|c|c|c|} \hline 3 & 1 & 4 & 2 \\ \hline 4 & 2 & 3 & 1 \\ \hline 1 & 3 & 2 & 4 \\ \hline 2 & 4 & 1 & 3 \\ \hline \end{array} \triangleright \begin{array}{|c|c|c|c|} \hline 2 & 3 & 4 & 1 \\ \hline 3 & 2 & 1 & 4 \\ \hline 1 & 4 & 3 & 2 \\ \hline 4 & 1 & 2 & 3 \\ \hline \end{array} = \sigma_8(U_4) \triangleright \sigma_6(U_4')$

$S^{/}(U_4 \triangleright U_4') = \begin{array}{|c|c|c|c|} \hline 2 & 1 & 4 & 3 \\ \hline 4 & 3 & 2 & 1 \\ \hline 1 & 2 & 3 & 4 \\ \hline 3 & 4 & 1 & 2 \\ \hline \end{array} \triangleright \begin{array}{|c|c|c|c|} \hline 1 & 4 & 2 & 3 \\ \hline 4 & 1 & 3 & 2 \\ \hline 3 & 2 & 4 & 1 \\ \hline 2 & 3 & 1 & 4 \\ \hline \end{array} = \sigma_7(U_4) \triangleright \sigma_7(U_4')$

$S^{|}(U_4 \triangleright U_4') = \begin{array}{|c|c|c|c|} \hline 3 & 1 & 4 & 2 \\ \hline 4 & 2 & 3 & 1 \\ \hline 1 & 3 & 2 & 4 \\ \hline 2 & 4 & 1 & 3 \\ \hline \end{array} \triangleright \begin{array}{|c|c|c|c|} \hline 3 & 2 & 1 & 4 \\ \hline 2 & 3 & 4 & 1 \\ \hline 4 & 1 & 2 & 3 \\ \hline 1 & 4 & 3 & 2 \\ \hline \end{array} = \sigma_8(U_4) \triangleright \sigma_3(U_4')$

따라서 $U_4 \triangleright U_4'$과 합동인 마방진 8개 모두 적절한 치환으로 얻을 수 있고, 게다가 모두 다른 적절한 치환의 쌍으로 표현되므로, 합동을 제외하고 모두

$$\frac{8 \times 8}{8} = 8(개)$$

의 닮은 완전마방진을 얻을 수 있다. 마찬가지로 $U_4 \triangleright U_4'$ 을 역할 바꾸기를 하여 얻는 $U_4' \triangleright U_4$ 는 적절한 치환으로 합동을 제외하고 모두 8개의 닮은 완전마방진을 얻을 수 있음을 쉽게 확인할 수 있다.

지루한 과정이기에 결과만 보면, $U_4 \triangleright U_4'$ 과 이를 치환과 역할 바꾸기로 얻는 합동이 아닌 16개의 완전마방진은 다음과 같다.

$\sigma_1(U_4) \triangleright \sigma_1(U_4')\ =$
8	13	2	11
1	12	7	14
15	6	9	4
10	3	16	5

$\sigma_2(U_4) \triangleright \sigma_1(U_4')\ =$
12	13	2	7
1	8	11	14
15	10	5	4
6	3	16	9

$\sigma_3(U_4) \triangleright \sigma_1(U_4')\ =$
4	9	6	15
5	16	3	10
11	2	13	8
14	7	12	1

$\sigma_4(U_4) \triangleright \sigma_1(U_4')\ =$
16	9	6	3
5	4	15	10
11	14	1	8
2	7	12	13

$\sigma_5(U_4) \triangleright \sigma_1(U_4')\ =$
4	5	10	15
9	16	3	6
7	2	13	12
14	11	8	1

제 3 장 4의 배수인 짝수차 마방진

$\sigma_6(U_4) \triangleright \sigma_1(U_4') \;=\;$

16	5	10	3
9	4	15	6
7	14	1	12
2	11	8	13

$\sigma_7(U_4) \triangleright \sigma_1(U_4') \;=\;$

8	1	14	11
13	12	7	2
3	6	9	16
10	15	4	5

$\sigma_8(U_4) \triangleright \sigma_1(U_4') \;=\;$

12	1	14	7
13	8	11	2
3	10	5	16
6	15	4	9

$\sigma_1(U_4') \triangleright \sigma_1(U_4) \;=\;$

14	4	5	11
1	15	10	8
12	6	3	13
7	9	16	2

$\sigma_1(U_4') \triangleright \sigma_2(U_4) \;=\;$

15	4	5	10
1	14	11	8
12	7	2	13
6	9	16	3

$\sigma_1(U_4') \triangleright \sigma_3(U_4) \;=\;$

13	3	6	12
2	16	9	7
11	5	4	14
8	10	15	1

$\sigma_1(U_4') \triangleright \sigma_4(U_4) \;=\;$

16	3	6	9
2	13	12	7
11	8	1	14
5	10	15	4

$\sigma_1(U_4') \triangleright \sigma_5(U_4)$ =

13	2	7	12
3	16	9	6
10	5	4	15
8	11	14	1

$\sigma_1(U_4') \triangleright \sigma_6(U_4)$ =

16	2	7	9
3	13	12	6
10	8	1	15
5	11	14	4

$\sigma_1(U_4') \triangleright \sigma_7(U_4)$ =

14	1	8	11
4	15	10	5
9	6	3	16
7	12	13	2

$\sigma_1(U_4') \triangleright \sigma_8(U_4)$ =

15	1	8	10
4	14	11	5
9	7	2	16
6	12	13	3

다시 이 절의 처음으로 돌아가서 4차 완전마방진 $L_4 \triangleright L_4^t$를 행에 대하여 한 줄 이동을 하여 $L_4 \triangleright L_4^t$와 합동이 아닌 완전마방진 $U_4 \triangleright U_4'$를 얻었다. 그런데 $U_4 \triangleright U_4'$를 행에 대하여 한 줄 이동을 하면 또한 완전마방진을, 이 완전마방진을 행에 대하여 한 줄 이동을 하면 또한 완전마방진을 얻는다. 물론 한 번 더 한 줄 이동을 하면 다시 원래의 완전마방진 $L_4 \triangleright L_4^t$이 된다. 따라서 행에 대한 한 줄 이동과 열에 대한 한 줄 이동을 통하여 모두 16개의 완전마방진을 얻게 되는데 그림 3.8과 같다. 그런데 그림 3.8의 16개의 완전마방진은 모두 서로 합동인 관계는 없다. 즉 16개가 모두 다른 마방진이다. 이를 확인하기 위한 가장 쉬운 방법은 방진의 내부, 즉 꼭지점과 모서리 부분이 아닌 가운데 4개의 항부터 살펴보면 된다.[6] 합동변환으로 방진을 옮기더라도 내부는 항상 그대로 내부가 되는데 첫 마방진의 내부는

---

[6] 혹시 내부가 같다면 좀 더 살펴봐야 한다. 그런데 내부가 같을 수 있을까?

8	13	2	11
1	12	7	14
15	6	9	4
10	3	16	5

12	13	2	7
1	8	11	14
15	10	5	4
6	3	16	9

4	9	6	15
5	16	3	10
11	2	13	8
14	7	12	1

16	9	6	3
5	4	15	10
11	14	1	8
2	7	12	13

4	5	10	15
9	16	3	6
7	2	13	12
14	11	8	1

16	5	10	3
9	4	15	6
7	14	1	12
2	11	8	13

8	1	14	11
13	12	7	2
3	6	9	16
10	15	4	5

12	1	14	7
13	8	11	2
3	10	5	16
6	15	4	9

14	4	5	11
1	15	10	8
12	6	3	13
7	9	16	2

15	4	5	10
1	14	11	8
12	7	2	13
6	9	16	3

13	3	6	12
2	16	9	7
11	5	4	14
8	10	15	1

16	3	6	9
2	13	12	7
11	8	1	14
5	10	15	4

13	2	7	12
3	16	9	6
10	5	4	15
8	11	14	1

16	2	7	9
3	13	12	6
10	8	1	15
5	11	14	4

14	1	8	11
4	15	10	5
9	6	3	16
7	12	13	2

15	1	8	10
4	14	11	5
9	7	2	16
6	12	13	3

그림 3.7: $U_4 \triangleright U_4'$와 닮은 완전마방진으로 모두 16개의 4차 완전마방진

$\{3, 6, 9, 16\}$ 이지만 다른 것들은 그렇지 않다. 따라서 첫 마방진을 한 줄 이동을 여러 번 실행하여 얻은 것은 모두 첫 마방진과는 합동이 아니다. 이제 두 번째 마방진을 한 줄 이동을 여러 번 실행하여 얻은 것들도 모두 위에 있는데, 첫 마방진을 한 줄 이동할 때 위치의 변화나 두 번째 마방진을 한 줄 이동할 때의 위치 변화가 같은 방식으로 이루어지므로 여전히 합동인 것이 나오지 않는다. 결국 그림 3.8의 16개는 어떤 짝이라도 합동이 아니다.

그런데 그림 3.8의 16개의 완전마방진은 다음과 같이 모두 $L \triangleright L^t$ 또는 $U \triangleright U_1$의 치환과 역할 바꾸기로 얻은 것으로 더 이상 새로운 완전마방진을 얻은 것은 없다.

제 3 절 완전마방진과 한 줄 이동   95

1	12	7	14
15	6	9	4
10	3	16	5
8	13	2	11

8	13	2	11
1	12	7	14
15	6	9	4
10	3	16	5

10	3	16	5
8	13	2	11
1	12	7	14
15	6	9	4

15	6	9	4
10	3	16	5
8	13	2	11
1	12	7	14

14	1	12	7
4	15	6	9
5	10	3	16
11	8	13	2

11	8	13	2
14	1	12	7
4	15	6	9
5	10	3	16

5	10	3	16
11	8	13	2
14	1	12	7
4	15	6	9

4	15	6	9
5	10	3	16
11	8	13	2
14	1	12	7

7	14	1	12
9	4	15	6
16	5	10	3
2	11	8	13

2	11	8	13
7	14	1	12
9	4	15	6
16	5	10	3

16	5	10	3
2	11	8	13
7	14	1	12
9	4	15	6

9	4	15	6
16	5	10	3
2	11	8	13
7	14	1	12

12	7	14	1
6	9	4	15
3	16	5	10
13	2	11	8

13	2	11	8
12	7	14	1
6	9	4	15
3	16	5	10

3	16	5	10
13	2	11	8
12	7	14	1
6	9	4	15

6	9	4	15
3	16	5	10
13	2	11	8
12	7	14	1

그림 3.8: $L_4 \triangleright L_4^t$를 계속 한 줄 이동하여 얻은 16개의 4차 완전마방진

1	12	7	14
15	6	9	4
10	3	16	5
8	13	2	11

$= L_4 \triangleright L_4^t$

8	13	2	11
1	12	7	14
15	6	9	4
10	3	16	5

$= U_4 \triangleright U_4'$

10	3	16	5
8	13	2	11
1	12	7	14
15	6	9	4

≡

4	9	6	15
14	7	12	1
11	2	13	8
5	16	3	10

$= \sigma_1(L_4) \rhd \sigma_8(L_4^t)$

15	6	9	4
10	3	16	5
8	13	2	11
1	12	7	14

≡

4	9	6	15
5	16	3	10
11	2	13	8
14	7	12	1

$= \sigma_3(U_4) \rhd \sigma_1(U_4')$

14	1	12	7
4	15	6	9
5	10	3	16
11	8	13	2

≡

14	4	5	11
1	15	10	8
12	6	3	13
7	9	16	2

$= \sigma_1(U_4') \rhd \sigma_1(U_4)$

11	8	13	2
14	1	12	7
4	15	6	9
5	10	3	16

≡

2	7	9	16
13	12	6	3
8	1	15	10
11	14	4	5

$= \sigma_2(L_4) \rhd \sigma_4(L_4^t)$

5	10	3	16
11	8	13	2
14	1	12	7
4	15	6	9

≡

16	2	7	9
3	13	12	6
10	8	1	15
5	11	14	4

$= \sigma_1(U_4') \rhd \sigma_6(U_4)$

4	15	6	9
5	10	3	16
11	8	13	2
14	1	12	7

≡

4	5	11	14
15	10	8	1
6	3	13	12
9	16	2	7

$= \sigma_2(L_4) \rhd \sigma_7(L_4^t)$

7	14	1	12
9	4	15	6
16	5	10	3
2	11	8	13

≡

2	11	8	13
16	5	10	3
9	4	15	6
7	14	1	12

$= \sigma_1(L_4) \rhd \sigma_3(L_4^t)$

2	11	8	13
7	14	1	12
9	4	15	6
16	5	10	3

≡

16	5	10	3
9	4	15	6
7	14	1	12
2	11	8	13

$= \sigma_6(U_4) \triangleright \sigma_1(U_4')$

16	5	10	3
2	11	8	13
7	14	1	12
9	4	15	6

≡

3	10	5	16
13	8	11	2
12	1	14	7
6	15	4	9

$= \sigma_1(L_4) \triangleright \sigma_6(L_4^t)$

9	4	15	6
16	5	10	3
2	11	8	13
7	14	1	12

≡

12	1	14	7
13	8	11	2
3	10	5	16
6	15	4	9

$= \sigma_8(U_4) \triangleright \sigma_1(U_4')$

12	7	14	1
6	9	4	15
3	16	5	10
13	2	11	8

≡

13	3	6	12
2	16	9	7
11	5	4	14
8	10	15	1

$= \sigma_1(U_4') \triangleright \sigma_3(U_4)$

13	2	11	8
12	7	14	1
6	9	4	15
3	16	5	10

≡

3	6	12	13
16	9	7	2
5	4	14	11
10	15	1	8

$= \sigma_2(L_4) \triangleright \sigma_5(L_4^t)$

3	16	5	10
13	2	11	8
12	7	14	1
6	9	4	15

≡

15	1	8	10
4	14	11	5
9	7	2	16
6	12	13	3

$= \sigma_1(U_4') \triangleright \sigma_8(U_4)$

6	9	4	15
3	16	5	10
13	2	11	8
12	7	14	1

≡

1	8	10	15
14	11	5	4
7	2	16	9
12	13	3	6

$= \sigma_2(L_4) \triangleright \sigma_2(L_4^t)$

그런데 4차 완전마방진 $L_4 \triangleright L_4^t$를 한 줄 이동으로 얻은 16개의 완전마방진은 $L_4 \triangleright L_4^t$와 닮은 마방진이 8개, $U_4 \triangleright U_4'$와 닮은 마방진이 8개였다. 그렇다면 $L_4 \triangleright L_4^t$와 닮은꼴 16개 중에서 $L_4 \triangleright L_4^t$의 한 줄 이동으로 얻지 못한 나머지 8개와 $U_4 \triangleright U_4'$과 닮은 마방진 16개 중에서 $L_4 \triangleright L_4^t$의 한 줄 이동으로 얻지 못한 나머지 8개 사이에는 관련이 있을까? 없을까? $\sigma_1(L_4) \triangleright \sigma_2(L_4^t)$은 $L_4 \triangleright L_4^t$의 한 줄 이동으로 얻지 못한 것이므로 $\sigma_1(L_4) \triangleright \sigma_2(L_4^t)$의 한 줄 이동으로 얻을 수 있는 16개의 완전마방진을 분석하면 다음과 같고, 결국 새로운 마방진은 하나도 얻지 못했다.

$\sigma_1(L_4) \triangleright \sigma_2(L_4^t) = $

1	12	6	15
14	7	9	4
11	2	16	5
8	13	3	10

8	13	3	10
1	12	6	15
14	7	9	4
11	2	16	5

$\equiv$

8	1	14	11
13	12	7	2
3	6	9	16
10	15	4	5

$= \sigma_7(U_4) \triangleright \sigma_1(U_4')$

11	2	16	5
8	13	3	10
1	12	6	15
14	7	9	4

$\equiv$

4	9	7	14
15	6	12	1
10	3	13	8
5	16	2	11

$= \sigma_1(L_4) \triangleright \sigma_7(L_4^t)$

14	7	9	4
11	2	16	5
8	13	3	10
1	12	6	15

$\equiv$

4	5	10	15
9	16	3	6
7	2	13	12
14	11	8	1

$= \sigma_5(U_4) \triangleright \sigma_1(U_4')$

15	1	12	6
4	14	7	9
5	11	2	16
10	8	13	3

$\equiv$

15	4	5	10
1	14	11	8
12	7	2	13
6	9	16	3

$= \sigma_1(U_4') \triangleright \sigma_2(U_4)$

제 3 절 완전마방진과 한 줄 이동   99

10	8	13	3
15	1	12	6
4	14	7	9
5	11	2	16

$\equiv$

3	6	9	16
13	12	7	2
8	1	14	11
10	15	4	5

$= \sigma_2(L_4) \triangleright \sigma_6(L_4^t)$

5	11	2	16
10	8	13	3
15	1	12	6
4	14	7	9

$\equiv$

16	3	6	9
2	13	12	7
11	8	1	14
5	10	15	4

$= \sigma_1(U_4') \triangleright \sigma_4(U_4)$

4	14	7	9
5	11	2	16
10	8	13	3
15	1	12	6

$\equiv$

4	5	10	15
14	11	8	1
7	2	13	12
9	16	3	6

$= \sigma_2(L_4) \triangleright \sigma_8(L_4^t)$

6	15	1	12
9	4	14	7
16	5	11	2
3	10	8	13

$\equiv$

3	10	8	13
16	5	11	2
9	4	14	7
6	15	1	12

$= \sigma_1(L_4) \triangleright \sigma_5(L_4^t)$

3	10	8	13
6	15	1	12
9	4	14	7
16	5	11	2

$\equiv$

16	9	6	3
5	4	15	10
11	14	1	8
2	7	12	13

$= \sigma_4(U_4) \triangleright \sigma_1(U_4')$

16	5	11	2
3	10	8	13
6	15	1	12
9	4	14	7

$\equiv$

2	11	5	16
13	8	10	3
12	1	15	6
7	14	4	9

$= \sigma_1(L_4) \triangleright \sigma_4(L_4^t)$

9	4	14	7
16	5	11	2
3	10	8	13
6	15	1	12

$\equiv$

12	13	2	7
1	8	11	14
15	10	5	4
6	3	16	9

$= \sigma_2(U_4) \triangleright \sigma_1(U_4')$

12	6	15	1
7	9	4	14
2	16	5	11
13	3	10	8

≡

13	2	7	12
3	16	9	6
10	5	4	15
8	11	14	1

$= \sigma_1(U_4') \triangleright \sigma_5(U_4)$

13	3	10	8
12	6	15	1
7	9	4	14
2	16	5	11

≡

2	7	12	13
16	9	6	3
5	4	15	10
11	14	1	8

$= \sigma_2(L_4) \triangleright \sigma_3(L_4^t)$

2	16	5	11
13	3	10	8
12	6	15	1
7	9	4	14

≡

14	1	8	11
4	15	10	5
9	6	3	16
7	12	13	2

$= \sigma_1(U_4') \triangleright \sigma_7(U_4)$

7	9	4	14
2	16	5	11
13	3	10	8
12	6	15	1

≡

1	8	11	14
15	10	5	4
6	3	16	9
12	13	2	7

$= \sigma_2(L_4) \triangleright \sigma_1(L_4^t)$

세 줄 요약

완전마방진은 한 줄 이동으로 다른 완전마방진도 얻는다.

보조방진이 라틴방진인 완전마방진이 있다.

지금까지 찾은 4차 완전마방진은 32개다.

제 4 절   인접수와 4차 완전마방진

4차 완전마방진을 찾는 또 다른 방법을 설명하고자 한다. 지금까지는 적당한 보조방진을 찾는 것부터 시작했지만 이 절에서는 곧바로 마방진을 찾는 법 중에 하나로 인접수라는 개념을 이용할 것이다. 먼저 0에서 15까지의 임의의 정수 a만 생각하는데, 다음과 같이 2진법으로 나타내자.

$$a = a_0 \times 2^0 + a_1 \times 2 + a_2 \times 2^2 + a_3 \times 2^3$$

여기서 a_0, a_1, a_2, a_3는 0 또는 1이다. 정수 a를 $a = (a_0, a_1, a_2, a_3)$으로 나타내기로 하자. 그러면 0에서 15까지의 정수 a는 다음과 같다.

$$0 = (0,0,0,0) \quad 1 = (1,0,0,0) \quad 2 = (0,1,0,0) \quad 3 = (1,1,0,0)$$
$$4 = (0,0,1,0) \quad 5 = (1,0,1,0) \quad 6 = (0,1,1,0) \quad 7 = (1,1,1,0)$$
$$8 = (0,0,0,1) \quad 9 = (1,0,0,1) \quad 10 = (0,1,0,1) \quad 11 = (1,1,0,1),$$
$$12 = (0,0,1,1) \quad 13 = (1,0,1,1) \quad 14 = (0,1,1,1) \quad 15 = (1,1,1,1)$$

이제 $a = (a_0, a_1, a_2, a_3)$의 2진수의 자릿수 a_3, a_2, a_1, a_0 중에서 하나만 일치하고, 다른 세 개는 모두 다른 수를 a의 인접수라고 부르자.[7] 따라서 각각의 수의 인접수는 당연히 4개가 있고, $0 = (0,0,0,0)$의 인접수는 $(1,1,1,0) = 7, (1,1,0,1) = 11, (1,0,1,1) = 13, (0,1,1,1) = 14$이다. 그림 3.9는 각 수의 4개씩 있는 인접수를 나타낸 것이다.

　0의 인접수 7, 11, 13, 14를 0의 상하좌우에 배치하는데 회전과 뒤집기에 의하여 일치하는 것을 같은 것으로 생각하면 그림 3.10과 같은 3가지 방법이 있다. 그림 3.10에서 가장 왼쪽을 예를 들어 설명한다. 0을 중심으로 그 상하좌우에 0의 인접수를 배치하였다. 이러한 작업을 방진에 쓰여진 모든 수에 대하여 계속 하려고 한다. 그러면 7의 오른쪽 옆 칸에는 7의 인접수이면서 13의 인접수를 배치해야 하므로, 그 자리에는 7과 13의 공통 인접수를 배치해야 한다. 그런데 다행이도 7과 13의 공통 인접수는 존재하고, 또한 0과 10, 두 개가 존재하는데 0은 이미 7의 아래이자 13의 왼쪽에

---

[7] 인접하다는 말이 조금 이상하게 들릴 수도 있겠다.

0	1	2	3	4	5	6	7
7	6	5	4	3	2	1	0
11	10	9	8	9	8	8	9
13	12	12	13	10	11	11	10
14	15	15	14	15	14	13	12
8	9	10	11	12	13	14	15
3	2	1	0	1	0	0	1
5	4	4	5	2	3	3	2
6	7	7	6	7	6	5	4
15	14	13	12	11	10	9	8

그림 3.9: 인접수

	7	
11	0	13
	14	

	7	
11	0	14
	13	

	7	
13	0	14
	11	

그림 3.10: 세 종류의 인접수 배치 방법

있으므로 거기에는 10를 배치하면 된다. 묘하게도 이런 식으로 평면 상의 사각형 격자에 계속하여 모든 칸을 채울 수 있다. 그림 3.11은 충분히 큰 방진에 배치한 결과이다.

그림 3.11에서 임의의 4×4 방진을 오려내면 모든 줄, 즉 행과 열, 범대각선의 각각의 합이 30이다. 게다가 숫자는 0부터 15까지 한 번씩만 등장한다. 따라서 이 그림의 모든 수에 1을 더하면 1에서 16까지의 자연수의 완전마방진이 된다. 그런데 그림 3.11에서 각각의 행이나 열은 4개의 숫자가 반복해서 나타나므로 임의의 7×7 방진에서 차례대로 4×4 방진을 오려내면 한 줄 이동에 의한 새로운 완전마방진 16개를 얻게 된다. 그러면 이렇게 인접수를 이용하여 얻은 4차 완전마방진이 지금까지 이미 알고 있는 것인지 아닌지 확인하기 위해서 하나의 완전마방진만 살펴보면 되는데, 굵은 폰트로 쓰여진 4×4 방진의 모든 수에 1을 더한, 즉 4차 일방진 J_4를

제 4 절 인접수와 4차 완전마방진

2	9	4	15	2	9	4	15	2	9
12	7	10	1	12	7	10	1	12	7
11	0	13	6	11	0	13	6	11	0
5	14	3	8	5	14	3	8	5	14
2	9	4	15	2	9	4	15	2	9
12	7	10	1	12	7	10	1	12	7
11	0	13	6	11	0	13	6	11	0
5	14	3	8	5	14	3	8	5	14
2	9	4	15	2	9	4	15	2	9
12	7	10	1	12	7	10	1	12	7
11	0	**13**	**6**	**11**	0	13	6	11	0
5	14	**3**	**8**	**5**	14	3	8	5	14
2	9	**4**	**15**	**2**	9	4	15	2	9
12	7	**10**	**1**	**12**	7	10	1	12	7
11	0	13	6	11	0	13	6	11	0
5	14	3	8	5	14	3	8	5	14

그림 3.11: 인접수 배치의 확장

더하여 얻은 다음 완전마방진을 분석하자.

$$\begin{array}{|c|c|c|c|} \hline 13 & 6 & 11 & 0 \\ \hline 3 & 8 & 5 & 14 \\ \hline 4 & 15 & 2 & 9 \\ \hline 10 & 1 & 12 & 7 \\ \hline \end{array} + J_4$$

$$= \begin{array}{|c|c|c|c|} \hline 14 & 7 & 12 & 1 \\ \hline 4 & 9 & 6 & 15 \\ \hline 5 & 16 & 3 & 10 \\ \hline 11 & 2 & 13 & 8 \\ \hline \end{array} \equiv \begin{array}{|c|c|c|c|} \hline 1 & 12 & 7 & 14 \\ \hline 15 & 6 & 9 & 4 \\ \hline 10 & 3 & 16 & 5 \\ \hline 8 & 13 & 2 & 11 \\ \hline \end{array} = L_4 \triangleright L_4^t$$

즉, 그림 3.10의 첫 번째 경우로 얻을 수 있는 4차 완전마방진은 $L_4 \triangleright L_4^t$ 와 이를 한 줄 이동을 얻게 되는 것으로 이미 다 알고 있는 것이다. 그림 3.10의 두 번째 경우는 간단히 4×4 방진으로 확장하여 얻은 완전마방진은 다음과 같고, 이것은 바로 $\sigma_1(L_4) \triangleright \sigma_4(L_4^t)$ 인데 $\sigma_1(L_4) \triangleright \sigma_2(L_4^t)$의 몇 번의 한 줄 이동으로 얻은 것이다. 그래서 새롭게 구한 4차 완전마방진은 이 절에서는 아직 없다.

$$\begin{array}{|c|c|c|c|} \hline 1 & 10 & 4 & 15 \\ \hline 12 & 7 & 9 & 2 \\ \hline 11 & 0 & 14 & 5 \\ \hline 6 & 13 & 3 & 8 \\ \hline \end{array} + J_4 = \begin{array}{|c|c|c|c|} \hline 2 & 11 & 5 & 16 \\ \hline 13 & 8 & 10 & 3 \\ \hline 12 & 1 & 15 & 6 \\ \hline 7 & 14 & 4 & 9 \\ \hline \end{array} = \sigma_1(L_4) \triangleright \sigma_4(L_4^t)$$

지금까지 인접수를 이용하여 얻은 완전마방진은 32개이지만 이미 앞에서 구한 모든 것인데, 아직 우리에겐 하나의 경우가 남아 있다. 마지막으로 그림 3.10의 마지막 경우를 생각해보자. 4×4 방진으로 인접수를 배치하여 얻은 완전마방진과 이의 분해는 다음과 같다.

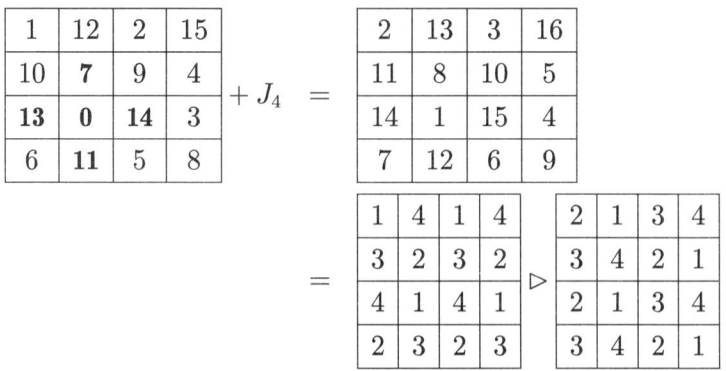

몫 보조방진과 나머지 보조방진은 대각라틴방진도 아니고, 그냥 라틴 방진도 아니다. 따라서 인접수를 이용하여 새로운 4차 완전마방진을 하나 찾았다. 방금 찾은 완전마방진의 몫과 나머지 조방진를 각각 V_4, V_4' 이라 하자.

제 4 절 인접수와 4차 완전마방진

$$V_4 = \begin{array}{|c|c|c|c|} \hline 1 & 4 & 1 & 4 \\ \hline 3 & 2 & 3 & 2 \\ \hline 4 & 1 & 4 & 1 \\ \hline 2 & 3 & 2 & 3 \\ \hline \end{array}, \quad V_4' = \begin{array}{|c|c|c|c|} \hline 2 & 1 & 3 & 4 \\ \hline 3 & 4 & 2 & 1 \\ \hline 2 & 1 & 3 & 4 \\ \hline 3 & 4 & 2 & 1 \\ \hline \end{array}$$

V_4는 다음과 같이 $90°$ 회전하여 치환 $(2,4,1,3)^{-1} = (3,1,4,2)$으로 보내면 V_4'이 된다.

$$V_4 = \begin{array}{|c|c|c|c|} \hline 1 & 4 & 1 & 4 \\ \hline 3 & 2 & 3 & 2 \\ \hline 4 & 1 & 4 & 1 \\ \hline 2 & 3 & 2 & 3 \\ \hline \end{array} \equiv \begin{array}{|c|c|c|c|} \hline 4 & 2 & 1 & 3 \\ \hline 1 & 3 & 4 & 2 \\ \hline 4 & 2 & 1 & 3 \\ \hline 1 & 3 & 4 & 2 \\ \hline \end{array} = \begin{bmatrix} 2 \\ 4 \\ 1 \\ 3 \end{bmatrix} \begin{array}{|c|c|c|c|} \hline 2 & 1 & 3 & 4 \\ \hline 3 & 4 & 2 & 1 \\ \hline 2 & 1 & 3 & 4 \\ \hline 3 & 4 & 2 & 1 \\ \hline \end{array}$$

따라서 V_4와 V_4'는 같은 유형이고, 다음과 같다.

■	V_4	■	V_4'
□		□	
	■		■
	□		□

새롭게 얻은 4차 완전마방진 $V_4 \triangleright V_4'$과 닮은 완전마방진을 찾기 위하여 V_4와 V_4'의 적절한 치환을 찾아야 하는데, V_4와 V_4' 둘 다 범대각선은 라틴이고, 행과 열에는 $\{1,1,4,4\}$나 $\{2,2,3,3\}$도 있다. 따라서 앞에서 계속 사용하였던 8개의 적절한 치환을 그대로 사용하면 된다.

2	13	3	16
11	8	10	5
14	1	15	4
7	12	6	9

그림 3.12: 인접수의 배치를 이용한 4차 완전마방진 $V_4 \triangleright V_4'$

제 3 장 4의 배수인 짝수차 마방진

2	13	3	16
11	8	10	5
14	1	15	4
7	12	6	9

7	12	6	9
2	13	3	16
11	8	10	5
14	1	15	4

14	1	15	4
7	12	6	9
2	13	3	16
11	8	10	5

11	8	10	5
14	1	15	4
7	12	6	9
2	13	3	16

16	2	13	3
5	11	8	10
4	14	1	15
9	7	12	6

9	7	12	6
16	2	13	3
5	11	8	10
4	14	1	15

4	14	1	15
9	7	12	6
16	2	13	3
5	11	8	10

5	11	8	10
4	14	1	15
9	7	12	6
16	2	13	3

3	16	2	13
10	5	11	8
15	4	14	1
6	9	7	12

6	9	7	12
3	16	2	13
10	5	11	8
15	4	14	1

15	4	14	1
6	9	7	12
3	16	2	13
10	5	11	8

10	5	11	8
15	4	14	1
6	9	7	12
3	16	2	13

13	3	16	2
8	10	5	11
1	15	4	14
12	6	9	7

12	6	9	7
13	3	16	2
8	10	5	11
1	15	4	14

1	15	4	14
12	6	9	7
13	3	16	2
8	10	5	11

8	10	5	11
1	15	4	14
12	6	9	7
13	3	16	2

그림 3.13: $V_4 \triangleright V_4'$을 계속 한 줄 이동하여 얻은 16개의 4차 완전마방진

이제 $V_4 \triangleright V_4'$의 회전이나 뒤집기로 얻을 수 있는 8개의 합동인 마방진 중에서 치환과 역할 바꾸기로 얻을 수 있는 것이 몇 개인지만 알면 합동을 제외하고 새롭게 얻는 것의 개수를 알 수 있다. 다음은 $V_4 \triangleright V_4'$과 합동인 마방진 8개와 이를 분해한 결과이다.

$$R_0(V_4 \triangleright V_4') = \begin{array}{|c|c|c|c|} \hline 1 & 4 & 1 & 4 \\ \hline 3 & 2 & 3 & 2 \\ \hline 4 & 1 & 4 & 1 \\ \hline 2 & 3 & 2 & 3 \\ \hline \end{array} \triangleright \begin{array}{|c|c|c|c|} \hline 2 & 1 & 3 & 4 \\ \hline 3 & 4 & 2 & 1 \\ \hline 2 & 1 & 3 & 4 \\ \hline 3 & 4 & 2 & 1 \\ \hline \end{array} = \sigma_1(V_4) \triangleright \sigma_1(V_4')$$

제 4 절 인접수와 4차 완전마방진

$R_1(V_4 \triangleright V_4') = \begin{array}{|c|c|c|c|} \hline 4 & 2 & 1 & 3 \\ \hline 1 & 3 & 4 & 2 \\ \hline 4 & 2 & 1 & 3 \\ \hline 1 & 3 & 4 & 2 \\ \hline \end{array} \triangleright \begin{array}{|c|c|c|c|} \hline 4 & 1 & 4 & 1 \\ \hline 3 & 2 & 3 & 2 \\ \hline 1 & 4 & 1 & 4 \\ \hline 2 & 3 & 2 & 3 \\ \hline \end{array} = \sigma_4(V_4') \triangleright \sigma_7(V_4)$

$R_2 V_4 \triangleright V_4') = \begin{array}{|c|c|c|c|} \hline 3 & 2 & 3 & 2 \\ \hline 1 & 4 & 1 & 4 \\ \hline 2 & 3 & 2 & 3 \\ \hline 4 & 1 & 4 & 1 \\ \hline \end{array} \triangleright \begin{array}{|c|c|c|c|} \hline 1 & 2 & 4 & 3 \\ \hline 4 & 3 & 1 & 2 \\ \hline 1 & 2 & 4 & 3 \\ \hline 4 & 3 & 1 & 2 \\ \hline \end{array} = \sigma_6(V_4) \triangleright \sigma_3(V_4')$

$R_3(V_4 \triangleright V_4') = \begin{array}{|c|c|c|c|} \hline 2 & 4 & 3 & 1 \\ \hline 3 & 1 & 2 & 4 \\ \hline 2 & 4 & 3 & 1 \\ \hline 3 & 1 & 2 & 4 \\ \hline \end{array} \triangleright \begin{array}{|c|c|c|c|} \hline 3 & 2 & 3 & 2 \\ \hline 4 & 1 & 4 & 1 \\ \hline 2 & 3 & 2 & 3 \\ \hline 1 & 4 & 1 & 4 \\ \hline \end{array} = \sigma_7(V_4') \triangleright \sigma_5(V_4)$

$S^{\backslash}(V_4 \triangleright V_4') = \begin{array}{|c|c|c|c|} \hline 1 & 3 & 4 & 2 \\ \hline 4 & 2 & 1 & 3 \\ \hline 1 & 3 & 4 & 2 \\ \hline 4 & 2 & 1 & 3 \\ \hline \end{array} \triangleright \begin{array}{|c|c|c|c|} \hline 2 & 3 & 2 & 3 \\ \hline 1 & 4 & 1 & 4 \\ \hline 3 & 2 & 3 & 2 \\ \hline 4 & 1 & 4 & 1 \\ \hline \end{array} = \sigma_5(V_4') \triangleright \sigma_4(V_4)$

$S^{-}(V_4 \triangleright V_4') = \begin{array}{|c|c|c|c|} \hline 2 & 3 & 2 & 3 \\ \hline 4 & 1 & 4 & 1 \\ \hline 3 & 2 & 3 & 2 \\ \hline 1 & 4 & 1 & 4 \\ \hline \end{array} \triangleright \begin{array}{|c|c|c|c|} \hline 3 & 4 & 1 & 2 \\ \hline 2 & 1 & 3 & 4 \\ \hline 3 & 4 & 2 & 1 \\ \hline 2 & 1 & 3 & 4 \\ \hline \end{array} = \sigma_3(V_4) \triangleright \sigma_8(V_4')$

$S^{/}(V_4 \triangleright V_4') = \begin{array}{|c|c|c|c|} \hline 3 & 1 & 2 & 4 \\ \hline 2 & 4 & 3 & 1 \\ \hline 3 & 1 & 2 & 4 \\ \hline 2 & 4 & 3 & 2 \\ \hline \end{array} \triangleright \begin{array}{|c|c|c|c|} \hline 1 & 4 & 1 & 4 \\ \hline 2 & 3 & 2 & 3 \\ \hline 4 & 1 & 4 & 1 \\ \hline 3 & 2 & 3 & 2 \\ \hline \end{array} = \sigma_2(V_4') \triangleright \sigma_2(V_4)$

$S^{|}(V_4 \triangleright V_4') = \begin{array}{|c|c|c|c|} \hline 4 & 1 & 4 & 1 \\ \hline 2 & 3 & 2 & 3 \\ \hline 1 & 4 & 1 & 4 \\ \hline 3 & 2 & 3 & 2 \\ \hline \end{array} \triangleright \begin{array}{|c|c|c|c|} \hline 4 & 3 & 1 & 2 \\ \hline 1 & 2 & 4 & 3 \\ \hline 4 & 3 & 1 & 2 \\ \hline 1 & 2 & 4 & 3 \\ \hline \end{array} = \sigma_8(V_4) \triangleright \sigma_6(V_1 4')$

제 3 장 4의 배수인 짝수차 마방진

$V_4 \triangleright V_4'$과 합동인 마방진 8개는 모두 치환과 역할 바꾸기로 얻을 수 있으므로, $V_4 \triangleright V_4'$을 치환과 역할 바꾸기로 얻을 수 있는 4차 완전마방진은 합동을 제외하고 다음과 같이

$$\frac{8 \times 8 \times 2}{8} = 16$$

개이다.

지금까지는 방식을 따르면, 이 시점에서 $V_4 \triangleright V_4'$을 치환과 역할 바꾸기로 얻은 16개의 완전마방진을 찾았는데, 그 전에 인접수의 배치로 얻은 $V_4 \triangleright V_4'$의 한 줄 이동으로 얻게 되는 그림 3.13의 16개의 합동이 아닌 완전마방진부터 분해하여 분석해보자.

2	13	3	16
11	8	10	5
14	1	15	4
7	12	6	9

$=$

1	4	1	4
3	2	3	2
4	1	4	1
2	3	2	3

$\triangleright$

2	1	3	4
3	4	2	1
2	1	3	4
3	4	2	1

$= \sigma_1(V_4) \triangleright \sigma_1(V_4')$

7	12	6	9
2	13	3	16
11	8	10	5
14	1	15	4

$=$

2	3	2	3
1	4	1	4
3	2	3	2
4	1	4	1

$\triangleright$

3	4	2	1
2	1	3	4
3	4	2	1
2	1	3	4

$= \sigma_4(V_4) \triangleright \sigma_8(V_4')$

14	1	15	4
7	12	6	9
2	13	3	16
11	8	10	5

$=$

4	1	4	1
2	3	2	3
1	4	1	4
3	2	3	2

$\triangleright$

2	1	3	4
3	4	2	1
2	1	3	4
3	4	2	1

$= \sigma_8(V_4) \triangleright \sigma_1(V_4')$

제 4 절 인접수와 4차 완전마방진   109

11	8	10	5
14	1	15	4
7	12	6	9
2	13	3	16

$=$

3	2	3	2
4	1	4	1
2	3	2	3
1	4	1	4

$\triangleright$

3	4	2	1
2	1	3	4
3	4	2	1
2	1	3	4

$= \sigma_5(V_4) \triangleright \sigma_8(V_4')$

16	2	13	3
5	11	8	10
4	14	1	15
9	7	12	6

$=$

4	1	4	1
2	3	2	3
1	4	1	4
3	2	3	2

$\triangleright$

4	2	1	3
1	3	4	2
4	2	1	3
1	3	4	2

$= \sigma_8(V_4) \triangleright \sigma_4(V_4')$

9	7	12	6
16	2	13	3
5	11	8	10
4	14	1	15

$=$

3	2	3	2
4	1	4	1
2	3	2	3
1	4	1	4

$\triangleright$

1	3	4	2
4	2	1	3
1	3	4	2
4	2	1	3

$= \sigma_5(V_4) \triangleright \sigma_5(V_4')$

4	14	1	15
9	7	12	6
16	2	13	3
5	11	8	10

$=$

1	4	1	4
3	2	3	2
4	1	4	1
2	3	2	3

$\triangleright$

4	2	1	3
1	3	4	2
4	2	1	3
1	3	4	2

$= \sigma_1(V_4) \triangleright \sigma_4(V_4')$

5	11	8	10
4	14	1	15
9	7	12	6
16	2	13	3

$=$

2	3	2	3
1	4	1	4
3	2	3	2
4	1	4	1

$\triangleright$

1	3	4	2
4	2	1	3
1	3	4	2
4	2	1	3

$= \sigma_4(V_4) \triangleright \sigma_5(V_4')$

제 3 장 4의 배수인 짝수차 마방진

3	16	2	13
10	5	11	8
15	4	14	1
6	9	7	12

$=$

1	4	1	4
3	2	3	2
4	1	4	1
2	3	2	3

$\triangleright$

3	4	2	1
2	1	3	4
3	4	2	1
2	1	3	4

$= \sigma_1(V_4) \triangleright \sigma_8(V_4')$

6	9	7	12
3	16	2	13
10	5	11	8
15	4	14	1

$=$

2	3	2	3
1	4	1	4
3	2	3	2
4	1	4	1

$\triangleright$

2	1	3	4
3	4	2	1
2	1	3	4
3	4	2	1

$= \sigma_4(V_4) \triangleright \sigma_1(V_4')$

15	4	14	1
6	9	7	12
3	16	2	13
10	5	11	8

$=$

4	1	4	1
2	3	2	3
1	4	1	4
3	2	3	2

$\triangleright$

3	4	2	1
2	1	3	4
3	4	2	1
2	1	3	4

$= \sigma_8(V_4) \triangleright \sigma_8(V_4')$

10	5	11	8
15	4	14	1
6	9	7	12
3	16	2	13

$=$

3	2	3	2
4	1	4	1
2	3	2	3
1	4	1	4

$\triangleright$

2	1	3	4
3	4	2	1
2	1	3	4
3	4	2	1

$= \sigma_5(V_4) \triangleright \sigma_1(V_4')$

13	3	16	2
8	10	5	11
1	15	4	14
12	6	9	7

$=$

4	1	4	1
2	3	2	3
1	4	1	4
3	2	3	2

$\triangleright$

1	3	4	2
4	2	1	3
1	3	4	2
4	2	1	3

$= \sigma_8(V_4) \triangleright \sigma_5(V_4')$

제 4 절 인접수와 4차 완전마방진

12	6	9	7
13	3	16	2
8	10	5	11
1	15	4	14

=

3	2	3	2
4	1	4	1
2	3	2	3
1	4	1	4

▷

4	2	1	3
1	3	4	2
4	2	1	3
1	3	4	2

$= \sigma_5(V_4) \triangleright \sigma_4(V_4')$

1	15	4	14
12	6	9	7
13	3	16	2
8	10	5	11

=

1	4	1	4
3	2	3	2
4	1	4	1
2	3	2	3

▷

1	3	4	2
4	2	1	3
1	3	4	2
4	2	1	3

$= \sigma_1(V_4) \triangleright \sigma_5(V_4')$

8	10	5	11
1	15	4	14
12	6	9	7
13	3	16	2

=

2	3	2	3
1	4	1	4
3	2	3	2
4	1	4	1

▷

4	2	1	3
1	3	4	2
4	2	1	3
1	3	4	2

$= \sigma_4(V_4) \triangleright \sigma_4(V_4')$

이와 같이 $V_4 \triangleright V_4'$의 한 줄 이동을 통하여 얻을 수 있는 16개의 완전마방진은 모두 V_4와 V_4'의 치환과 역할 바꾸기로도 얻는 것이다. 그런데 위의 16개의 완전마방진은 서로 합동인 관계가 전혀 없는 다른 것들이고, 따라서 $V_4 \triangleright V_4'$을 치환과 역할 바꾸기로 얻을 수 있는 16개의 완전마방진은 그림 3.13의 16개이다.

세 줄 요약

인접수를 이용한 영험한 방법으로 4차 완전마방진을 얻었다.
세 가지 경우로 나뉘고, 한 줄 이동과 관련있다.
지금까지 찾은 4차 완전마방진은 48개다.

112 제 3 장 4의 배수인 짝수차 마방진

제 5 절 컴퓨터의 활용

순수수학의 연구에서도 컴퓨터를 활용하는 경우가 많다. 그다지 복잡하지는 않더라도 경우의 수가 연필과 종이로만 다루기에 너무 클 때 컴퓨터를 활용하면 비교적 쉽게 처리할 수 있다. 4차 마방진은 1부터 16까지 16개의 자연수를 단 한 번씩 사용하여 16개의 격자에 채워야 한다. 단순히 이것만을 이용하여 모든 경우의 수로 격자를 채워서 마방진임을 확인한다면 컴퓨터의 계산이 시간이 엄청 걸린다. 왜냐하면 모든 경우의 수가 16!인데 다음과 같이 대략 21조에 가까운 큰 수이기 때문이다.

$$16! = 20\,9227\,8988\,8000$$

컴퓨터의 계산속도는 인간에 비하여 엄청나게 빠르지만 21조라는 수는 컴퓨터도 길지 않은 시간에 처리하는 것은 쉽지 않다.[8] 따라서 프로그램을 코딩할 때는 가능한 경우의 수를 작게 해야 하고, 그러기 위해서는 마방진에 이해가 많을수록 좋다.

 4차 마방진에서 각 줄의 합은 4차 마상수 $M_4 = 34$가 되어야 하므로, 한 줄에서 세 개가 결정되면 나머지 하나는 자동적으로 결정된다. 그런데 4차 마방진에서는 각 줄의 합이 34인 조건 말고도 또 다른 조건을 얻을 수 있다. 3차 마방진은 식 (1.2)에서 살펴본 것과 같이 정중앙의 항이 5가 되는 것처럼, 4차 마방진에서도 이와 비슷한 조건을 구할 수 있다. (a_{ij})를 4차 마방진이라 하자. 2행의 합, 3행의 합, 2열의 합, 3열의 합, 주대각선의 합, 보조대각선의 합을 생각하자.

$$\begin{aligned}6 \times 34 &= 2\text{행} + 3\text{행} + 2\text{열} + 3\text{열} + \text{주대각선} + \text{보조대각선} \\ &= 2\text{행} + 3\text{행} \\ &\quad + (a_{12} + a_{22} + a_{32} + a_{42}) + (a_{13} + a_{23} + a_{33} + a_{43}) \\ &\quad + (a_{11} + a_{22} + a_{33} + a_{44}) + (a_{14} + a_{23} + a_{32} + a_{41})\end{aligned}$$

---

[8]여기서 말하는 컴퓨터란 보통 집에서 쓰는 퍼스널 컴퓨터이다. 저자의 컴퓨터는 2009년도에 만들어진 좀 오래된 구닥다리다. 또한 길지 않은 시간이란 엔터키를 누르고 잠깐 기다릴 수 있는 시간을 말한다.

$$= 1\text{행} + 2\text{행} + 3\text{행} + 4\text{행} + 2(a_{22} + a_{23} + a_{32} + a_{33})$$
$$= 4 \times 34 + 2(a_{22} + a_{23} + a_{32} + a_{33})$$

이므로

$$a_{22} + a_{23} + a_{32} + a_{33} = 34 \tag{3.2}$$

를 얻는다. 즉 4차 마방진에서 안쪽 내부의 네 항의 합도 34가 됨을 알 수 있다.

각 줄의 합이 34인 조건과 식 (3.2)를 이용하여 4차 마방진을 다음과 같은 순서로 찾을 수 있다.

1. $(1,1)$ 항에 16개 숫자 중 하나를 채운다.
2. $(2,2)$ 항에 나머지 15개 숫자 중 하나를 채운다.
3. $(3,3)$ 항에 나머지 14개 숫자 중 하나를 채운다.
4. 주대각선의 합이 34가 되도록 $(4,4)$ 항을 채우고, 나머지 13개 숫자 중 하나인지 확인한다.
5. $(2,3)$ 항에 나머지 12개 숫자 중 하나를 채운다.
6. 내부의 네 항의 합이 34가 되도록 $(3,2)$ 항을 채우고, 나머지 11개 숫자 중 하나인지 확인한다.
7. $(4,1)$ 항에 나머지 10개 숫자 중 하나를 채운다.
8. 보조대각선의 합이 34가 되도록 $(1,4)$ 항을 채우고, 나머지 9개 숫자 중 하나인지 확인한다.
9. $(1,2)$ 항에 나머지 8개 숫자 중 하나를 채운다.
10. 2열의 합이 34가 되도록 $(4,2)$ 항을 채우고, 나머지 7개 숫자 중 하나인지 확인한다.
11. 4행의 합이 34가 되도록 $(4,3)$ 항을 채우고, 나머지 6개 숫자 중 하나인지 확인한다.

12. 3열의 합이 34가 되도록 (1, 3) 항을 채우고, 나머지 5개 숫자 중 하나인지 또한 1행의 합이 34인지 확인한다.

13. (2, 1) 항에 나머지 4개 숫자 중 하나를 채운다.

14. 2행의 합이 34가 되도록 (2, 4) 항을 채우고, 나머지 3개 숫자 중 하나인지 확인한다.

15. 4열의 합이 34가 되도록 (3, 4) 항을 채우고, 나머지 2개 숫자 중 하나인지 확인한다.

16. 나머지 하나를 (3, 1) 항에 채우고, 3행과 1열의 합이 각각 34인지 확인한다.

이 과정이 매우 복잡하고 경우의 수도 많게 느껴질 수 있겠지만, 경우의 수는

$$16 \times 15 \times 14 \times 12 \times 10 \times 8 \times 4 = 1290\,2400$$

으로 대략 21조에서 1300만 정도로 엄청나게 줄어들었다.

그런데 위의 방법으로 4차 마방진을 찾으면 합동인 것까지 전부 찾게 된다. 우리는 마방진을 셀 때 합동인 것은 제외하기로 했는데, 전부 찾게 되면 우리가 원하는 개수보다 8배 많은 개수를 구하게 되고 결국 계산시간이 더 걸린다. 이를 피하기 위해서 특정한 수를 합동을 고려하여 어떤 위치에 있어야 하는지 생각해 보면 된다. 자연수 16을 어디에 배열해야 하는지 생각해 보자. 16이 네 꼭지점에 있다면 회전으로 모두 (1, 1) 항으로 가져올 수 있고, 16이 안쪽 네 군데에 있다면 회전으로 모두 (2, 2) 항으로 가져올 수 있고, 16이 바깥쪽 변에 있다면, 즉 안쪽 네 군데와 네 꼭지점이 아닌 곳에 있다면, 회전과 뒤집기로 모두 (1, 2) 항으로 가져올 수 있다. 그러면 자연수 16이 (1, 1) 항, (2, 2) 항, (1, 2) 항에 있는 경우에 대해서만 마방진을 찾으면 될까? 답은 아니다. 16이 (1, 1) 항이나 (2, 2) 항에 있는 경우는 주대각선에 대하여 대칭인 경우가 포함되므로 하나의 조건을 더 추가해야 한다. 예를 들면 (2, 1) 항이 (1, 2) 항보다 큰 경우에만 찾으면 된다.[9] 16이

---

[9] 물론 이 대신 (2, 1) 항이 (1, 2) 항보다 작은 경우에만 찾아도 된다.

(1, 2) 항에 있는 경우는 이미 회전과 뒤집기를 모두 써서 다른 곳에 있던 16을 가져온 것이므로 다른 조건이 더 필요하지 않다. 앞에서 기술한 4차 마방진을 찾는 16단계는 처음에 (1, 1) 항에서부터 시작하는데, 16이 (1, 1) 항에 있는 경우는 첫 단계에서 (1, 1) 항에 16을 넣고 시작하면 된다. 16이 (2, 2) 항에 있는 경우는 첫 단계와 두 번째 단계를 바꾸면 된다. 즉, 첫 단계에서 (2, 2) 항에 16을 넣고, 두 번째 단계에서 (1, 1) 항에 나머지 15개 숫자 중 하나를 채우고, 다음은 같은 방법으로 하면 된다. 16이 (1, 2) 항에 있는 경우는 앞의 두 경우와 조금 달라지는데 항을 채우는 순서만 조금 다르게 하면, 경우의 수는 같게 할 수 있다. 따라서 전체 경우의 수는 3/16 만큼 줄일 수 있다.

$$\frac{3 \times 1290\,2400}{16} = 241\,9200$$

이와 같이 코딩하여 컴퓨터를 돌리면 (1, 1) 항이 16인 4차 마방진은 합동을 제외하고 모두 208개, (2, 2) 항이 16인 4차 마방진은 합동을 제외하고 모두 208개, (1, 2) 항이 16인 4차 마방진은 합동을 제외하고 모두 464개가 존재함을 확인할 수 있다. 따라서 4차 마방진은 합동을 제외하고 총 880개가 존재한다. 서로 다른 4차 마방진이 880개가 있음을 처음 알게 된 Bernard Frenicle de Bessy은 1602년에 태어나서 1675년에 사망했으니 컴퓨터 없이 4차 마방진을 전부 찾았다. 880개의 4차 마방진을 이 책에 모두 싣는 것은 큰 의미 없는 일인 것 같다. 인터넷에서 잘 찾아보면 그 자료를 찾을 수 있다.

저자는 구닥다리 컴퓨터와 뛰어나지 않은 프로그래밍 실력으로 4차 마방진을 컴퓨터로 찾을 때, 처음에는 계산시간이 거의 30분이 가까웠다.[10] 하지만 앞에서 설명한 것과 같이 경우의 수를 많이 정리하여 프로그래밍을 한 뒤에는 대략 2초가 조금 넘는 계산시간이 걸렸다. 컴퓨터 성능의 발전 속도에 대한 무어의 법칙에 따르면, 2년마다 컴퓨터의 성능은 2배로 발전한다고 했다. 컴퓨터의 성능 발전에는 당연히 계산 속도가 빨라질 것이고, 2009년은 이미 12년 전이니 2021년에 만들어진 컴퓨터를 사용한다면 계

---

[10] 계산시간은 CPU time이라고 하며 이를 잴 수 있다. 하지만 매번 잴 때마다 같은 값이 나온다고는 할 수 없다.

산시간은
$$\frac{2}{2^6} = \frac{1}{2^5} \fallingdotseq 0.03125(초)$$
로 단축될 것으로 기대한다.

4차 마방진을 얻고 나면 당연히 5차 마방진에 대한 관심을 갖게 되고, 또다시 컴퓨터를 이용할 생각을 하게 되는 것은 또한 당연하다. 하지만 무언가 찜찜한 생각이 들어서 위키피디아에서 마방진을 찾아보니 조금 충격적인 내용을 보게 되었다. 1973년에 Richard C. Schroeppel은 병렬계산을 이용하여 5차 마방진의 개수는 합동을 제외하고 모두 2억 7530만 5224개임을 구했다. 5차 마방진의 개수가 엄청나게 많은 것도 놀랍지만 병렬계산을 이용했다는 것이 더욱 놀라웠다. 병렬계산이란 여러 대의 컴퓨터를 연결하여 각각의 컴퓨터가 계산하면서 서로 데이터를 주고받으면서 계속 계산하는 방법으로 엄청나게 많은 계산시간을 요하는 작업에 쓰이는 기술이다. 아무리 70년대라고 하지만 그 당시에는 슈퍼컴퓨터만 있던 시절이 아닌가? 지금은 컴퓨터로 병렬계산을 쓰지 않고 그냥 프로그램을 돌린다면 대충 계산해서 4차 마방진을 찾기 위해 16!을 0.03125초에 해결되기를 기대했으니 5차 마방진을 찾기 위해서는 25!을 해결하는 데 얼마나 걸릴까?

$$\frac{0.03125 \times 25!}{16!}(초) = \frac{0.03125 \times 25!}{16! \times 60 \times 60 \times 24 \times 365.2422}(년) > 734(년)$$

다행이 저자는 5차 마방진을 찾기 위해 컴퓨터를 돌리지 않았다. 아무튼 734년 이상이 걸린다는 것은 저자의 프로그래밍 실력이 별로임에 틀림없다.

6차 마방진의 개수는 아직도 정확히는 알려지지 않았다. 하지만 2004년에 Pinn과 Wierczerkowski는 6차 마방진의 개수가

$$(1.7745-0.0016) \times 10^{19} \leq 6차 마방진의 개수 \leq (1.7745+0.0016) \times 10^{19}$$

이라고 발표했다. 즉 6차 마방진의 개수는 대략 1774경 개가 있다는 것인데 '조'도 아니고 '경'이라는 단위가 필요하다니 많기는 엄청 많다.

다시 4차 마방진으로 돌아가자. 4차 마방진은 합동을 제외하고 모두

880개가 존재하며, 이 중에서 48 개는 완전마방진이다. 즉 우리는 이미 4차 완전마방진을 모두 찾았다. 4차 완전마방진은 다음과 같이 $L_4 \triangleright L_4^t$, $U_4 \triangleright U_4'$, $V_4 \triangleright V_4'$과 이들을 치환과 역할 바꾸기로 닮은 완전마방진을 구했다.

$L_4 \triangleright L_4^t = $
1	3	2	4
4	2	3	1
3	1	4	2
2	4	1	3

$\triangleright$

1	4	3	2
3	2	1	4
2	3	4	1
4	1	2	3

$=$

1	12	7	14
15	6	9	4
10	3	16	5
8	13	2	11

$U_4 \triangleright U_4' = $
2	4	1	3
1	3	2	4
4	2	3	1
3	1	4	2

$\triangleright$

4	1	2	3
1	4	3	2
3	2	1	4
2	3	4	1

$=$

8	13	2	11
1	12	7	14
15	6	9	4
10	3	16	5

$V_4 \triangleright V_4' = $
1	4	1	4
3	2	3	2
4	1	4	1
2	3	2	3

$\triangleright$

2	1	3	4
3	4	2	1
2	1	3	4
3	4	2	1

$=$

2	13	3	16
11	8	10	5
14	1	15	4
7	12	6	9

여기에서 쓰인 치환은 세 가지 경우 모두 이미 이름 붙인 $\sigma_i, (1 \leq i \leq 8)$만 이용하였다. 그런데 닮은 완전마방진이 아닌 그냥 닮은 마방진을 찾고자 하면, 보조방진이 대각라틴방진인 $L_4 \triangleright L_4^t$인 경우는 더 많은 치환을 이용할 수 있다. 완전마방진이 아닌 그냥 마방진인 경우에는 절단대각선은 고려할 필요가 없는데, L_4와 L_4^t의 모든 행과 열, 두 대각선(즉, 주대각선과 부대각선)은 라틴이므로 어떠한 치환으로도 각 줄의 합이 보존된다. 모든 치환의 개수는 24개이므로 $L_4 \triangleright L_4^t$와 이를 치환과 역할 바꾸기로 얻을 수 있는 닮은 마방진의 개수는 다음과 같다.

$$\frac{24 \times 24 \times 2}{8} = 144(개)$$

물론 여기에는 16개의 4차 완전마방진이 포함되어 있다. 즉 완전마방진이 아닌 마방진을 새롭게 128개를 알게 되었다. 구체적으로 완전마방진이 아닌 $L_4 \triangleright L_4^t$과 닮은 마방진을 보여주는 것은 생략하겠다. 4차 마방진 880개 중에서 완전마방진 48개는 알고 있고, 완전마방진이 아닌 마방진은 모두 832개가 있고, 이 중에서 128개는 알고 있고, 남은 것은 704개이다. 마지막으로 4차 마방진 중에서 분해하여 얻은 몫 보조방진과 나머지 보조방진의 각 줄의 합이 모두 10은 아닌 경우가 224개가 있다. 이런 경우는 4차 마방진의 마지막 부분에서 언급하도록 하겠다.

세 줄 요약

> 컴퓨터를 이용하여 4차 마방진을 모두 찾는 것은 쉽다.
> 5차 마방진을 모두 찾는 것은 쉽지 않다.
> 6차 마방진의 개수는 아직도 아무도 모른다.

제 6 절   라틴방진이 아닌 보조방진

4차 완전대각라틴방진은 존재하지 않고, 4차 대각라틴방진은 L_4과 L_4^t와 이의 치환으로 모두 구했다. 4차 라틴방진도 이미 U_4와 U_4' 등을 구했는데, 보조방진이 될 수 있는 다른 4차 라틴방진을 구하는 과정은 너무 지루하므로 과감히 생략한다.

라틴방진이 아닌 두 개의 보조방진을 이용하여 4차 마방진을 만들어 보자. 이미 완전마방진에서 V_4와 V_4'은 라틴방진이 아니었지만 이와는 다른 보조방진을 이용한다. 먼저 1행에 왼쪽에서 오른쪽으로 1, 2, 3, 4를 순서(이것을 정순이라고 하자)대로 나열하고, 2행에 오른쪽에서 왼쪽으로 1, 2, 3, 4를 순서(이것을 역순이라고 하자)대로 나열한다.[11] 그리고 3행은 역순으로 4행은 정순으로 나열한 방진을 T_4라고 하면, T_4는 라틴방진은 아니지만 모든 행과 열, 두 대각선의 원소의 합이 모두 10인 유사대각라틴방진이다. 게다가 T_4의 전치행렬 T_4^t는 T_4와 직교함을 알 수 있다. 또한 보조방진 T_4와 T_4^t의 유형은 다음과 같다.

$$T_4 = \begin{array}{|c|c|c|c|} \hline 1 & 2 & 3 & 4 \\ \hline 4 & 3 & 2 & 1 \\ \hline 4 & 3 & 2 & 1 \\ \hline 1 & 2 & 3 & 4 \\ \hline \end{array}, \quad T_4^t = \begin{array}{|c|c|c|c|} \hline 1 & 4 & 4 & 1 \\ \hline 2 & 3 & 3 & 2 \\ \hline 3 & 2 & 2 & 3 \\ \hline 4 & 1 & 1 & 4 \\ \hline \end{array},$$

■	▲	T_4	T_4^t
		▲	■
		▲	■
■	▲		

따라서 그림 3.14와 같이 $T_4 \triangleright T_4^t$는 4차 마방진이다. 물론 완전마방진일 수는 없다.

4차 마방진 $T_4 \triangleright T_4^t$의 각 줄은 $\{1, 2, 3, 4\}$ 또는 $\{1, 1, 4, 4\}$ 또는 $\{2, 2, 3, 3\}$이므로 앞에서 쓰던 8개의 치환 σ_i를 이용하면 된다. 또한 $T_4 \triangleright T_4^t$와 합동인 마방진은 모두 몫 보조방진과 나머지 보조방진을 치환과 역할 바꾸기로 나타낼 수 있어서 $T_4 \triangleright T_4^t$ 자신과 닮은 마방진은 모두 16개가 존재한다.

이 시점에서 마방진의 역사를 다시 돌아보자. 마방진의 시초인 3차 낙서 마방진은 기원전에 중국의 전설에서부터 시작됐고, 주역에 이에 대한 설명이 있다고 했다. 이후에 낙서 마방진은 인도와 아랍에 전해졌고, 앞에

---

[11] 이 방법은 확장하여 4의 배수차 마방진을 만드는 데 사용된다.

제 3 장 4의 배수인 짝수차 마방진

$$T_4 \triangleright T_4^t = \begin{array}{|c|c|c|c|} \hline 1 & 2 & 3 & 4 \\ \hline 4 & 3 & 2 & 1 \\ \hline 4 & 3 & 2 & 1 \\ \hline 1 & 2 & 3 & 4 \\ \hline \end{array} \triangleright \begin{array}{|c|c|c|c|} \hline 1 & 4 & 4 & 1 \\ \hline 2 & 3 & 3 & 2 \\ \hline 3 & 2 & 2 & 3 \\ \hline 4 & 1 & 1 & 4 \\ \hline \end{array} = \begin{array}{|c|c|c|c|} \hline 1 & 8 & 12 & 13 \\ \hline 14 & 11 & 7 & 2 \\ \hline 15 & 10 & 6 & 3 \\ \hline 4 & 5 & 9 & 16 \\ \hline \end{array}$$

그림 3.14: 4차 마방진 $T_4 \triangleright T_4^t$

$$\begin{array}{|c|c|c|c|} \hline 2 & 16 & 13 & 3 \\ \hline 11 & 5 & 8 & 10 \\ \hline 7 & 9 & 12 & 6 \\ \hline 14 & 4 & 1 & 15 \\ \hline \end{array}, \quad \begin{array}{|c|c|c|c|} \hline 4 & 9 & 5 & 16 \\ \hline 14 & 7 & 11 & 2 \\ \hline 15 & 6 & 10 & 3 \\ \hline 1 & 12 & 8 & 13 \\ \hline \end{array}$$

그림 3.15: $T_4 \triangleright T_4^t$ 와 닮은 양휘의 4차 마방진

서 살펴본 4차 완전마방진인 자이나 마방진은 12세기에 만들어진 것으로 생각된다. 물론 인도와 아랍에서 자이나 마방진 말고도 여러 마방진을 알고 있었다. 한편 중국에서는 송나라 때의 양휘(楊輝, 1238-1298)[12]가 지금까지 전해져 오는 물증으로는 중국에서 최초로 마방진을 체계적으로 연구한 사람인데, 그가 1275년경에 쓴 책인 속고적기산법(續古摘奇算法)에는 3차 낙서 마방진과 4차에서 8차까지는 두 개의 마방진이, 9차는 한 개의 마방진이 실려 있다. 그가 제시한 두 개의 4차 마방진은 그림 3.15와 같다. 이를 분해하여 분석해보면 다음과 같다.

$$\begin{array}{|c|c|c|c|} \hline 2 & 16 & 13 & 3 \\ \hline 11 & 5 & 8 & 10 \\ \hline 7 & 9 & 12 & 6 \\ \hline 14 & 4 & 1 & 15 \\ \hline \end{array} = \begin{array}{|c|c|c|c|} \hline 1 & 4 & 4 & 1 \\ \hline 3 & 2 & 2 & 3 \\ \hline 2 & 3 & 3 & 2 \\ \hline 4 & 1 & 1 & 4 \\ \hline \end{array} \triangleright \begin{array}{|c|c|c|c|} \hline 2 & 4 & 1 & 3 \\ \hline 3 & 1 & 4 & 2 \\ \hline 3 & 1 & 4 & 2 \\ \hline 2 & 4 & 1 & 3 \\ \hline \end{array}$$

---

[12] 양휘의 영문 이름은 Yang Hui. 중국 원음으로도 양휘인가보다.

제 6 절 라틴방진이 아닌 보조방진

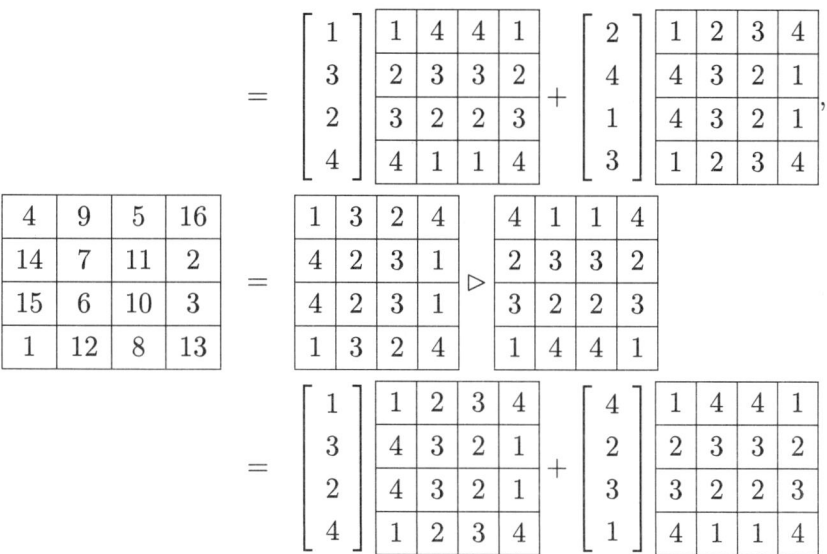

그런데 위의 첫 양휘의 4차 마방진은 $\sigma_2(T_4^t) \triangleright \sigma_4(T_4)$ 이고 두 번째는 $\sigma_2(T_4) \triangleright \sigma_7(T_4^t)$ 이므로 양휘의 두 4차 마방진은 $T_4 \triangleright T_4^t$ 와 닮은 마방진이다.

14	9	2	5
3	4	15	8
13	10	1	6
0	7	12	11

$+ J_4 =$

15	10	3	6
4	5	16	9
14	11	2	7
1	8	13	12

그림 3.16: $V_4 \triangleright V_4'$ 과 닮은 Moschopoulos의 4차 마방진

한편 유럽에서 가장 오래된 4차 마방진은 13세기 후반에서 14세기 초반까지 살았던 비잔틴 제국의 Manuel Moschopoulos가 만든 것으로 범대각선상의 수의 합도 모두 같은 완전마방진이다.[13] 그가 제시한 4차 마방진은 0부터 15까지의 정수로 이루어져 있는데, 여기에 일방진을 더하면 그

---

[13]Moschopoulos의 이름에서 그리스계라고 추측된다.

림 3.16과 같다. 이를 분해하여 분석해보면 다음과 같다.

15	10	3	6
4	5	16	9
14	11	2	7
1	8	13	12

=

4	3	1	2
1	2	4	3
4	3	1	2
1	2	4	3

▷

3	2	3	2
4	1	4	1
2	3	2	3
1	4	1	4

$$= \begin{bmatrix} 3 \\ 4 \\ 1 \\ 2 \end{bmatrix} \begin{array}{|cccc|} \hline 2 & 1 & 3 & 4 \\ 3 & 4 & 2 & 1 \\ 2 & 1 & 3 & 4 \\ 3 & 4 & 2 & 1 \\ \hline \end{array} + \begin{bmatrix} 3 \\ 1 \\ 4 \\ 2 \end{bmatrix} \begin{array}{|cccc|} \hline 1 & 4 & 1 & 4 \\ 3 & 2 & 3 & 2 \\ 4 & 1 & 4 & 1 \\ 2 & 3 & 2 & 3 \\ \hline \end{array}$$

$$= \sigma_6(V_4') \triangleright \sigma_5(V_4)$$

따라서 Moschopoulos의 4차 완전마방진은 $V_4 \triangleright V_4'$과 닮은 마방진이다.

서유럽에서는 르네상스의 영향인지 15세기부터 마방진의 연구가 활발히 이루어지기 시작했다. 이 당시에 천문학이 급속히 발달하기 시작하는데, 해와 달과 오행성인 수성, 금성, 화성, 목성, 토성을 각각 크기가 다른 마방진으로 생각하였다. 3차 마방진은 토성을, 4차는 목성을, 5차는 화성을, 6차는 해를, 7차는 금성을, 8차는 수성을, 9차는 달로 여겼는데, 이렇게 연결시킨 이유는 이 당시에는 해와 달과 오행성의 주요 성분이 금속이라고 생각했고, 그 금속의 성질을 판단하여 이에 대응하는 다른 크기의 마방진을 정했다고 한다. 마방진과 천문학의 관계는 도대체 이해하기 힘든 말인데, 마방진의 시작이 치수사업과의 연관되어 있다는 영험한 마방진의 전설인 것과 마찬가지로 마방진의 영험함에 대하여는 르네상스 직후까지도 사람들에게 많은 영향을 주었다는 생각이다. 목성에 비유된 4차 마방진인 목성 마방진은 그림 3.17과 같다. 다음은 목성 마방진을 분해하여 분석한 결과이다.

4	14	15	1
9	7	6	12
5	11	10	8
16	2	3	13

=

1	4	4	1
3	2	2	3
2	3	3	2
4	1	1	4

▷

4	2	3	1
1	3	2	4
1	3	2	4
4	2	3	1

$$= \begin{bmatrix} 1 \\ 3 \\ 2 \\ 4 \end{bmatrix} \begin{bmatrix} 1 & 4 & 4 & 1 \\ 2 & 3 & 3 & 2 \\ 3 & 2 & 2 & 3 \\ 4 & 1 & 1 & 4 \end{bmatrix} + \begin{bmatrix} 4 \\ 2 \\ 3 \\ 1 \end{bmatrix} \begin{bmatrix} 1 & 2 & 3 & 4 \\ 4 & 3 & 2 & 1 \\ 4 & 3 & 2 & 1 \\ 1 & 2 & 3 & 4 \end{bmatrix}$$

$$= \sigma_2(T^t) \triangleright \sigma_7(T)$$

따라서 목성 마방진은 $T_4 \triangleright T_4^t$ 와 닮은 마방진이며 양휘의 4차 마방진과도 닮은 마방진이다.

4	14	15	1
9	7	6	12
5	11	10	8
16	2	3	13

그림 3.17: 양휘의 4차 마방진과 닮은 목성 마방진

판화가로 유명한 독일의 알브레히트 뒤러(Albrecht Dürer, 1471–1528)는 그의 대표작인 멜랑콜리아 I^{14}에 4차 마방진을 넣었다. 그림 3.18은 멜랑콜리아 I에 있는 마방진 부분만을 나타낸 것이다. 이를 멜랑콜리아 마방진이라고 하자.

멜랑콜리아 마방진을 보면 목성 마방진과 많이 비슷하다는 생각이 든다. 목성 마방진을 위아래로 뒤집어서 즉 수평선 뒤집기를 하고, 2열과 3열을 서로 바꾸면 위와 같이 멜랑콜리아 마방진이 된다.

4	14	15	1		16	2	3	13		16	3	2	13
9	7	6	12	≡	5	11	10	8	⟹	5	10	11	8
5	11	10	8		9	7	6	12		9	6	7	12
16	2	3	13		4	14	15	1		4	15	14	1

---

[14] Melencolia I. Melencolia는 영어로는 melancholy로 '장기적이고 이유를 알 수 없는 우울감'을 뜻한다. 이 작품은 워낙 유명하여 인터넷에서 쉽게 찾아 볼 수 있다.

124 제 3 장 4의 배수인 짝수차 마방진

그림 3.18: 목성 마방진과 닮은 멜랑콜리아 마방진.
출처 - https://en.wikipedia.org/wiki/Magic_square

물론 마방진을 위와 같은 방법으로 변형한다고 해서 항상 다시 마방진이 되는 것은 아니지만, 뒤러는 아마도 목성 마방진을 이미 알고 있었고, 마방진에 대한 당시의 지식도 상당히 많이 알고 있었다고 생각된다. 이런 추측을 하는 이유는 먼저 멜랑콜리아 마방진을 다음과 같이 분석한 결과 때문이다.

$$\begin{array}{|c|c|c|c|} \hline 16 & 3 & 2 & 13 \\ \hline 5 & 10 & 11 & 8 \\ \hline 9 & 6 & 7 & 12 \\ \hline 4 & 15 & 14 & 1 \\ \hline \end{array} = \begin{array}{|c|c|c|c|} \hline 4 & 1 & 1 & 4 \\ \hline 2 & 3 & 3 & 2 \\ \hline 3 & 2 & 2 & 3 \\ \hline 1 & 4 & 4 & 1 \\ \hline \end{array} \triangleright \begin{array}{|c|c|c|c|} \hline 4 & 3 & 2 & 1 \\ \hline 1 & 2 & 3 & 4 \\ \hline 1 & 2 & 3 & 4 \\ \hline 4 & 3 & 2 & 1 \\ \hline \end{array}$$

$$= \begin{bmatrix} 4 \\ 2 \\ 3 \\ 1 \end{bmatrix} \begin{array}{|c|c|c|c|} \hline 1 & 4 & 4 & 1 \\ \hline 2 & 3 & 3 & 2 \\ \hline 3 & 2 & 2 & 3 \\ \hline 4 & 1 & 1 & 4 \\ \hline \end{array} + \begin{bmatrix} 4 \\ 3 \\ 2 \\ 1 \end{bmatrix} \begin{array}{|c|c|c|c|} \hline 1 & 2 & 3 & 4 \\ \hline 4 & 3 & 2 & 1 \\ \hline 4 & 3 & 2 & 1 \\ \hline 1 & 2 & 3 & 4 \\ \hline \end{array}$$

$$= \sigma_7(T_4^t) \triangleright \sigma_8(T_4)$$

따라서 멜랑콜리아 마방진은 $T_4 \triangleright T_4^t$와 닮은 마방진이며 양휘의 4차 마방

제 6 절 라틴방진이 아닌 보조방진 125

진과도 닮은 마방진이며 목성 마방진과도 닮은 마방진이다.

그런데 뒤러는 Melencolia I의 작품에 작품의 제목과 제작연도을 판화에 그려 넣었다고 한다. 제목은 작품의 왼쪽 상단에 있는 박쥐의 날개에 적혀 있다. 그런데 이 작품에는 제목이 있는 부분과 마방진 부분을 제외하면 문자나 숫자가 없으므로, 제작연도는 마방진에 적혀 있을 것이다. 뒤러는 1471년도에 태어나서 1528년에 사망했으니 1471 이상이고 1528 이하인 수를 찾으면 그것이 제작연도다. 실제로 제작연도는 1514년이고, 4행의 2열과 3열에 그 수가 표현되어 있다.[15] 목성 마방진을 180° 회전하거나 수직선을 중심으로 뒤집으면 1514라는 숫자를 표현할 수 있는데 다른 방법으로 쓴 이유는 자신의 마방진에 대한 지식을 자랑하기 위함이 아닐까라고 저자는 생각한다. 그렇다면 마방진의 분해와 보조방진에 대한 치환 등도 알고 있었는지가 궁금한데, 명확히는 알지 못했다고 해도 어렴풋이 비슷한 생각을 하고 있었을 것이라 생각된다.

마지막으로 상당히 독특한 4차 방진을 소개하려 한다. 건축가로 유명한 가우디가 설계 감독하여 1883년부터 지어지기 시작한, 하지만 아직도 완공되지 않은 스페인 바르셀로나에 있는 사그라다 파밀리아(Sagrada Familia)[16] 성당에는 큰 문인 파사드(façade)가 세 개가 있는데, 그중에서 '수난의 문'에는 예수가 33세의 나이로 십자가에 못 박혀 죽은 수난의 과정이 조각으로 형상화되어 있고, 그림 3.19와 같이 벽면에 독특한 4차 방진이 새겨져 있다. 이를 사그라다 파밀리아 방진[17]이라 하자.

16	3	2	13		1	14	15	4		1	14	14	4
5	10	11	8	≡	12	7	6	9	⟹	11	7	6	9
9	6	7	12		8	11	10	5		8	10	10	5
4	15	14	1		13	2	3	16		13	2	3	15

사그라다 파밀리아 방진은 멜랑콜리아 마방진을 조금 변형하여 얻을 수 있

---

[15] 다시 그림 3.18을 보면 제작연도가 다른 숫자보다는 좀 더 잘 보인다고 생각이 드는 것이 착각일까?
[16] 의미는 '성스러운 가족'이다. 영어로는 holy family
[17] 마방진이 아닌 사그라다 파밀리아 방진이라고 이름붙인 이유는 당연히 마방진이 아니기 때문이다.

그림 3.19: 사그라다 파밀리아 방진.
출처 - https://en.wikipedia.org/wiki/Magic_square

는데, 위와 같이 먼저 멜랑콜리아 마방진을 180° 회전한다. 각 행에서 가장 큰 수를 선택하면 다음에 굵게 표현된 15, 12, 11, 16이 되는데 이는 각 열에도 하나씩 있고, 두 대각선에도 하나씩 있다. 굵게 표현한 숫자에서 1을 뺀 것이 사그라다 파밀리아 방진이다.

그래서 사그라다 파밀리아 방진은 각 줄의 합이 다른 4차 마방진과는 달리 34가 아니라 33이다. 이렇게 바꾼 이유는 예수님이 수난을 당한 나이가 33인 것을 표현하기 위함이다.[18] 이렇게 하여 각 줄의 합이 33으로 바뀌었을 뿐만 아니라 12와 16은 없어지고, 10과 14는 두 번 등장했다.

세 줄 요약

정, 역, 역, 정순을 이용하여 마방진 $T \triangleright T^t$ 을 만들었다.
이를 확장하여 4의 배수차 마방진에 이용한다고?
$T \triangleright T^t$ 와 닮은 마방진 중에는 유명한 것이 꽤 있다.

---

[18] 예수님이 수난을 1년 후 당했다면 그냥 일반적인 4차 마방진이 새겨져 있었을 텐데.

제 7 절   4차에서의 도형의 변환

시암 방법인 MD과정은 홀수차 마방진을 만드는데 사용되지만, 보조방진을 이용하지 않고, 직접적으로 1부터 순서대로 배열하는 방법이기 때문에 매우 유용하다. 이와 같이 4차에서도 직접적으로 1부터 순서대로 배열하는 방법을 생각해보자. 안타깝게도 일차적으로 배열한 결과가 마방진이 되지는 않지만 약간의 변환에 의하여 마방진으로 만드는 법을 다루어 보기로 한다. 이러한 방법을 도형의 변환이라고 하자.[19]

7.1   좌우로 이동

다음과 같이 1에서 8까지를 (2,1) 항에서부터 시작하여 시계방향으로 둥글게 배열하고, 9에서 16까지도 마찬가지로 (2,1) 항에서부터 시작하여 시계방향으로 둥글게 배열한 다음에 수평 중앙선 아래와 위를 서로 바꾸어 놓는다.

	2	3	
1			4
8			5
	7	6	

	10	11	
9			12
16			13
	15	14	

$\Longrightarrow$

	16			13
		15	14	
		10	11	
	9			12

이 두 결과를 겹쳐쓰면 다음과 같은 방진이 생긴다.

0	2	3	0
1	0	0	4
8	0	0	5
0	7	6	0

$+$

16	0	0	13
0	15	14	0
0	10	11	0
9	0	0	12

$=$

16	2	3	13
1	15	14	4
8	10	11	5
9	7	6	12

---

[19] 도형의 변환이라는 말이 좀 이상할 수도 있다. 방진의 변환이라고 하는 것이 더 어울릴 수 있는데, 치환이 보조방진의 변환이고, 합동변환도 마방진의 변환이자 보조방진의 변환이기 때문에, 조금 이상하더라도 도형의 변환이라고 하자.

제 3 장 4의 배수인 짝수차 마방진

이와 같은 배열에서 출발점의 위치나 배열방향을 대칭적으로 바꾸는 것은 위의 마지막 겹쳐쓴 결과의 회전이나 뒤집기에 불과하므로 생략한다. 그런데 이것은 마방진이 아니다. 행과 열의 합은 각각 34이지만, 두 대각선의 합은 각각 엄청 크다. 하지만 그림 3.20과 같이 둘씩 짝지은 것들은 모두 두 수의 합이 17이므로 이들을 좌우로 이동하면 행과 열의 합은 34로 변함이 없다.

16	2	3	13
1	15	14	4
8	10	11	5
9	7	6	12

그림 3.20: 좌우로 이동의 출발점인 4차 방진

이러한 도형의 변환을 좌우로 이동이라 하자. 좌우로 이동으로 두 대각선의 합이 각각 34가 되도록 만들어 보자. 1행과 2행으로 이루어진 윗부분은 그대로 두고 주대각선의 합이 34가 되게 하려면 $34 - (16 + 15) = 3$이므로 아랫부분에서 1과 2가 필요한데, 1과 2는 윗부분에 있으므로 윗부분을 그대로 두고는 마방진을 만들 수 없다. 그래서 윗부분의 4열만 1열로 가져오자.

16	2	3	13		13	16	2	3
1	15	14	4	→	4	1	15	14
8	10	11	5		8	10	11	5
9	7	6	12		9	7	6	12

주대각선의 합이 34가 되게 하려면 $34 - (13 + 1) = 20$이므로 아랫부분에서 두 행 중에 하나씩 뽑아서 합이 20이 되게 선택해야 하는데 8과 12 또는 11과 9가 가능하다. 이 두 경우에서는 아랫부분의 3열과 4열은 다음과

같이 결정된다.

13	16	2	3
4	1	15	14
		8	5
		9	12

13	16	2	3
4	1	15	14
		11	8
		6	9

마지막으로 부대각선의 합이 34가 되기 위해서는 남은 두 자리의 합이 34 − (3 + 15) = 16이 돼야 한다. 그런데 위의 왼쪽 경우는 가능하지만 오른쪽 경우는 불가능하다. 따라서 다음의 4차 마방진을 얻을 수 있다.

13	16	2	3
4	1	15	14
		8	5
		9	12

$\Longrightarrow$

13	16	2	3
4	1	15	14
11	10	8	5
6	7	9	12

같은 방법으로 그림 3.20으로부터 얻을 수 있는 마방진은 합동을 제외하고 다음과 같이 모두 4개가 존재한다.

13	16	2	3
4	1	15	14
11	10	8	5
6	7	9	12

13	16	3	2
4	1	14	15
10	11	8	5
7	6	9	12

16	13	2	3
1	4	15	14
11	10	5	8
6	7	12	9

16	13	3	2
1	4	14	15
10	11	5	8
7	6	12	9

그런데 그림 3.20의 4차 방진은 둘씩 짝지은 것들은 모두 두 수의 합이 17이었고, 이러한 성질을 이용하여 좌우로 이동하여 마방진을 얻었다. 따라서 그림 3.20의 4차 방진에서 1행과 2행을 바꾸더라도 마찬가지로 성

제 3 장 4의 배수인 짝수차 마방진

16	2	3	13
1	15	14	4
8	10	11	5
9	7	6	12

1	15	14	4
16	2	3	13
8	10	11	5
9	7	6	12

16	2	3	13
1	15	14	4
9	7	6	12
8	10	11	5

1	15	14	4
16	2	3	13
9	7	6	12
8	10	11	5

그림 3.21: 좌우로 이동의 출발점인 네 개의 4차 방진

질은 변하지 않고, 3행과 4행을 바꾸더라도 마찬가지로 성질은 변하지 않고, 또한 1행과 2행, 3행과 4행을 각각 바꾸더라도 변하지 않는다. 즉 그림 3.21과 같이 합동을 제외하고, 4가지 경우로 좌우로 이동의 출발점으로 삼을 수 있다. 이 4가지 경우는 좌우로 이동을 통하여 각각 4개의 마방진을 얻게 되어 모두 16개의 마방진을 얻는다.

그렇다면 치환과 역할 바꾸기로 얻게 마방진은 어떠한지 알아보자. 위에서 처음으로 얻은 마방진을 분해하면 그림 3.22와 같다. 나머지 보조방진은 라틴방진인데, 다음과 같이 이미 앞에서 쓰였던 바로 U_4' 을 치환 $(4,2,3,1)$ 으로 보낸 것과 같다.

$$\begin{bmatrix} 4 \\ 2 \\ 3 \\ 1 \end{bmatrix} \begin{array}{|c|c|c|c|} \hline 4 & 1 & 2 & 3 \\ \hline 1 & 4 & 3 & 2 \\ \hline 3 & 2 & 1 & 4 \\ \hline 2 & 3 & 4 & 1 \\ \hline \end{array} = \begin{array}{|c|c|c|c|} \hline 1 & 4 & 2 & 3 \\ \hline 4 & 1 & 3 & 2 \\ \hline 3 & 2 & 4 & 1 \\ \hline 2 & 3 & 1 & 4 \\ \hline \end{array}$$

그런데 치환 $(4,2,3,1)$ 은 나머지의 보조방진의 적절한 치환이므로 나머지 보조방진 대신 U_4' 을 나머지 보조방진의 대용으로 사용해도 치환과 역할 바꾸기에 의한 닮은 마방진을 구하는데 전혀 달라지는 것이 없다. 뭇 보

조방진은 라틴방진은 아니지만 각 줄이 $\{1,2,3,4\}$ 또는 $\{1,1,4,4\}$ 또는 $\{2,2,3,3\}$ 이다. 이 묫 보조방진을 W_4 라고 하자. W_4 는 다음과 같은 유형이고, 지금까지의 나왔던 보조방진과는 다르다.

$$W_4 = \begin{array}{|c|c|c|c|} \hline 4 & 4 & 1 & 1 \\ \hline 1 & 1 & 4 & 4 \\ \hline 3 & 3 & 2 & 2 \\ \hline 2 & 2 & 3 & 3 \\ \hline \end{array},$$

이제 $W_4 \triangleright U_4'$ 의 닮은 마방진이 몇 개 있는지 살펴보자. 지금까지 살펴보았던 보조방진들처럼 이번의 두 보조방진도 모든 줄의 구성이 $\{1,2,3,4\}$ 또는 $\{1,1,4,4\}$ 또는 $\{2,2,3,3\}$ 이므로 치환은 그대로 $\sigma_i(1 \leq i \leq 8)$ 을 사용하면 되고, 나머지 보조방진 U_4' 과 합동인 것은 8개 모두 $\sigma_i(U_4')$ 으로 표현할 수 있음도 알고 있다. 이제 W_4 의 합동인 8개 중에서 치환으로 표현할 수 있는 것이 몇 개인지 알아야 한다. W_4 의 항등변환, 180° 회전, 수직선에 대한 뒤집기, 수평선에 대한 뒤집기는 순서대로 다음과 같은데 숫자의 배치가 W_4 를 치환으로 나타낼 수 있음을 쉽게 알 수 있다.

4	4	1	1
1	1	4	4
3	3	2	2
2	2	3	3

3	3	2	2
2	2	3	3
4	4	1	1
1	1	4	4

1	1	4	4
4	4	1	1
2	2	3	3
3	3	2	2

2	2	3	3
3	3	2	2
1	1	4	4
4	4	1	1

하지만 W 의 90° 회전, 270° 회전, 주대각선에 대한 뒤집기, 부대각선에 대한 뒤집기는 순서대로 다음과 같은데 숫자의 배치가 W_4 를 치환으로 나타낼 수 없음도 쉽게 알 수 있다.

1	4	2	3
1	4	2	3
4	1	3	2
4	1	3	2

2	3	1	4
2	3	1	4
3	2	4	1
3	2	4	1

4	1	3	2
4	1	3	2
1	4	2	3
3	3	2	2

3	2	4	1
3	2	4	1
2	3	1	4
2	3	1	4

따라서 두 보조방진의 치환에 의한 합성으로 만들어지는 마방진은 합동인 것이 4개만 만들어지므로 $W_4 \triangleright U_4'$ 에 의한 치환과 역할 바꾸기로 만들어지는 마방진은 합동을 제외하고

$$\frac{8 \times 8 \times 2}{4} = 32$$

개가 된다.

13	16	2	3
4	1	15	14
11	10	8	5
6	7	9	12

=

4	4	1	1
1	1	4	4
3	3	2	2
2	2	3	3

▷

1	4	2	3
4	1	3	2
3	2	4	1
2	3	1	4

$= W_4 \triangleright U_4'$

그림 3.22: 좌우로 이동으로 얻은 4차 마방진

그런데 역할 바꾸기는 하지 않고 치환만으로 만든 마방진은 모두 16개이며, 이들은 도형의 이동으로 만들어낸 것과 합동인 관계가 있음을 확인할 수 있다. 역할 바꾸기를 하면, 예를 들면 $U_4' \triangleright W_4$ 은 다음과 같이 그림 3.20의 4차 방진을 행을 바꾸고 좌우로 이동을 통하여 얻을 수 없는 마방진이다.

$U_4' \triangleright W_4 =$

4	1	2	3
1	4	3	2
3	2	1	4
2	3	4	1

▷

4	4	1	1
1	1	4	4
3	3	2	2
2	2	3	3

=

16	4	5	9
1	13	12	8
11	7	2	14
6	10	15	3

하지만 이 마방진은 다음과 같이 그림 3.20의 4차 방진이 갖고 있는 중요한

성질인 둘씩 짝지은 두 수의 합이 모두 17인 것을 만족한다.

16	4	5	9
1	13	12	8
11	7	2	14
6	10	15	3

따라서 이 마방진으로 좌우로 이동을 통하여 또한 $W_4 \triangleright U_4'$과 닮은 나머지 16개의 마방진을 얻을 수 있다.

7.2 대칭 이동

다음 그림과 같이 1행부터 정순으로 $\{1, 2, 3, 4\}$를 배열하고, 2행에는 5부터 순서대로, 3행에는 9부터 순서대로 계속 배열한다. 그리고 두 대각선상에 있는 수는 그대로 두고, 나머지는 방진의 중심에 대하여 대칭인 위치의 수와 서로 바꾼다. 이러한 과정을 대칭 이동이라 하자. 그림 3.23이 대칭 이동을 나타냈다. 여기서 ○은 바꾸지 않는다는 표시이고, ＼, ／은 중심에 대하여 대칭인 위치로 옮긴다는 표시다.

1	2	3	4
5	6	7	8
9	10	11	12
13	14	15	16

○	＼	／	○
＼	○	○	／
／	○	○	＼
○	／	＼	○

1	15	14	4
12	6	7	9
8	10	11	5
13	3	2	16

그림 3.23: 4차의 대칭 이동

이렇게 대칭 이동으로 얻은 방진은 마방진이다. 이 마방진을 분해하면 다음과 같다.

1	15	14	4
12	6	7	9
8	10	11	5
13	3	2	16

=

1	4	4	1
3	2	2	3
2	3	3	2
4	1	1	4

▷

1	3	2	4
4	2	3	1
4	2	3	1
1	3	2	4

그런데 너무 익숙하지 않은가? 이 마방진은 목성 마방진을 수직선을 중심으로 뒤집기를 한 것이며 따라서 $T_4 \triangleright T_4^t$ 와 닮은 마방진이다. 그럼에도 불구하고 다시 $T_4 \triangleright T_4^t$ 와 닮은 마방진을 소개하게 된 이유는 도형의 변환의 일종인 대칭 이동을 설명하기 위함이고, 대칭 이동은 4 이상의 짝수차 마방진을 만드는 데 활용되기 때문이다.

세 줄 요약

    좌우로 이동이라는 새로운 방식의 마방진 생성법이 있다.
    또한 대칭 이동도 마방진 생성법이다.
    대칭 이동으로 $T \triangleright T^t$ 와 닮은 마방진을 만들었다.

제 8 절 그 외의 4차 마방진

지금까지 4차 완전마방진은 48개 전부를 찾았다. 완전마방진이 아닌 4차 마방진은 832개가 있는데, 유사완전라틴방진인 대각라틴방진을 보조방진으로 하는 128개, $T_4 \triangleright T_4^t$ 와 닮은 마방진 16개, $W_4 \triangleright U_4'$ 와 닮은 마방진 32개를 합쳐 176개를 찾았다. 그래서 880개의 4차 마방진 중에서 224개를 제외한 656개는 아직까지 전혀 언급하지 않았다. 지금부터는 남은 마방진에 대하여 간단히 소개하겠다.

먼저 지금까지 찾은 보조방진들 중에 서로 직교하는 쌍이 더 있을까? 답은 그렇다이다. 라틴방진인 U_4 와 라틴방진이 아닌 T_4 가 서로 직교하고, $U_4 \triangleright T_4$ 와 닮은 마방진은 32개가 존재한다.

$$U_4 \triangleright T_4 = \begin{array}{|c|c|c|c|} \hline 2 & 4 & 1 & 3 \\ \hline 1 & 3 & 2 & 4 \\ \hline 4 & 2 & 3 & 1 \\ \hline 3 & 1 & 4 & 2 \\ \hline \end{array} \triangleright \begin{array}{|c|c|c|c|} \hline 1 & 2 & 3 & 4 \\ \hline 4 & 3 & 2 & 1 \\ \hline 4 & 3 & 2 & 1 \\ \hline 1 & 2 & 3 & 4 \\ \hline \end{array}$$

또한 T_4 는 V_4' 와 서로 직교하고, $T_4 \triangleright V_4'$ 와 닮은 마방진은 32개가 존재한다.

$$T_4 \triangleright V_4' = \begin{array}{|c|c|c|c|} \hline 1 & 2 & 3 & 4 \\ \hline 4 & 3 & 2 & 1 \\ \hline 4 & 3 & 2 & 1 \\ \hline 1 & 2 & 3 & 4 \\ \hline \end{array} \triangleright \begin{array}{|c|c|c|c|} \hline 2 & 1 & 3 & 4 \\ \hline 3 & 4 & 2 & 1 \\ \hline 2 & 1 & 3 & 4 \\ \hline 3 & 4 & 2 & 1 \\ \hline \end{array}$$

게다가 T_4 는 W_4^t 와도 서로 직교하고, $T_4 \triangleright W_4^t$ 와 닮은 마방진도 32개가 존재한다.

$$T_4 \triangleright W_4^t = \begin{array}{|c|c|c|c|} \hline 1 & 2 & 3 & 4 \\ \hline 4 & 3 & 2 & 1 \\ \hline 4 & 3 & 2 & 1 \\ \hline 1 & 2 & 3 & 4 \\ \hline \end{array} \triangleright \begin{array}{|c|c|c|c|} \hline 4 & 1 & 3 & 2 \\ \hline 4 & 1 & 3 & 2 \\ \hline 1 & 4 & 2 & 3 \\ \hline 1 & 4 & 2 & 3 \\ \hline \end{array}$$

W_4는 전치행렬인 W_4^t와 직교하고, $W \triangleright W^t$와 닮은 마방진이 16개가 존재한다.

$$W_4 \triangleright W_4^t = \begin{array}{|c|c|c|c|} \hline 4 & 4 & 1 & 1 \\ \hline 1 & 1 & 4 & 4 \\ \hline 3 & 3 & 2 & 2 \\ \hline 2 & 2 & 3 & 3 \\ \hline \end{array} \triangleright \begin{array}{|c|c|c|c|} \hline 4 & 1 & 3 & 2 \\ \hline 4 & 1 & 3 & 2 \\ \hline 1 & 4 & 2 & 3 \\ \hline 1 & 4 & 2 & 3 \\ \hline \end{array}$$

W_4^t는 V_4'와 직교하고, $W_4^t \triangleright V_4'$와 닮은 마방진이 32개가 존재한다.

$$W_4^t \triangleright V_4' = \begin{array}{|c|c|c|c|} \hline 4 & 1 & 3 & 2 \\ \hline 4 & 1 & 3 & 2 \\ \hline 1 & 4 & 2 & 3 \\ \hline 1 & 4 & 2 & 3 \\ \hline \end{array} \triangleright \begin{array}{|c|c|c|c|} \hline 2 & 1 & 3 & 4 \\ \hline 3 & 4 & 2 & 1 \\ \hline 2 & 1 & 3 & 4 \\ \hline 3 & 4 & 2 & 1 \\ \hline \end{array}$$

이상 지금까지 찾은 보조방진들 중에 서로 직교하는 쌍을 모두 소개했고, 새로운 마방진 144개를 얻었다.

보조방진 중에서 대각라틴방진은 이미 모두 찾았는데 라틴방진인 보조방진은 더 있을까? 답은 역시 그렇다이다. 다음 라틴방진을 S_4와 U_4''라 하자.

$$S_4 = \begin{array}{|c|c|c|c|} \hline 1 & 2 & 3 & 4 \\ \hline 2 & 4 & 1 & 3 \\ \hline 3 & 1 & 4 & 2 \\ \hline 4 & 3 & 2 & 1 \\ \hline \end{array},$$

$$U_4'' = \begin{array}{|c|c|c|c|} \hline 1 & 3 & 4 & 2 \\ \hline 2 & 4 & 3 & 1 \\ \hline 4 & 2 & 1 & 3 \\ \hline 3 & 1 & 2 & 4 \\ \hline \end{array},$$

물론 다른 유형이다. S_4는 T_4와 직교하고, $S_4 \triangleright T_4$와 닮은 마방진은 32

개가 존재한다.

$$S_4 \triangleright T_4 = \begin{array}{|c|c|c|c|} \hline 1 & 2 & 3 & 4 \\ \hline 2 & 4 & 1 & 3 \\ \hline 3 & 1 & 4 & 2 \\ \hline 4 & 3 & 2 & 1 \\ \hline \end{array} \triangleright \begin{array}{|c|c|c|c|} \hline 1 & 2 & 3 & 4 \\ \hline 4 & 3 & 2 & 1 \\ \hline 4 & 3 & 2 & 1 \\ \hline 1 & 2 & 3 & 4 \\ \hline \end{array}$$

U_4'' 는 U_4 와 직교하고, U_4' 과도 직교하며, V_4' 과도 직교한다. $U_4'' \triangleright U_4$, $U_4'' \triangleright U_4'$, $U_4'' \triangleright V_4'$ 과 닮은 마방진은 각각 16개, 16개, 32개가 존재한다.

$$U_4'' \triangleright U_4 = \begin{array}{|c|c|c|c|} \hline 1 & 3 & 4 & 2 \\ \hline 2 & 4 & 3 & 1 \\ \hline 4 & 2 & 1 & 3 \\ \hline 3 & 1 & 2 & 4 \\ \hline \end{array} \triangleright \begin{array}{|c|c|c|c|} \hline 2 & 4 & 1 & 3 \\ \hline 1 & 3 & 2 & 4 \\ \hline 4 & 2 & 3 & 1 \\ \hline 3 & 1 & 4 & 2 \\ \hline \end{array}$$

$$U_4'' \triangleright U_4' = \begin{array}{|c|c|c|c|} \hline 1 & 3 & 4 & 2 \\ \hline 2 & 4 & 3 & 1 \\ \hline 4 & 2 & 1 & 3 \\ \hline 3 & 1 & 2 & 4 \\ \hline \end{array} \triangleright \begin{array}{|c|c|c|c|} \hline 4 & 1 & 2 & 3 \\ \hline 1 & 4 & 3 & 2 \\ \hline 3 & 2 & 1 & 4 \\ \hline 2 & 3 & 4 & 1 \\ \hline \end{array}$$

$$U_4 \triangleright V_4' = \begin{array}{|c|c|c|c|} \hline 1 & 3 & 4 & 2 \\ \hline 2 & 4 & 3 & 1 \\ \hline 4 & 2 & 1 & 3 \\ \hline 3 & 1 & 2 & 4 \\ \hline \end{array} \triangleright \begin{array}{|c|c|c|c|} \hline 2 & 1 & 3 & 4 \\ \hline 3 & 4 & 2 & 1 \\ \hline 2 & 1 & 3 & 4 \\ \hline 3 & 4 & 2 & 1 \\ \hline \end{array}$$

이상 두 보조방진 중에서 하나라도 라틴방진인 것은 모두 소개했고, 새롭게 마방진 96개를 얻었다.

지금까지 언급한 보조방진은 각 줄의 구성이 $\{1, 2, 3, 4\}$ 나 $\{1, 1, 4, 4\}$ 나 $\{2, 2, 3, 3\}$ 뿐이다. 각 줄의 구성이 이런 보조방진이 더 있다면 지금까지의 유형과는 다른 유형에서 찾아야 한다.

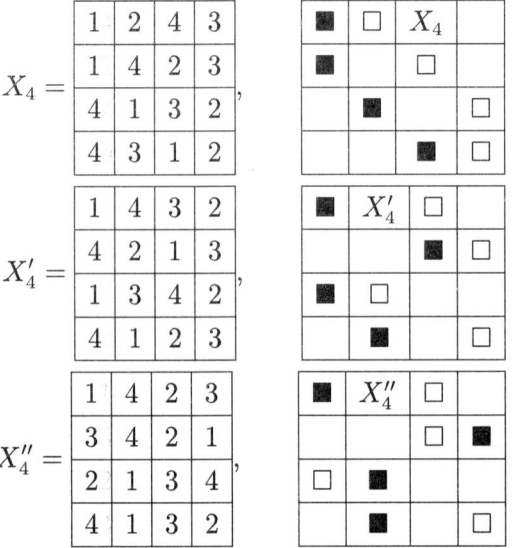

시행착오를 거쳐 더 찾은 이러한 구성의 보조방진은 다음과 같다.

$$X_4 = \begin{array}{|c|c|c|c|} \hline 1 & 2 & 4 & 3 \\ \hline 1 & 4 & 2 & 3 \\ \hline 4 & 1 & 3 & 2 \\ \hline 4 & 3 & 1 & 2 \\ \hline \end{array},$$

$$X'_4 = \begin{array}{|c|c|c|c|} \hline 1 & 4 & 3 & 2 \\ \hline 4 & 2 & 1 & 3 \\ \hline 1 & 3 & 4 & 2 \\ \hline 4 & 1 & 2 & 3 \\ \hline \end{array},$$

$$X''_4 = \begin{array}{|c|c|c|c|} \hline 1 & 4 & 2 & 3 \\ \hline 3 & 4 & 2 & 1 \\ \hline 2 & 1 & 3 & 4 \\ \hline 4 & 1 & 3 & 2 \\ \hline \end{array},$$

$$X_4''' = \begin{array}{|c|c|c|c|} \hline 1 & 3 & 4 & 2 \\ \hline 3 & 2 & 1 & 4 \\ \hline 2 & 3 & 4 & 1 \\ \hline 4 & 2 & 1 & 3 \\ \hline \end{array},$$

X_4와 X_4'은 서로 직교하고, X_4''과 X_4'''도 서로 직교한다. $X_4 \triangleright X_4'$, $X_4'' \triangleright X_4'''$과 닮은 마방진은 각각 32개가 존재한다.

$$X_4 \triangleright X_4' = \begin{array}{|c|c|c|c|} \hline 1 & 2 & 4 & 3 \\ \hline 1 & 4 & 2 & 3 \\ \hline 4 & 1 & 3 & 2 \\ \hline 4 & 3 & 1 & 2 \\ \hline \end{array} \triangleright \begin{array}{|c|c|c|c|} \hline 1 & 4 & 3 & 2 \\ \hline 4 & 2 & 1 & 3 \\ \hline 1 & 3 & 4 & 2 \\ \hline 4 & 1 & 2 & 3 \\ \hline \end{array}$$

$$X_4'' \triangleright X_4''' = \begin{array}{|c|c|c|c|} \hline 1 & 4 & 2 & 3 \\ \hline 3 & 4 & 2 & 1 \\ \hline 2 & 1 & 3 & 4 \\ \hline 4 & 1 & 3 & 2 \\ \hline \end{array} \triangleright \begin{array}{|c|c|c|c|} \hline 1 & 3 & 4 & 2 \\ \hline 3 & 2 & 1 & 4 \\ \hline 2 & 3 & 4 & 1 \\ \hline 4 & 2 & 1 & 3 \\ \hline \end{array}$$

이상 두 보조방진 모두 각 줄의 구성이 라틴이거나 또는 $\{1,1,4,4\}$ 또는 $\{2,2,3,3\}$ 뿐인 것은 모두 소개했고, 지금까지의 4차 마방진은 모두 528개다.

1, 2, 3, 4를 중복을 허락하고 4개를 뽑아서 합이 10이 되게 할 수 있는 것은 라틴이거나 $\{1,1,4,4\}$ 또는 $\{2,2,3,3\}$ 뿐만 아니라 $\{1,3,3,3\}$과 $\{2,2,2,4\}$도 가능하다. 각 줄의 구성이 이러한 보조방진으로는 다음과 같이 8개가 있다. 먼저 Y_4는 W_4^t와 직교하고, $Y_4 \triangleright W_4^t$와 닮은 마방진은 16개가 존재한다.

$$Y_4 = \begin{array}{|c|c|c|c|} \hline 1 & 1 & 4 & 4 \\ \hline 3 & 3 & 2 & 2 \\ \hline 4 & 2 & 3 & 1 \\ \hline 2 & 4 & 1 & 3 \\ \hline \end{array},$$

140 제 3 장 4의 배수인 짝수차 마방진

$$Y_4 \triangleright W_4^t = \begin{array}{|c|c|c|c|} \hline 1 & 1 & 4 & 4 \\ \hline 3 & 3 & 2 & 2 \\ \hline 4 & 2 & 3 & 1 \\ \hline 2 & 4 & 1 & 3 \\ \hline \end{array} \triangleright \begin{array}{|c|c|c|c|} \hline 4 & 1 & 3 & 2 \\ \hline 4 & 1 & 3 & 2 \\ \hline 1 & 4 & 2 & 3 \\ \hline 1 & 4 & 2 & 3 \\ \hline \end{array}$$

Y_4'는 V_4'과 직교하고, $Y_4' \triangleright V_4'$과 닮은 마방진은 16개가 존재한다.

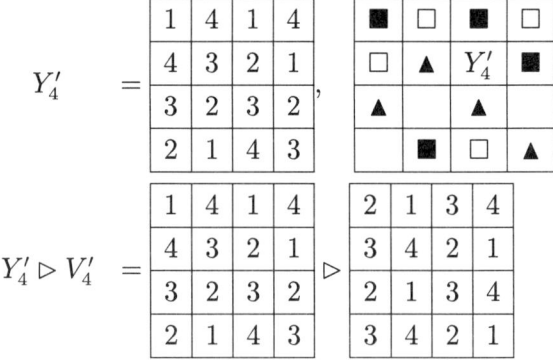

Y_4''는 W와 직교하고, $Y_4'' \triangleright W$와 닮은 마방진은 16개가 존재한다.

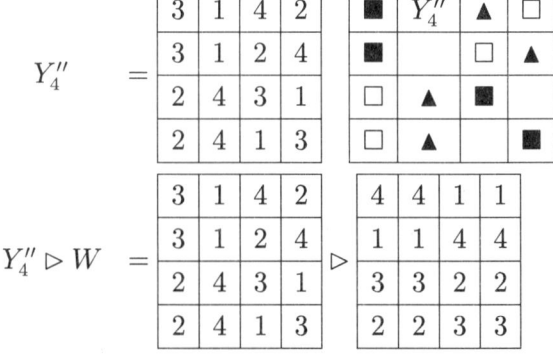

Y_4''' 는 V_4 와 직교하고, $Y_4''' \triangleright V_4$ 와 닮은 마방진은 16개가 존재한다.

$$Y_4''' = \begin{array}{|c|c|c|c|} \hline 3 & 4 & 1 & 2 \\ \hline 4 & 1 & 2 & 3 \\ \hline 1 & 4 & 3 & 2 \\ \hline 2 & 1 & 4 & 3 \\ \hline \end{array},$$

$$Y_4''' \triangleright V_4 = \begin{array}{|c|c|c|c|} \hline 3 & 4 & 1 & 2 \\ \hline 4 & 1 & 2 & 3 \\ \hline 1 & 4 & 3 & 2 \\ \hline 2 & 1 & 4 & 3 \\ \hline \end{array} \triangleright \begin{array}{|c|c|c|c|} \hline 1 & 4 & 1 & 4 \\ \hline 3 & 2 & 3 & 2 \\ \hline 4 & 1 & 4 & 1 \\ \hline 2 & 3 & 2 & 3 \\ \hline \end{array}$$

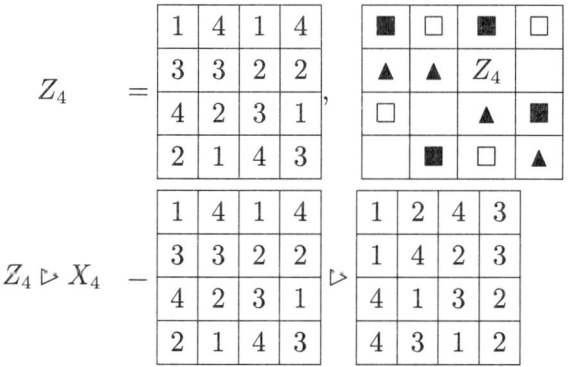

Z_4 는 X_4 와 직교하고, $Z_4 \triangleright X_4$ 와 닮은 마방진은 16개가 존재한다.

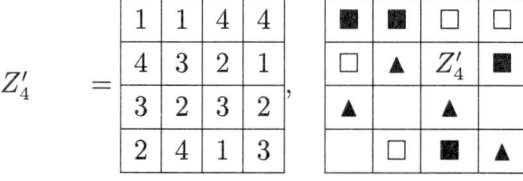

Z_4' 는 X_4' 와 직교하고, $Z_4' \triangleright X_4'$ 와 닮은 마방진은 16개가 존재한다.

$$Z_4' = \begin{array}{|c|c|c|c|} \hline 1 & 1 & 4 & 4 \\ \hline 4 & 3 & 2 & 1 \\ \hline 3 & 2 & 3 & 2 \\ \hline 2 & 4 & 1 & 3 \\ \hline \end{array},$$

제 3 장 4의 배수인 짝수차 마방진

$$Z'_4 \triangleright X'_4 = \begin{array}{|c|c|c|c|} \hline 1 & 1 & 4 & 4 \\ \hline 4 & 3 & 2 & 1 \\ \hline 3 & 2 & 3 & 2 \\ \hline 2 & 4 & 1 & 3 \\ \hline \end{array} \triangleright \begin{array}{|c|c|c|c|} \hline 1 & 4 & 3 & 2 \\ \hline 4 & 2 & 1 & 3 \\ \hline 1 & 3 & 4 & 2 \\ \hline 4 & 1 & 2 & 3 \\ \hline \end{array}$$

Z''_4 는 X''_4 와 직교하고, $Z''_4 \triangleright X''_4$ 와 닮은 마방진은 16개가 존재한다.

$$Z''_4 = \begin{array}{|c|c|c|c|} \hline 3 & 3 & 2 & 2 \\ \hline 4 & 1 & 4 & 1 \\ \hline 1 & 2 & 3 & 4 \\ \hline 2 & 4 & 1 & 3 \\ \hline \end{array},$$

$$Z''_4 \triangleright X''_4 = \begin{array}{|c|c|c|c|} \hline 3 & 3 & 2 & 2 \\ \hline 4 & 1 & 4 & 1 \\ \hline 1 & 2 & 3 & 4 \\ \hline 2 & 4 & 1 & 3 \\ \hline \end{array} \triangleright \begin{array}{|c|c|c|c|} \hline 1 & 4 & 2 & 3 \\ \hline 3 & 4 & 2 & 1 \\ \hline 2 & 1 & 3 & 4 \\ \hline 4 & 1 & 3 & 2 \\ \hline \end{array}$$

Z'''_4 는 X'''_4 와 직교하고, $Z'''_4 \triangleright X'''_4$ 와 닮은 마방진은 16개가 존재한다.

$$Z'''_4 = \begin{array}{|c|c|c|c|} \hline 3 & 4 & 1 & 2 \\ \hline 1 & 1 & 4 & 4 \\ \hline 4 & 2 & 3 & 1 \\ \hline 2 & 3 & 2 & 3 \\ \hline \end{array},$$

$$Z'''_4 \triangleright X'''_4 = \begin{array}{|c|c|c|c|} \hline 3 & 4 & 1 & 2 \\ \hline 1 & 1 & 4 & 4 \\ \hline 4 & 2 & 3 & 1 \\ \hline 2 & 3 & 2 & 3 \\ \hline \end{array} \triangleright \begin{array}{|c|c|c|c|} \hline 1 & 3 & 4 & 2 \\ \hline 3 & 2 & 1 & 4 \\ \hline 2 & 3 & 4 & 1 \\ \hline 4 & 2 & 1 & 3 \\ \hline \end{array}$$

새로운 8개의 보조방진 모두 주대각선과 부대각선의 구성만 $\{1,3,3,3\}$과 $\{2,2,2,4\}$가 하나씩 있고, 다른 줄은 모두 $\{1,2,3,4\}$ 또는 $\{1,1,4,4\}$ 또는 $\{2,2,3,3\}$ 이다. 이상 두 보조방진 모두 각 줄의 합이 10인 4차 마방진은 이번에 찾은 것이 $16 \times 8 = 128$개이고, 앞에서 찾은 528개와 합쳐 모두

656개이다.

세 줄 요약

> 빠트린 직교하는 두 보조방진도 있었고⋯
> 빠트린 라틴방진도 있었고⋯
> 두 보조방진의 각 줄의 합이 모두 10인 4차 마방진이 656개.

제 9 절 4차 불균형 마방진

이제 4차 마방진에 대하여 마지막 이야기만 남았다. 지금까지 찾은 656개의 4차 마방진은 두 보조방진 모두 각 줄의 합이 10인 4차 마방진 전부다. 이 결과는 컴퓨터를 돌려서 확인한 사실이다. 그러면 보조방진의 각 줄의 합이 10이 아닌 경우도 있다는 것이다. 그림 3.24의 4차 마방진은 그러한 예이다. 몫 보조방진의 행과 열은 합이 10이지만 주대각선의 합은 9, 부대각선의 합은 11이다. 또한 나머지 보조방진의 행과 열은 합이 10이지만 주대각선의 합은 14, 부대각선의 합은 6이다. 이렇게 몫 보조방진과 나머지 보조방진의 각 줄의 합이 모두가 같지는 않은 마방진을 불균형 마방진이라 하자. 그러면 4차에서의 불균형 마방진은 모두 $880 - 656 = 224$개가 있다.

4	16	5	9
6	15	10	3
11	2	7	14
13	1	12	8

=

1	4	2	3
2	4	3	1
3	1	2	4
4	1	3	2

▷

4	4	1	1
2	3	2	3
3	2	3	2
1	1	4	4

그림 3.24: 4차 불균형 마방진의 예

다시 그림 3.24의 두 보조방진의 주대각선만 보면 몫 보조방진에서 합이 10보다 1이 작아져서 나머지 보조방진에서의 합이 14가 되어 $-4 + 4 = 0$으로 상쇄되어 주대각선의 합이 34가 되었다. 마찬가지로 두 보조방진의 부대각선만 보면 몫 보조방진에서 합이 10보다 1이 커지고, 나머지 보조방진에서의 합이 6이 되어 $+4 - 4 = 0$으로 상쇄되어 부대각선의 합이 34가 되었다. 그러면 몫 보조방진의 어떤 줄의 합이 8이나 12는 가능할까? 합이 8이면 나머지 보조방진의 그 줄에서 합이 18이 되어야 하는데 4가 4개가 되더라도 16밖에 안되므로 불가능하다. 합이 12면 나머지 보조방진에서 합이 2가 되어야 하는데 이도 불가능하다.

그러면 위의 조금 이상한 마방진과 닮은 마방진은 몇 개나 되는 알아보자. 몫 보조방진은 각 줄이 {1, 2, 3, 4}, {1, 1, 4, 4}, {2, 2, 3, 3}와 함께 {1, 2, 2, 4}, {1, 3, 3, 4}이다. 몫 보조방진은 각 줄의 구성에 {1, 2, 3, 4},

$\{1,1,4,4\}$, $\{2,2,3,3\}$ 을 포함하고 있으므로 적절한 치환은 많아야 지금까지 사용했던 다음과 같은 8개뿐이다.

$$\sigma_1 = \begin{pmatrix} 1 & 2 & 3 & 4 \\ 1 & 2 & 3 & 4 \end{pmatrix} \qquad \sigma_2 = \begin{pmatrix} 1 & 2 & 3 & 4 \\ 1 & 3 & 2 & 4 \end{pmatrix}$$

$$\sigma_3 = \begin{pmatrix} 1 & 2 & 3 & 4 \\ 2 & 1 & 4 & 3 \end{pmatrix} \qquad \sigma_4 = \begin{pmatrix} 1 & 2 & 3 & 4 \\ 2 & 4 & 1 & 3 \end{pmatrix}$$

$$\sigma_5 = \begin{pmatrix} 1 & 2 & 3 & 4 \\ 3 & 1 & 4 & 2 \end{pmatrix} \qquad \sigma_6 = \begin{pmatrix} 1 & 2 & 3 & 4 \\ 3 & 4 & 1 & 2 \end{pmatrix}$$

$$\sigma_7 = \begin{pmatrix} 1 & 2 & 3 & 4 \\ 4 & 2 & 3 & 1 \end{pmatrix} \qquad \sigma_8 = \begin{pmatrix} 1 & 2 & 3 & 4 \\ 4 & 3 & 2 & 1 \end{pmatrix}$$

이 중에서 $\{1,2,2,4\}$와 $\{1,3,3,4\}$를 동시에 합을 바꾸지 않는 치환은 항등치환인 σ_1과 1과 4만 맞바꾸는 σ_7 둘뿐이다. 나머지 보조방진은 각 줄이 $\{1,2,3,4\}$ 또는 $\{1,1,4,4\}$ 또는 $\{2,2,3,3\}$ 또는 $\{1,1,2,2\}$ 또는 $\{3,3,4,4\}$이므로 적절한 항등치환 σ_1과 1과 2를 맞바꾸고 3과 4도 맞바꾸는 σ_3 둘뿐이다. 치환만으로 얻을 수 있는 마방진은 우선 다음과 같이 4개가 있다. 몫 보조방진은 Q, 나머지 보조방진은 R이라 쓰면,

$$\sigma_1(Q) \triangleright \sigma_1(R) = \begin{bmatrix} 1 \\ 2 \\ 3 \\ 4 \end{bmatrix} \begin{array}{|c|c|c|c|} \hline 1 & 4 & 2 & 3 \\ \hline 2 & 4 & 3 & 1 \\ \hline 3 & 1 & 2 & 4 \\ \hline 4 & 1 & 3 & 2 \\ \hline \end{array} \triangleright \begin{bmatrix} 1 \\ 2 \\ 3 \\ 4 \end{bmatrix} \begin{array}{|c|c|c|c|} \hline 4 & 4 & 1 & 1 \\ \hline 2 & 3 & 2 & 3 \\ \hline 3 & 2 & 3 & 2 \\ \hline 1 & 1 & 4 & 4 \\ \hline \end{array}$$

$$= \begin{array}{|c|c|c|c|} \hline 1 & 4 & 2 & 3 \\ \hline 2 & 4 & 3 & 1 \\ \hline 3 & 1 & 2 & 4 \\ \hline 4 & 1 & 3 & 2 \\ \hline \end{array} \triangleright \begin{array}{|c|c|c|c|} \hline 4 & 4 & 1 & 1 \\ \hline 2 & 3 & 2 & 3 \\ \hline 3 & 2 & 3 & 2 \\ \hline 1 & 1 & 4 & 4 \\ \hline \end{array} = \begin{array}{|c|c|c|c|} \hline 4 & 16 & 5 & 9 \\ \hline 6 & 15 & 10 & 3 \\ \hline 11 & 2 & 7 & 14 \\ \hline 13 & 1 & 12 & 8 \\ \hline \end{array}$$

제 3 장 4의 배수인 짝수차 마방진

$$\sigma_1(Q) \triangleright \sigma_3(R) = \begin{bmatrix} 1 \\ 2 \\ 3 \\ 4 \end{bmatrix} \begin{array}{|c|c|c|c|} \hline 1 & 4 & 2 & 3 \\ \hline 2 & 4 & 3 & 1 \\ \hline 3 & 1 & 2 & 4 \\ \hline 4 & 1 & 3 & 2 \\ \hline \end{array} \triangleright \begin{bmatrix} 2 \\ 1 \\ 4 \\ 3 \end{bmatrix} \begin{array}{|c|c|c|c|} \hline 4 & 4 & 1 & 1 \\ \hline 2 & 3 & 2 & 3 \\ \hline 3 & 2 & 3 & 2 \\ \hline 1 & 1 & 4 & 4 \\ \hline \end{array}$$

$$= \begin{array}{|c|c|c|c|} \hline 1 & 4 & 2 & 3 \\ \hline 2 & 4 & 3 & 1 \\ \hline 3 & 1 & 2 & 4 \\ \hline 4 & 1 & 3 & 2 \\ \hline \end{array} \triangleright \begin{array}{|c|c|c|c|} \hline 3 & 3 & 2 & 2 \\ \hline 1 & 4 & 1 & 4 \\ \hline 4 & 1 & 4 & 1 \\ \hline 2 & 2 & 3 & 3 \\ \hline \end{array} = \begin{array}{|c|c|c|c|} \hline 3 & 15 & 6 & 10 \\ \hline 5 & 16 & 9 & 4 \\ \hline 12 & 1 & 8 & 13 \\ \hline 14 & 2 & 11 & 7 \\ \hline \end{array}$$

$$\sigma_7(Q) \triangleright \sigma_1(R) = \begin{bmatrix} 4 \\ 2 \\ 3 \\ 1 \end{bmatrix} \begin{array}{|c|c|c|c|} \hline 1 & 4 & 2 & 3 \\ \hline 2 & 4 & 3 & 1 \\ \hline 3 & 1 & 2 & 4 \\ \hline 4 & 1 & 3 & 2 \\ \hline \end{array} \triangleright \begin{bmatrix} 1 \\ 2 \\ 3 \\ 4 \end{bmatrix} \begin{array}{|c|c|c|c|} \hline 4 & 4 & 1 & 1 \\ \hline 2 & 3 & 2 & 3 \\ \hline 3 & 2 & 3 & 2 \\ \hline 1 & 1 & 4 & 4 \\ \hline \end{array}$$

$$= \begin{array}{|c|c|c|c|} \hline 4 & 1 & 2 & 3 \\ \hline 2 & 1 & 3 & 4 \\ \hline 3 & 4 & 2 & 1 \\ \hline 1 & 4 & 3 & 2 \\ \hline \end{array} \triangleright \begin{array}{|c|c|c|c|} \hline 4 & 4 & 1 & 1 \\ \hline 2 & 3 & 2 & 3 \\ \hline 3 & 2 & 3 & 2 \\ \hline 1 & 1 & 4 & 4 \\ \hline \end{array} = \begin{array}{|c|c|c|c|} \hline 16 & 4 & 5 & 9 \\ \hline 6 & 3 & 10 & 15 \\ \hline 11 & 14 & 7 & 2 \\ \hline 1 & 13 & 12 & 8 \\ \hline \end{array}$$

$$\sigma_7(Q) \triangleright \sigma_3(R) = \begin{bmatrix} 4 \\ 2 \\ 3 \\ 1 \end{bmatrix} \begin{array}{|c|c|c|c|} \hline 1 & 4 & 2 & 3 \\ \hline 2 & 4 & 3 & 1 \\ \hline 3 & 1 & 2 & 4 \\ \hline 4 & 1 & 3 & 2 \\ \hline \end{array} \triangleright \begin{bmatrix} 2 \\ 1 \\ 4 \\ 3 \end{bmatrix} \begin{array}{|c|c|c|c|} \hline 4 & 4 & 1 & 1 \\ \hline 2 & 3 & 2 & 3 \\ \hline 3 & 2 & 3 & 2 \\ \hline 1 & 1 & 4 & 4 \\ \hline \end{array}$$

$$= \begin{array}{|c|c|c|c|} \hline 4 & 1 & 2 & 3 \\ \hline 2 & 1 & 3 & 4 \\ \hline 3 & 4 & 2 & 1 \\ \hline 1 & 4 & 3 & 2 \\ \hline \end{array} \triangleright \begin{array}{|c|c|c|c|} \hline 3 & 3 & 2 & 2 \\ \hline 1 & 4 & 1 & 4 \\ \hline 4 & 1 & 4 & 1 \\ \hline 2 & 2 & 3 & 3 \\ \hline \end{array} = \begin{array}{|c|c|c|c|} \hline 15 & 3 & 6 & 10 \\ \hline 5 & 4 & 9 & 16 \\ \hline 12 & 13 & 8 & 1 \\ \hline 2 & 14 & 11 & 7 \\ \hline \end{array}$$

이 4개의 마방진은 어느 것도 서로 합동관계가 되는 것은 없다. 따라서 마방진 $Q \triangleright R$을 적절한 치환으로 얻을 수 있는 닮은 마방진은 4개뿐이다. 왜냐하면 몫 보조방진과 나머지 보조방진의 역할 바꾸기는 두 대각선의 합

제 9 절 4차 불균형 마방진

이 너무 크거나 작아서 다음과 같이 마방진이 될 수 없다.

$$R \triangleright Q = \begin{array}{|c|c|c|c|} \hline 4 & 4 & 1 & 1 \\ \hline 2 & 3 & 2 & 3 \\ \hline 3 & 2 & 3 & 2 \\ \hline 1 & 1 & 4 & 4 \\ \hline \end{array} \triangleright \begin{array}{|c|c|c|c|} \hline 1 & 4 & 2 & 3 \\ \hline 2 & 4 & 3 & 1 \\ \hline 3 & 1 & 2 & 4 \\ \hline 4 & 1 & 3 & 2 \\ \hline \end{array} = \begin{array}{|c|c|c|c|} \hline 13 & 16 & 2 & 3 \\ \hline 6 & 12 & 7 & 9 \\ \hline 11 & 5 & 10 & 8 \\ \hline 4 & 1 & 15 & 14 \\ \hline \end{array}$$

다행으로 각각의 행과 열은 합이 34인 것은 변함이 없다. 이는 당연한 것이 두 보조방진 모두 행과 열은 구성이 $\{1,2,3,4\}$ 또는 $\{1,1,4,4\}$ 또는 $\{2,2,3,3\}$ 으로만 이루어져 있어 역할 바꾸기에 따른 문제가 생기지 않는다. 이러한 현상은 앞의 8개의 치환에 대하여도 마찬가지다.

역할 바꾸기 $Q \triangleright R$에 대하여 다시 생각해보자. 먼저 다음과 Q와 R의 적절한 치환이 아닌 것으로 보내고 합성한 결과를 살펴보자.

$$\sigma_2(Q) \triangleright \sigma_6(R) = \begin{bmatrix} 1 \\ 3 \\ 2 \\ 4 \end{bmatrix} \begin{array}{|c|c|c|c|} \hline 1 & 4 & 2 & 3 \\ \hline 2 & 4 & 3 & 1 \\ \hline 3 & 1 & 2 & 4 \\ \hline 4 & 1 & 3 & 2 \\ \hline \end{array} \triangleright \begin{bmatrix} 3 \\ 4 \\ 1 \\ 2 \end{bmatrix} \begin{array}{|c|c|c|c|} \hline 4 & 4 & 1 & 1 \\ \hline 2 & 3 & 2 & 3 \\ \hline 3 & 2 & 3 & 2 \\ \hline 1 & 1 & 4 & 4 \\ \hline \end{array}$$

$$= \begin{array}{|c|c|c|c|} \hline 1 & 4 & 3 & 2 \\ \hline 3 & 4 & 2 & 1 \\ \hline 2 & 1 & 3 & 4 \\ \hline 4 & 1 & 2 & 3 \\ \hline \end{array} \triangleright \begin{array}{|c|c|c|c|} \hline 2 & 2 & 3 & 3 \\ \hline 4 & 1 & 4 & 1 \\ \hline 1 & 4 & 1 & 4 \\ \hline 3 & 3 & 2 & 2 \\ \hline \end{array} = \begin{array}{|c|c|c|c|} \hline 2 & 14 & 11 & 7 \\ \hline 12 & 13 & 8 & 1 \\ \hline 5 & 4 & 9 & 16 \\ \hline 15 & 3 & 6 & 10 \\ \hline \end{array}$$

마방진이 되었다. 몫 보조방진 Q에서 주대각선의 합 9와 부대각선의 합 11은 $\sigma_2(Q)$에서 주대각선의 합은 11로 부대각선의 합은 9로 서로 바뀌었다. 또한 나머지 보조방진 R에서 주대각선의 합 14와 부대각선의 합 6은 $\sigma_6(R)$에서 주대각선의 합은 6으로 부대각선의 합은 14로 서로 바뀌었다. 그래서 마방진이 되었는데, $\sigma_2(Q) \triangleright \sigma_6(R)$는 이미 구했던 $\sigma_7(Q) \triangleright \sigma_3(R)$과 합동 관계가 있다.

그러면 몫 보조방진 Q를 치환으로 얻은 방진 중에서 주대각선의 합이 11로 부대각선의 합이 9로 바뀌는 치환을 찾아보자. 그런데 우리가 찾는 치환은 우선 두 대각선을 제외한 행과 열의 합은 변함이 없어야 하므로 계속 사용하고 있는 8개의 치환 중에서 $\{1,2,2,4\}$를 합이 11이 되게 보내고, 또한 $\{1,3,3,4\}$를 합이 9가 되게 보내는 치환을 찾으면 된다. 이를 만족하는 치환은 σ_2, σ_8 두 개가 있다. 나머지 보조방진 R을 치환으로 얻은 방진 중에서 주대각선의 합이 6으로 부대각선의 합이 14로 바뀌는 치환은 σ_6, σ_8 두 개가 있다. 따라서 네 가지의 다른 마방진을 얻게 되는데, $\sigma_2(Q) \triangleright \sigma_6(R)$는 이미 보았고, 나머지 세 개는 다음과 같다.

$\sigma_2(Q) \triangleright \sigma_8(R) = \begin{bmatrix} 1 \\ 3 \\ 2 \\ 4 \end{bmatrix} \begin{array}{|c|c|c|c|} \hline 1 & 4 & 2 & 3 \\ \hline 2 & 4 & 3 & 1 \\ \hline 3 & 1 & 2 & 4 \\ \hline 4 & 1 & 3 & 2 \\ \hline \end{array} \triangleright \begin{bmatrix} 4 \\ 3 \\ 2 \\ 1 \end{bmatrix} \begin{array}{|c|c|c|c|} \hline 4 & 4 & 1 & 1 \\ \hline 2 & 3 & 2 & 3 \\ \hline 3 & 2 & 3 & 2 \\ \hline 1 & 1 & 4 & 4 \\ \hline \end{array}$

$= \begin{array}{|c|c|c|c|} \hline 1 & 4 & 3 & 2 \\ \hline 3 & 4 & 2 & 1 \\ \hline 2 & 1 & 3 & 4 \\ \hline 4 & 1 & 2 & 3 \\ \hline \end{array} \triangleright \begin{array}{|c|c|c|c|} \hline 1 & 1 & 4 & 4 \\ \hline 3 & 2 & 3 & 2 \\ \hline 2 & 3 & 2 & 3 \\ \hline 4 & 4 & 1 & 1 \\ \hline \end{array} = \begin{array}{|c|c|c|c|} \hline 1 & 13 & 12 & 8 \\ \hline 11 & 14 & 7 & 2 \\ \hline 6 & 3 & 10 & 15 \\ \hline 16 & 4 & 5 & 9 \\ \hline \end{array}$

$\sigma_8(Q) \triangleright \sigma_6(R) = \begin{bmatrix} 4 \\ 3 \\ 2 \\ 1 \end{bmatrix} \begin{array}{|c|c|c|c|} \hline 1 & 4 & 2 & 3 \\ \hline 2 & 4 & 3 & 1 \\ \hline 3 & 1 & 2 & 4 \\ \hline 4 & 1 & 3 & 2 \\ \hline \end{array} \triangleright \begin{bmatrix} 3 \\ 4 \\ 1 \\ 2 \end{bmatrix} \begin{array}{|c|c|c|c|} \hline 4 & 4 & 1 & 1 \\ \hline 2 & 3 & 2 & 3 \\ \hline 3 & 2 & 3 & 2 \\ \hline 1 & 1 & 4 & 4 \\ \hline \end{array}$

$= \begin{array}{|c|c|c|c|} \hline 4 & 1 & 3 & 2 \\ \hline 3 & 1 & 2 & 4 \\ \hline 2 & 4 & 3 & 1 \\ \hline 1 & 4 & 2 & 3 \\ \hline \end{array} \triangleright \begin{array}{|c|c|c|c|} \hline 2 & 2 & 3 & 3 \\ \hline 4 & 1 & 4 & 1 \\ \hline 1 & 4 & 1 & 4 \\ \hline 3 & 3 & 2 & 2 \\ \hline \end{array} = \begin{array}{|c|c|c|c|} \hline 14 & 2 & 11 & 7 \\ \hline 12 & 1 & 8 & 13 \\ \hline 5 & 16 & 9 & 4 \\ \hline 3 & 15 & 6 & 10 \\ \hline \end{array}$

$\sigma_8(Q) \triangleright \sigma_8(R) = \begin{array}{|c|c|c|c|} \hline 4 & 1 & 3 & 2 \\ \hline 3 & 1 & 2 & 4 \\ \hline 2 & 4 & 3 & 1 \\ \hline 1 & 4 & 2 & 3 \\ \hline \end{array} \triangleright \begin{array}{|c|c|c|c|} \hline 1 & 1 & 4 & 4 \\ \hline 3 & 2 & 3 & 2 \\ \hline 2 & 3 & 2 & 3 \\ \hline 4 & 4 & 1 & 1 \\ \hline \end{array}$

$$= \begin{array}{|c|c|c|c|} \hline 13 & 1 & 12 & 8 \\ \hline 11 & 2 & 7 & 14 \\ \hline 6 & 15 & 10 & 3 \\ \hline 4 & 16 & 5 & 9 \\ \hline \end{array}$$

그런데 이 세 개의 마방진도 이미 알고 있는 것과 다음과 같이 합동관계가 있다.

$$\sigma_2(Q) \triangleright \sigma_6(R) \equiv \sigma_7(Q) \triangleright \sigma_3(R)$$
$$\sigma_2(Q) \triangleright \sigma_8(R) \equiv \sigma_7(Q) \triangleright \sigma_1(R)$$
$$\sigma_8(Q) \triangleright \sigma_6(R) \equiv \sigma_1(Q) \triangleright \sigma_3(R)$$
$$\sigma_8(Q) \triangleright \sigma_8(R) \equiv \sigma_1(Q) \triangleright \sigma_1(R)$$

제2장에서 마방진에 대한 적절한 치환을 보조방진의 모든 행과 열, 두 대각선의 합들을 변하지 않게 보존하는 치환으로 정의했다. 하지만 방금 살펴본 것과 같이 두 대각선의 합을 보존하지는 않았지만 합성하여 마방진을 만들 때 전혀 문제가 생기지 않는 치환이 있음을 확인했다. 4차 마방진에서 몫 보조방진의 어떤 한 줄의 합이 10이 아닌 9가 된다면, 또 다른 한 줄의 합이 11이 되어야만 몫 보조방진의 역할을 할 수 있다. 또한 몫 보조방진에서 한 줄의 합이 9가 되면 나머지 보조방진의 같은 줄의 합이 10이 아닌 14가 되어야 몫 보조방진과 합성해서 그 줄의 합이 34가 되고, 그렇게 되어야만 마방진이 된다. 마찬가지로 몫 보조방진에서 한 줄의 합이 9가 되면 몫 보조방진에 한 줄의 합이 11인 줄이 있고, 나머지 보조방진의 같은 줄의 합이 6이 되어야 합성해서 마방진이 된다. 4차 마방진에서 몫 보조방진의 한 줄의 합이 10이 아닌 경우는 항상 주대각선이나 부대각선에서 일어난다.[20] 따라서 4차 마방진에서 몫 보조방진의 주대각선의 합이 9가 되면 부대각선의 합이 11이고, 부대각선의 합이 9가 되면 주대각선의 합은 11이다. 이에 대응하는 나머지 보조방진도 앞선 결과에 따라 결정된다. 그러면 몫 보조방진 Q의 적절한 치환은 σ_1과 σ_7, 나머지 보조방진 R의 적절

---

[20] 연역적으로 증명한 결과는 아니고, 컴퓨터의 도움으로 확인한 사실이다.

한 치환의 정의는 σ_1과 σ_3였는데, 여기에 합성하여 마방진을 만들 때 전혀 문제가 생기지 않는 몫 보조방진에 대하여는 σ_2와 σ_8, 나머지 보조방진에 대하여는 σ_6과 σ_8을 적절한 치환으로 추가하기 위하여 적절한 치환의 정의를 확장하자. 적절한 치환이란 보조방진의 각 줄의 합이 합동인 위치로 그대로 보존하는 치환으로 다시 정의하자. 그러면 예전의 적절한 치환은 같은 위치로 합을 보존하므로 당연히 새로운 적절한 치환이 된다. 닮은 마방진이 정의에서 적절한 치환을 사용하였으므로 닮은 마방진의 정의도 확장되었다.

이제 역할 바꾸기에 대하여도 다시 생각해보자. 어쩌면 또 적절한 치환의 정의를 확장해야 할지도 모른다. 그 전에 1, 2, 3, 4 네 수를 중복을 허락하고 4개 선택하여 합이 9 또는 11, 6 또는 14가 되는 경우를 생각해보자. 다음이 그 결과이다.

합이 6	합이 9	합이 10	합이 11	합이 14
1, 1, 1, 3	1, 1, 3, 4	1, 1, 4, 4	1, 2, 4, 4	2, 4, 4, 4
1, 1, 2, 2	1, 2, 2, 4	1, 2, 3, 4	1, 3, 3, 4	3, 3, 4, 4
	1, 2, 3, 3	1, 3, 3, 3	2, 2, 3, 4	
	2, 2, 2, 3	2, 2, 2, 4	2, 3, 3, 3	
		2, 2, 3, 3		

합이 9가 되는 경우와 합이 11이 되는 경우는 비슷한 점이 있는데, 경우가 수가 4이고, 이 중에서 3가지는 하나의 숫자만 두 번 중복되고, 한 가지는 한 숫자가 세 번 중복되었다. 합이 6이 되는 경우와 합이 14가 되는 경우는 비슷한 점이 있는데, 경우가 수가 2이고, 하나는 한 숫자가 세 번 중복되고, 다른 하나는 두 숫자가 각각 두 번 중복되었다. 그런데 몫 보조방진과 나머지 보조방진의 역할 바꾸기를 하면 나머지 보조방진에서 한 줄이 합이 10이 아닌 경우에는 그 합이 6이나 14가 되는데, 역할 바꾸기를 하여 몫 보조방진으로 쓸려면 그 합이 9나 11이 되어야 한다. 합이 6이라면 우리의 경우는 1, 1, 2, 2를 치환으로 보내서 합이 9나 11이 되게 할 수 없다. 왜냐하면 1과 2가 어떤 수로 보내지든지 2배 하여 더한 값이 합이 되는데 이는

홀수가 될 수 없다. 그래서 마지막으로 살펴본 4차 마방진 $Q \triangleright R$을 역할 바꾸기로 얻을 수 있는 마방진은 없다.

4차 마방진 88개 중에서 보조방진의 각 줄의 합이 10으로만 이루어진 것은 656개라고 이미 언급했으니, 각 줄의 합이 10이 아닌 것이 포함된 4차 마방진은 모두 224개가 존재한다. 224개 중에서 하나 예를 들었고, 이것과 닮은 마방진을 다음과 같이 4개 얻었다.

4	16	5	9
6	15	10	3
11	2	7	14
13	1	12	8

3	15	6	10
5	16	9	4
12	1	8	13
14	2	11	7

16	4	5	9
6	3	10	15
11	14	7	2
1	13	12	8

15	3	6	10
5	4	9	16
12	13	8	1
2	14	11	7

남은 220개의 마방진에 대한 분석은 생략하겠다.

세 줄 요약

> 4차 마방진 중에서 불균형 마방진은 224개.
> 닮은 마방진의 수는 적어서…
> 못다한 내용은 생략한다.

제 10 절   4의 배수인 짝수차 마방진

4차 마방진의 보조방진으로 사용하였던

$$T_4 = \begin{array}{|c|c|c|c|} \hline 1 & 2 & 3 & 4 \\ \hline 4 & 3 & 2 & 1 \\ \hline 4 & 3 & 2 & 1 \\ \hline 1 & 2 & 3 & 4 \\ \hline \end{array}$$

의 특성을 잘 이용하여 4의 배수인 짝수차 마방진의 보조방진으로 확장하려 한다. n이 $n = 4m\,(m \geq 2)$인 꼴의 짝수일 때 $n \times n$ 방진에 1에서 n까지의 자연수를 각 행에 배열하는데 1행에는 정순으로 2행과 3행에는 역순으로 4행에는 정순으로 배열한다. 5행부터는 이 과정을 반복한다. 이렇게 만든 방진을 S_n 이라 하자.[21] 다음은 $n = 4 \times 2$인 S_8 이다.

$$S_8 = \begin{array}{|c|c|c|c|c|c|c|c|} \hline 1 & 2 & 3 & 4 & 5 & 6 & 7 & 8 \\ \hline 8 & 7 & 6 & 5 & 4 & 3 & 2 & 1 \\ \hline 8 & 7 & 6 & 5 & 4 & 3 & 2 & 1 \\ \hline 1 & 2 & 3 & 4 & 5 & 6 & 7 & 8 \\ \hline 1 & 2 & 3 & 4 & 5 & 6 & 7 & 8 \\ \hline 8 & 7 & 6 & 5 & 4 & 3 & 2 & 1 \\ \hline 8 & 7 & 6 & 5 & 4 & 3 & 2 & 1 \\ \hline 1 & 2 & 3 & 4 & 5 & 6 & 7 & 8 \\ \hline \end{array}$$

S_n 의 각 행은 당연히 1에서 n까지의 수가 중복 없이 배열되어 있다. 주대각선의 $(1,1)$ 항에는 1, $(2,2)$ 항에는 $n-1$, $(3,3)$ 항에는 $n-2$, $(4,4)$ 항에는 4, $\cdots$, $(n-3, n-3)$ 항에는 $n-3$, $(n-2, n-2)$ 항에는 3, $(n-1, n-1)$ 항에는 2, (n,n) 항에는 n이다. 그래서 주대각선의 항 중에서 4의 배수와 4의 배수보다 1이 더 큰 행에는 행의 번호와 같고, 나머지 행은 n에서 행의

---

[21] 4차 보조방진 T를 확장해서 만들었는데 이름에 T가 아닌 S를 붙이는 이유가 도대체 뭘까? 책을 몇 쪽만 더 읽다 보면 알게 될 것이다. 하지만 S_n 은 4차 보조방진 S_4 와는 전혀 연관이 없다.

번호를 뺀 값과 같다. 즉 주대각선의 항은

$$(k,k) = \begin{cases} k & k = 4l, 4l+1 \\ n-k & k = 4l+2, 4l+3 \end{cases}$$

이다. 따라서 주대각선에도 1에서 n까지의 수가 중복 없이 배열되어 있다. 부대각선은 주대각선을 90° 회전한 것이므로 역시 1에서 n까지의 수가 중복 없이 배열되어 있다. 또 각 열은 두 수의 합이 $n+1$인 두 수의 같은 짝이 $2m = n/2$개씩 배열되어 있어 각 열의 항의 합은 모두 $n(n+1)/2$가 되고, 다른 각 줄의 합도 $n(n+1)/2$이므로 같다. 다음은 참고용으로 S_{12}를 제시한다.

$$S_{12} = \begin{array}{|c|c|c|c|c|c|c|c|c|c|c|c|}
\hline
1 & 2 & 3 & 4 & 5 & 6 & 7 & 8 & 9 & 10 & 11 & 12 \\
\hline
12 & 11 & 10 & 9 & 8 & 7 & 6 & 5 & 4 & 3 & 2 & 1 \\
\hline
12 & 11 & 10 & 9 & 8 & 7 & 6 & 5 & 4 & 3 & 2 & 1 \\
\hline
1 & 2 & 3 & 4 & 5 & 6 & 7 & 8 & 9 & 10 & 11 & 12 \\
\hline
1 & 2 & 3 & 4 & 5 & 6 & 7 & 8 & 9 & 10 & 11 & 12 \\
\hline
12 & 11 & 10 & 9 & 8 & 7 & 6 & 5 & 4 & 3 & 2 & 1 \\
\hline
12 & 11 & 10 & 9 & 8 & 7 & 6 & 5 & 4 & 3 & 2 & 1 \\
\hline
1 & 2 & 3 & 4 & 5 & 6 & 7 & 8 & 9 & 10 & 11 & 12 \\
\hline
1 & 2 & 3 & 4 & 5 & 6 & 7 & 8 & 9 & 10 & 11 & 12 \\
\hline
12 & 11 & 10 & 9 & 8 & 7 & 6 & 5 & 4 & 3 & 2 & 1 \\
\hline
12 & 11 & 10 & 9 & 8 & 7 & 6 & 5 & 4 & 3 & 2 & 1 \\
\hline
1 & 2 & 3 & 4 & 5 & 6 & 7 & 8 & 9 & 10 & 11 & 12 \\
\hline
\end{array}$$

S_n은 전치행렬인 S_n^t와 직교한다. 12차인 방진인 S_{12}만 해도 너무 크므로 S_8과 S_8^t의 경우를 보면 왜 직교하는지 일반적인 경우에도 짐작할 수 있다.

제 3 장 4의 배수인 짝수차 마방진

$$S_8 = \begin{array}{|c|c|c|c|c|c|c|c|} \hline 1 & 2 & 3 & 4 & 5 & 6 & 7 & 8 \\ \hline 8 & 7 & 6 & 5 & 4 & 3 & 2 & 1 \\ \hline 8 & 7 & 6 & 5 & 4 & 3 & 2 & 1 \\ \hline 1 & 2 & 3 & 4 & 5 & 6 & 7 & 8 \\ \hline 1 & 2 & 3 & 4 & 5 & 6 & 7 & 8 \\ \hline 8 & 7 & 6 & 5 & 4 & 3 & 2 & 1 \\ \hline 8 & 7 & 6 & 5 & 4 & 3 & 2 & 1 \\ \hline 1 & 2 & 3 & 4 & 5 & 6 & 7 & 8 \\ \hline \end{array}, \quad S_8^t = \begin{array}{|c|c|c|c|c|c|c|c|} \hline 1 & 8 & 8 & 1 & 1 & 8 & 8 & 1 \\ \hline 2 & 7 & 7 & 2 & 2 & 7 & 7 & 2 \\ \hline 3 & 6 & 6 & 3 & 3 & 6 & 6 & 3 \\ \hline 4 & 5 & 5 & 4 & 4 & 5 & 5 & 4 \\ \hline 5 & 4 & 4 & 5 & 5 & 4 & 4 & 5 \\ \hline 6 & 3 & 3 & 6 & 6 & 3 & 3 & 6 \\ \hline 7 & 2 & 2 & 7 & 7 & 2 & 2 & 7 \\ \hline 8 & 1 & 1 & 8 & 8 & 1 & 1 & 8 \\ \hline \end{array}$$

따라서 $S_n \triangleright S_n^t$ 는 마방진이 된다. 그림 3.25은 8차 마방진 $S_8 \triangleright S_8^t$ 이다.

$$S_8 \triangleright S_8^t = \begin{array}{|c|c|c|c|c|c|c|c|} \hline 1 & 16 & 24 & 25 & 33 & 48 & 56 & 57 \\ \hline 58 & 55 & 47 & 34 & 26 & 23 & 15 & 2 \\ \hline 59 & 54 & 46 & 35 & 27 & 22 & 14 & 3 \\ \hline 4 & 13 & 21 & 28 & 36 & 45 & 53 & 60 \\ \hline 5 & 12 & 20 & 29 & 37 & 44 & 52 & 61 \\ \hline 62 & 51 & 43 & 38 & 30 & 19 & 11 & 6 \\ \hline 63 & 50 & 42 & 39 & 31 & 18 & 10 & 7 \\ \hline 8 & 9 & 17 & 32 & 40 & 41 & 49 & 64 \\ \hline \end{array}$$

그림 3.25: 8차 마방진 $S_8 \triangleright S_8^t$

이제 S_{4m} 의 적절한 치환은 어떻게 생겼는지 또한 몇 개나 있는지 알아보자. S_{4m} 의 각 행과 두 대각선은 1부터 $4m$ 까지의 수가 한 번씩 있으므로 어떠한 치환으로도 그 합이 보존된다. 그러면 각 열에 대하여만 생각하면 되는데, 1열과 $4m$ 열은 1과 $4m$ 이 $2m$ 번씩, 2열과 $4m-1$ 열은 2와 $4m-1$ 이 $2m$ 번씩, 3열과 $4m-2$ 열은 3와 $4m-2$ 이 $2m$ 번씩, 4열과 5열은 4와 5가 네 번씩 등장한다. 즉 앞에서 언급한 것과 같이 각 열은 두 수의 합이 $n+1$ 인 두 수의 같은 짝이 $2m = n/2$ 개씩 배열되어 있다. 두 수의 합이 $n+1$ 인 경우의 수는 $2m$ 이 되는데, 보조방진 S_{4m} 의 적절한 치환는 먼저 $2m$ 개의 두 수의 쌍을 순서대로 나열하고, 각각의 쌍에서 두 수를 나열하는

것이므로, 보조방진 S_{4m}의 적절한 치환의 총 개수는

$$(2m)! \times 2^{2m}$$

가 된다. 마찬가지로 보조방진 S_{4m}^t의 적절한 치환의 총 개수는 같으므로, 두 보조방진을 적절한 치환으로 얻을 수 있는 마방진의 개수는 모두

$$\left[(2m)! \times 2^{2m}\right]^2$$

이다.

S_{4m}의 각 행은 1부터 $4m$까지 한 번씩 쓰이는데, S_{4m}과 합동인 8개의 방진 중에서 90° 회전, 270° 회전, 주대각선을 중심으로 뒤집기, 부대각선을 중심으로 뒤집기는 각 행이 두 개의 숫자만 중복해서 쓰이므로 S_{4m}을 치환하여 얻을 수 없다. 하지만 0° 회전인 항등변환과 수평선을 중심으로 뒤집기는 같고, 항등치환 ι로 보내면 된다. 또한 180° 회전과 수직선을 중심으로 뒤집기는 같고, 치환

$$\sigma = \begin{pmatrix} 1 & 2 & 3 & \cdots & 4m \\ 4m & 4m-1 & 4m-2 & \cdots & 1 \end{pmatrix} \quad (3.3)$$

으로 보내면 된다. 마찬가지로 S_{4m}^t의 각 열행은 1부터 $4m$까지 한 번씩 쓰이므로, 90° 회전, 270° 회전, 주대각선을 중심으로 뒤집기, 부대각선을 중심으로 뒤집기는 S_{4m}^t을 치환하여 얻을 수 없다. 하지만 0° 회전인 항등변환과 수직선을 중심으로 뒤집기는 같고, 항등치환 ι로 보내면 되고, 180° 회전과 수평선을 중심으로 뒤집기는 같고 위의 치환 σ로 보내면 된다. 따라서 다음과 같이 적절한 치환의 네 쌍이 합동 중에서 네 개를 만들었다.

$$\begin{aligned} S_{4m} \triangleright S_{4m}^t &= \iota(S_{4m}) \triangleright \iota(S_{4m}^t) \quad (0°회전) \\ &\sim \iota(S_{4m}) \triangleright \sigma(S_{4m}^t) \quad (180°회전) \\ &\sim \sigma(S_{4m}) \triangleright \iota(S_{4m}^t) \quad (수직선을 중심으로 뒤집기) \\ &\sim \sigma(S_{4m}) \triangleright \sigma(S_{4m}^t) \quad (수평선을 중심으로 뒤집기) \end{aligned}$$

결론적으로 $S_{4m} \triangleright S_{4m}^t$ 을 적절한 치환으로 합동을 제외하고

$$\frac{[(2m)! \times 2^{2m}]^2}{4}$$

개의 닮은 마방진을 얻을 수 있다. 역할 바꾸기에 대한 닮은 마방진은 신경 쓰지 않아도 되는데, 나머지 보조방진인 S_{4m}^t 이 뭇 보조방진 S_{4m} 의 전치 행렬이기 때문이다.

8	58	59	5	4	62	63	1
49	15	14	52	53	11	10	56
41	23	22	44	45	19	18	48
32	34	35	29	28	38	39	25
40	26	27	37	36	30	31	33
17	47	46	20	21	43	42	24
9	55	54	12	13	51	50	16
64	2	3	61	60	6	7	57

그림 3.26: $S_8 \triangleright S_8^t$ 와 닮은 수성 마방진

$m = 2$ 인 경우 $S_8 \triangleright S_8^t$ 와 닮은 마방진은 3만 6864개가 있다. 행성 마방진 중에서 8차에 해당하는 것은 수성 마방진인데, 그림 3.26과 같다. 수성 마방진을 90° 회전하여 얻은 마방진을 뭇 보조방진과 나머지 보조방진으로 분해하면 이는 각각 $(1, 7, 6, 4, 5, 3, 2, 8)S_8$ 과 $(1, 7, 6, 4, 5, 3, 2, 8)S_8^t$ 이 된다. 따라서 수성마방진은 $S_8 \triangleright S_8^t$ 과 닮은 마방진이다. 행성 마방진은 서유럽에서 15세기 이후에 만들어진 것이라면 그보다 앞서 13세기의 중국 송나라 때의 양휘가 제시한 8차 마방진 중에 하나인 그림 3.27의 마방진도 $S_8 \triangleright S_8^t$ 과 닮은 마방진이다. 이 마방진은 뭇 보조방진과 나머지 보조방진이 수성 마방진과는 달리 뭇 보조방진은 $(8, 2, 3, 5, 4, 6, 7, 1)S_8$ 이고, 나머지 보조방진은 $(4, 6, 7, 1, 8, 2, 3, 5)S_8^t$ 로 각각 S_8 과 S_8^t 을 다른 적절한 치환으로 보낸 것이다.

$m = 3$ 인 경우 그림 3.28의 $S_{12} \triangleright S_{12}^t$ 와 닮은 마방진은 합동을 제외하

제 10 절 4의 배수인 짝수차 마방진 157

61	3	2	64	57	7	6	60
12	54	55	9	16	50	51	13
20	46	47	17	24	42	43	21
37	27	26	40	33	31	30	36
29	35	34	32	25	39	38	28
44	22	23	41	48	18	19	45
52	14	15	49	56	10	11	53
5	59	58	8	1	63	62	4

그림 3.27: $S_8 \triangleright S_8^t$ 와 닮은 양휘의 8차 마방진

고
$$\frac{(6! \times 2^6)^2}{4} = 720^2 \times 2^{10} = 5\text{억 }3084\text{만 }1600$$

개가 있다. $m = 4$인 경우 $S_{16} \triangleright S_{16}^t$ 와 닮은 마방진은 합동을 제외하고 무려

$$\frac{(8! \times 2^8)^2}{4} = 40320^2 \times 2^{14} = 26\text{조 }6355\text{억 }0812\text{만 }1600$$

개가 있다.[22]

지금부터는 앞에서 제시한 S_{4m} 과 다른 배열을 갖는 4의 배수인 짝수차 방진을 제시하고자 한다. 1행에서 $2m$ 행까지는 정순, 역순을 교대로 반복하여 배열하고, $2m + 1$ 행부터는 순서를 바꾸어 역순, 정순을 교대로 반복하여 배열한다. 이렇게 만든 방진을 T_{4m} 이라고 하자. 4차 보조방진으로 쓰였던 T_4는 지금 정의한 T_4와 같다. 다음은 T_8 이다.

---

[22] 16차 마방진을 여기에 보여주기에는 책이 너무 작아서··· 안타깝다.

제 3 장 4의 배수인 짝수차 마방진

1	24	36	37	49	72	84	85	97	120	132	133
134	131	119	98	86	83	71	50	38	35	23	2
135	130	118	99	87	82	70	51	39	34	22	3
4	21	33	40	52	69	81	88	100	117	129	136
5	20	32	41	53	68	80	89	101	116	128	137
138	127	115	102	90	79	67	54	42	31	19	6
139	126	114	103	91	78	66	55	43	30	18	7
8	17	29	44	56	65	77	92	104	113	125	140
9	16	28	45	57	64	76	93	105	112	124	141
142	123	111	106	94	75	63	58	46	27	15	10
143	122	110	107	95	74	62	59	47	26	14	11
12	13	25	48	60	61	73	96	108	109	121	144

그림 3.28: 12차 마방진 $S_{12} \triangleright S_{12}^t$

$$T_8 = \begin{array}{|c|c|c|c|c|c|c|c|} \hline 1 & 2 & 3 & 4 & 5 & 6 & 7 & 8 \\ \hline 8 & 7 & 6 & 5 & 4 & 3 & 2 & 1 \\ \hline 1 & 2 & 3 & 4 & 5 & 6 & 7 & 8 \\ \hline 8 & 7 & 6 & 5 & 4 & 3 & 2 & 1 \\ \hline 8 & 7 & 6 & 5 & 4 & 3 & 2 & 1 \\ \hline 1 & 2 & 3 & 4 & 5 & 6 & 7 & 8 \\ \hline 8 & 7 & 6 & 5 & 4 & 3 & 2 & 1 \\ \hline 1 & 2 & 3 & 4 & 5 & 6 & 7 & 8 \\ \hline \end{array}$$

4차 보조방진인 T_4가 수평선을 중심으로 뒤집기를 해도 다시 T_4와 같은 것처럼, T_{4m}를 수평선을 중심으로 뒤집기를 해도 같다. 물론 S_{4m}도 그렇다.[23]

T_{4m}의 각 행은 당연히 1에서 $4m$까지의 수가 중복 없이 배열되어 있다.

---

[23] S_{4m} 처럼 T_{4m}도 4차 보조방진 T_4로부터 확장한 것이다. 알파벳 S와 T는 수학기호에서 자주 짝을 지어서 쓰이는데, 먼저 등장한 S_{4m}에서 S를 쓰고, 여기서 T를 썼다.

제 10 절 4의 배수인 짝수차 마방진

T_{4m} 의 주대각선은 S_{4m} 의 주대각선과 같지는 않지만 흡사한데, S_{4m} 의 주대각선과 마찬가지로 T_{4m} 의 주대각선도 1에서 $4m$까지의 수가 중복 없이 배열되어 있다. 부대각선은 주대각선을 90° 회전한 것이므로 역시 1에서 $4m$까지의 수가 중복 없이 배열되어 있다. 또 각 열은 S_{4m} 과 마찬가지로 두 수의 합이 $4m+1$인 두 수의 같은 짝이 $2m$개씩 배열되어 있어 각 열의 항의 합은 모두 $4m(4m+1)/2$가 되고, 다른 각 줄의 합도 $4m(4m+1)/2$이므로 같다. 다음은 참고용으로 T_{12}를 제시한다.

$T_{12} = $

1	2	3	4	5	6	7	8	9	10	11	12
12	11	10	9	8	7	6	5	4	3	2	1
1	2	3	4	5	6	7	8	9	10	11	12
12	11	10	9	8	7	6	5	4	3	2	1
1	2	3	4	5	6	7	8	9	10	11	12
12	11	10	9	8	7	6	5	4	3	2	1
12	11	10	9	8	7	6	5	4	3	2	1
1	2	3	4	5	6	7	8	9	10	11	12
12	11	10	9	8	7	6	5	4	3	2	1
1	2	3	4	5	6	7	8	9	10	11	12
12	11	10	9	8	7	6	5	4	3	2	1
1	2	3	4	5	6	7	8	9	10	11	12

S_{4m} 과 S_{4m}^t 가 직교하듯이 T_{4m} 은 전치행렬인 T_{4m}^t 와 직교한다.

$T_8 = $

1	2	3	4	5	6	7	8
8	7	6	5	4	3	2	1
1	2	3	4	5	6	7	8
8	7	6	5	4	3	2	1
8	7	6	5	4	3	2	1
1	2	3	4	5	6	7	8
8	7	6	5	4	3	2	1
1	2	3	4	5	6	7	8

, $T_8^t = $

1	8	1	8	8	1	8	1
2	7	2	7	7	2	7	2
3	6	3	6	6	3	6	3
4	5	4	5	5	4	5	4
5	4	5	4	4	5	4	5
6	3	6	3	3	6	3	6
7	2	7	2	2	7	2	7
8	1	8	1	1	8	1	8

제3장 4의 배수인 짝수차 마방진

따라서 $T_{4m} \triangleright T_{4m}^t$ 는 마방진이 된다.

$$T_8 \triangleright T_8^t = \begin{array}{|c|c|c|c|c|c|c|c|}
\hline
1 & 16 & 17 & 32 & 40 & 41 & 56 & 57 \\
\hline
58 & 55 & 42 & 39 & 31 & 18 & 15 & 2 \\
\hline
3 & 14 & 19 & 30 & 38 & 43 & 54 & 59 \\
\hline
60 & 53 & 44 & 37 & 29 & 20 & 13 & 4 \\
\hline
61 & 52 & 45 & 36 & 28 & 21 & 12 & 5 \\
\hline
6 & 11 & 22 & 27 & 35 & 46 & 51 & 62 \\
\hline
63 & 50 & 47 & 34 & 26 & 23 & 10 & 7 \\
\hline
8 & 9 & 24 & 25 & 33 & 48 & 49 & 64 \\
\hline
\end{array}$$

이제 T_{4m} 의 적절한 치환은 어떻게 생겼는지 또한 몇 개나 있는지 알아보아야 하는데, S_{4m} 의 경우와 완벽하게 똑같다. 따라서 두 보조방진 T_{4m} 와 T_{4m}^t 을 적절한 치환으로 얻을 수 있는 마방진의 개수는 모두

$$\left[(2m)! \times 2^{2m}\right]^2$$

이다. 게다가 S_{4m} 과 마찬가지로 의 T_{4m} 도 항등치환과 식 (3.3)의 치환 σ 에 의하여 다음과 같이 적절한 치환의 네 쌍이 합동 중에서 네 개를 만든다.

$$\begin{aligned}
T_{4m} \triangleright T_{4m}^t &= \iota(T_{4m}) \triangleright \iota(T_{4m}^t) \quad (0° 회전) \\
&\sim \iota(T_{4m}) \triangleright \sigma(T_{4m}^t) \quad (180° 회전) \\
&\sim \sigma(T_{4m}) \triangleright \iota(T_{4m}^t) \quad (수직선을 중심으로 뒤집기) \\
&\sim \sigma(T_{4m}) \triangleright \sigma(T_{4m}^t) \quad (수평선을 중심으로 뒤집기)
\end{aligned}$$

따라서 $S_{4m} \triangleright S_{4m}^t$ 과 마찬가지로 $T_{4m} \triangleright T_{4m}^t$ 을 적절한 치환으로 합동을 제외하고

$$\frac{\left[(2m)! \times 2^{2m}\right]^2}{4}$$

개의 닮은 마방진을 얻는다.

세 줄 요약

제 10 절 4의 배수인 짝수차 마방진 **161**

4차인 $T \triangleright T^t$ 로부터 4의 배수인 짝수차 마방진을 만들었다. 잘 확장한 결과로 먼저 $S_{4m} \triangleright S_{4m}^t$ 이 마방진이다. 또 다른 결과인 $T_{4m} \triangleright T_{4m}^t$ 은 $S_{4m} \triangleright S_{4m}^t$ 과 거의 똑같다.

162   제 3 장   4의 배수인 짝수차 마방진

제 11 절   4의 배수인 짝수차에서의 도형의 변환

그림 3.29: 4의 배수인 짝수차에서의 도형의 변환도

그림 3.30: 그림 3.29의 가운데 있는 4차에서의 도형의 변환도

4의 배수인 짝수의 n차 방진에 1부터 n^2까지의 수를 1행의 $(1,1)$항부터 오른쪽으로 1부터 n까지 2행도 $(2,1)$항부터 오른쪽으로 $n+1$부터 $2n$까지 순서대로 마지막 n^2까지 n차 방진을 완성하고, 그림 3.29의 변환도

에 따라 수를 이동배치하면 되는데, 배치도에 있는 ○은 수를 이동하지 않는 것이고, \ 과 / 은 방진의 중심에 대하여 대칭이동을, |는 중앙 수평선에 대하여 대칭이동을, - 은 중앙 수직선에 대한 대칭이동을 나타낸다. 그림 3.29은 16차에서의 변환도인데 4차, 8차 12차는 16차일 때의 정가운데 부분부터 상하좌우 방향으로 각각 2차씩 더해 나가면 된다. 가운데의 4차 부분은 따로 보면 그림 3.30인데 4차에서의 도형의 변환과 같다. 그리고 16차에서의 변환도인 그림 3.29를 잘 관찰하면 가운데 4차방진 부분을 제외하면 밖으로 점점 커질 때 규칙적으로 반복됨을 알 수 있다. 따라서 20차나 그 이상의 4의 배수차라고 해도 같은 방식으로 확장해 나가면 된다.

$n = 8$일 때 변환도는 그림 3.31의 첫 행의 왼쪽이 되고, 그 결과 첫 행 오른쪽의 방진을 얻는다. 그림 3.31의 아래는 도형의 변환의 결과를 분해한 것인데, 나머지 보조방진은 몫 보조방진의 전치행렬이다. 몫 보조방진의 모든 열과 두 대각선은 라틴이고, 각 행은 라틴은 아니지만 1과 8, 2와 7, 3과 6, 4와 5로만 구성되고, 각각 네 번씩 배열되어 그 합도 같다. 따라서 그림 3.31의 도형의 변환의 결과는 마방진이다.

몫 보조방진의 적절한 치환은 1부터 8까지 여덟 개의 수를 1과 8, 2와 7, 3과 6, 4와 5로 네 묶음으로 나누고, 네 묶음에 대한 순열로 대응하는 값의 묶음을 정하고, 각각 두 수에 대한 치환을 하면 모든 적절한 치환을 구한다. 따라서 적절한 치환의 수는 $4! \times 2^4 = 384$개가 있다. 몫 보조방진의 합동변환 중에서 적절한 치환으로 나타낼 수 있는 것은, 우선 열은 라틴이고, 행은 라틴이 아니므로 행과 열이 서로 바뀌는 90° 회전, 270° 회전, 주대각선 뒤집기, 부대각선 뒤집기는 가능하지 않다. 게다가 180° 회전과 수직선 뒤집기도 가능하지 않다. 하지만 수평선 뒤집기는 치환 (8, 7, 6, 5, 4, 3, 2, 1)로 가능한데, 나머지 보조방진의 수평선 뒤집기는 가능하지 않으므로 각 보조방진에 적절한 치환을 적용하여 합동인 마방진을 얻는 것은 없다. 따라서 8차에서 도형의 변환으로 얻은 마방진의 닮은 마방진은 합동을 제외하고

$$(4! \times 2^4)^2 = 384^2 = 14만 7456$$

개가 있다.

164　제 3 장　4의 배수인 짝수차 마방진

1	58	6	61	60	3	63	8
16	10	51	52	13	54	15	49
41	23	19	45	44	22	42	24
40	31	38	28	29	35	26	33
32	34	30	36	37	27	39	25
17	47	43	21	20	46	18	48
56	50	14	12	53	11	55	9
57	7	59	5	4	62	2	64

$$=\begin{array}{|c|c|c|c|c|c|c|c|} \hline 1&8&1&8&8&1&8&1\\\hline 2&2&7&7&2&7&2&7\\\hline 6&3&3&6&6&3&6&3\\\hline 5&4&5&4&4&5&4&5\\\hline 4&5&4&5&5&4&5&4\\\hline 3&6&6&3&3&6&3&6\\\hline 7&7&2&2&7&2&7&2\\\hline 8&1&8&1&1&8&1&8\\\hline \end{array} \triangleright \begin{array}{|c|c|c|c|c|c|c|c|} \hline 1&2&6&5&4&3&7&8\\\hline 8&2&3&4&5&6&7&1\\\hline 1&7&3&5&4&6&2&8\\\hline 8&7&6&4&5&3&2&1\\\hline 8&2&6&4&5&3&7&1\\\hline 1&7&3&5&4&6&2&8\\\hline 8&2&6&4&5&3&7&1\\\hline 1&7&3&5&4&6&2&8\\\hline \end{array}$$

그림 3.31: 8차에서의 도형의 변환

세 줄 요약

    4의 배수인 짝수차에서의 도형의 변환은 상당히 난해하다.
    그래도 4차로부터 확장되었다.
    적절한 치환으로 합동인 마방진이 나오지 않은 첫 경우이다.

제 4 장

홀수차 마방진

뻔한 1차 악마방진이나 유일한 3차 마방진인 낙서 마방진은 충분히 알고 있다고 생각하고, 이 장에서는 5차 이상의 홀수차 마방진을 다루겠다. 먼저 5차 마방진부터 시작하는데, 4차 마방진은 그리 많아 보이지 않는 숫자인 880개뿐(?)이라서 비교적 상세히 다루었지만, 2억 개가 훨씬 넘는 5차 마방진은 자세히 다루지 않고 몇 가지 중요한 마방진 생성법을 중심으로 이야기하겠다. 그런 후에 일반적인 홀수차 마방진에 대한 주제로 넘어가겠다.

제 1 절   5차 완전라틴방진

1				
	2			
		3		
			4	
				5

1				2
	2			
		3		
			4	
4				5

1				2
	2			
		3	2	
2			4	
4		2		5

1		4		2
	2			4
	4	3	2	
2			4	
4		2		5

1	5	4		2
	2		5	4
5	4	3	2	
2		5	4	
4		2		5

1	5	4	3	2
3	2	1	5	4
5	4	3	2	1
2	1	5	4	3
4	3	2	1	5

그림 4.1: 5차 완전라틴방진 생성과정

  4차 완전라틴방진은 존재하는 않았는데, 5차 완전라틴방진은 존재하는지 확인해보자. 완전라틴방진은 모든 행과 열, 범대각선의 각각에 어느 숫자도 중복되어 나타나지 않으므로, 먼저 다음의 그림과 같이 주대각선에 $1, 2, 3, 4, 5$를 $(1,1)$ 항부터 차례대로 배열하자. 다음에 $(5,1)$ 항에는 1열에 있는 1과 부대각선에 있는 3과 5행에 있는 5와는 중복을 피해야 하므로 2 또는 4만 가능하다. 그런데 $(1,5)$ 항도 마찬가지이므로 2나 4만 가능하고, 2와 4를 $(5,1)$ 항과 $(1,5)$ 항에 하나씩 어떻게 배열해도 주대각선을 중심으로 뒤집으면 합동이므로 $(5,1)$ 항에는 4, $(1,5)$ 항에는 2를 배열하자. 2는 $(2,2)$ 항과 $(1,5)$ 항에 있는데, 2를 5행의 어디에 배열해야 하는지 생각해보자. $(5,2)$ 항에 배열하면 2열에 2가 두 번 등장하므로 안된다. $(5,4)$ 항은 $(1,5)$ 항을 지나는 주대각선 방향의 절단대각선에 있으므로 또한 2를 배열할 수 없다. 따라서 5행에는 2가 $(5,3)$ 항에 있어야 한다. 그런데 $(5,3)$ 항에 2가 있어도 기존의 2가 있는 위치와 행, 열, 범대각선 모두 겹치지 않으므로 가능하다. 이제 2를 4행에 배열하자. 4행에서 기존에 이미 배열된 2와는 같은 열에 있으면 안 되므로 가능한 자리는 $(4,1)$ 항뿐인데, 기존의 2가 있는 위치와 행, 열, 범대각선 모두 겹치지 않으므로 가능하다. 같은 이

$$P_5 = \begin{array}{|c|c|c|c|c|} \hline 1 & 5 & 4 & 3 & 2 \\ \hline 3 & 2 & 1 & 5 & 4 \\ \hline 5 & 4 & 3 & 2 & 1 \\ \hline 2 & 1 & 5 & 4 & 3 \\ \hline 4 & 3 & 2 & 1 & 5 \\ \hline \end{array}, \quad P_5^t = \begin{array}{|c|c|c|c|c|} \hline 1 & 3 & 5 & 2 & 4 \\ \hline 5 & 2 & 4 & 1 & 3 \\ \hline 4 & 1 & 3 & 5 & 2 \\ \hline 3 & 5 & 2 & 4 & 1 \\ \hline 2 & 4 & 1 & 3 & 5 \\ \hline \end{array}$$

$$P_5 \triangleright P_5^t = \begin{array}{|c|c|c|c|c|} \hline 1 & 23 & 20 & 17 & 9 \\ \hline 15 & 7 & 4 & 21 & 18 \\ \hline 24 & 16 & 13 & 10 & 2 \\ \hline 8 & 5 & 22 & 19 & 11 \\ \hline 17 & 14 & 6 & 3 & 25 \\ \hline \end{array}$$

그림 4.2: 5차 완전라틴방진 P_5와 5차 완전마방진 $P_5 \triangleright P_5^t$

유로 2는 3행에서는 (3, 4)항에 있어야 한다. 4도 2와 마찬가지로 배열하면 (1, 3)항, (2, 5)항, (3, 2)항, (4, 4)항에 있어야 한다. 5는 3행에는 (3, 1)항에, 다음에 4행에는 (4, 3)항에, 1행에는 (1, 2)항에, 2행에는 (2, 4)항에 있어야 한다. 남은 자리에 1과 3을 행, 열, 범대각선 모두 겹치지 않도록 배열할 수 있다. 이 과정을 순서대로 그림 4.1에서 구현하였다. 이와 같이 5차 완전라틴방진은 존재한다. 그런데 처음 시작에서 주대각선에 1, 2, 3, 4, 5를 어떠한 제약이 없이 (1, 1)항부터 차례대로 배열했지만, 다음에 2와 4를 부대각선의 양 끝에 배열할 때는 합동을 제외하면 유일한 경우였다. 그 다음에는 모두 빈칸이 완전라틴방진이 되기 위해서 유일하게 결정되었다. 따라서 5차 완전라틴방진은 합동을 제외하면 그림 4.1에서 얻은 것과 이 방진을 $\{1, 2, 3, 4, 5\}$의 치환으로 전부로 보내는 것뿐이다.

그림 4.1에서 구한 5차 완전라틴방진을 P_5라고 하자. P_5는 전치행렬인 P_5^t와 서로 직교하고, $P_5 \triangleright P_5^t$은 5차 완전마방진이다. P_5와 P_5^t은 모두 완전라틴방진이므로 이들의 모든 치환이 적절한 치환이 된다. 즉 몫 보조방진과 나머지 보조방진에 각각 $5! = 120$개의 적절한 치환이 있다. 그런데 몫 보조방진인 P_5는 서로 다른 적절한 치환으로 모든 회전은 얻을 수

있으나 어떠한 뒤집기도 얻을 수 없다. 마찬가지로 나머지 보조방진인 P_5^t도 그렇다. 항등변환을 포함한 회전은 모두 4개이고, 몫 보조방진과 나머지 보조방진이 전치행렬 관계에 있어 역할 바꾸기는 생각할 필요가 없다. 따라서 $P_5 \triangleright P_5^t$와 닮은 마방진은 합동을 제외하면 모두

$$\frac{5! \times 5!}{4} = 3600$$

개가 있고, 이들은 모두 5차 완전마방진이다.

세 줄 요약

    5차 완전라틴방진은 존재한다.
    $P_5 \triangleright P_5^t$은 5차 완전마방진이다.
    $P_5 \triangleright P_5^t$와 닮은 마방진은 합동을 제외하면 3600개가 있다.

제 2 절　시암 방법에 의한 5차 마방진

	4			
		5		
			1	
2				
	3			

	10	4		
		6	5	
			7	1
2				8
	9	3		

11	10	4		
	12	6	5	
		13	7	1
2			14	8
	9	3		15

11	10	4		17
18	12	6	5	
	19	13	7	1
2		20	14	8
	9	3	16	15

11	10	4	23	17
18	12	6	5	24
25	19	13	7	1
2	21	20	14	8
	9	3	22	16	15

그림 4.3: 주대각선 과정에 의한 5차 마방진 생성과정

　1장에서 살펴본 시암방법을 5차에 적용하자. 시암방법 중에서 주대각선 과정으로 정의한 대로 5차 마방진을 구하면 그림 4.3과 같다. 1부터 25까지의 자연수를 순서대로 나열할 때, 다섯 개씩 끊어서 그림 4.3에 표현하였다. 첫 단계인 1부터 5까지의 배열은 주대각선 과정이 $(3,5)$ 항에서 시작하고 주대각선의 왼쪽 위에서 오른쪽 아래 방향(↘)으로 채워 나가므로 $(3,5)$ 항이 포함된 주대각선 방향의 절단대각선에 위치한다. 두 번째 단계인 6부터 10까지의 배열은 5가 1에 부딪쳐서 $(2,3)$ 항에서 시작하고 $(2,3)$ 항이 포함된 주대각선 방향의 절단대각선에 위치한다. 이후의 단계도 같은 방법으로 반복되는데, 이동하다가 이미 숫자가 적혀 있거나 주대각선 상을 이동하다가 마지막에 꼭지점에서 밖으로 나갈 때, 즉 앞에서 '부딪친다'고 표현했을 때의 값은 항상 n의 배수에서 일어나고, 그래서 5개씩 나누어서 5단계로 설명하고 있다.

　지금 우리는 5차 마방진을 다루고 있는데, 1부터 25까지의 자연수를 마방진의 분해와 보조방진의 합성에서 쓰이는 연산 ▷의 몫은 1부터 5까지는 1이고, 6부터 10까지는 2고, 11부터 15까지 3이고, 16부터 20까지는 4

172 제 4 장 홀수차 마방진

		1		
			1	
				1
1				
	1			

	2	1		
		2	1	
			2	1
1				2
2	1			

3	2	1		
	3	2	1	
		3	2	1
1			3	2
2	1			3

3	2	1		4
4	3	2	1	
	4	3	2	1
1		4	3	2
2	1		4	3

3	2	1	5	4
4	3	2	1	5
5	4	3	2	1
1	5	4	3	2
2	1	5	4	3

$= L_5$

그림 4.4: 주대각선 과정에 의한 5차 마방진의 몫 보조방진

고, 21부터 15까지는 5다. 따라서 그림 4.3의 각 단계별로 연산 ▷ 의 몫은 같은 값이다. 즉, 그림 4.3의 5차 마방진의 몫 보조방진은 첫 단계의 첫 항인 (3,5) 항이 포함된 주대각선 방향의 절단대각선의 값은 모두 1이고, 두 번째 단계의 첫 항인 (2,3) 항이 포함된 주대각선 방향의 절단대각선의 값은 모두 2고, 주대각선은 모두 3이고, (5,4) 항이 포함된 주대각선 방향의 절단대각선의 값은 모두 4고, (4,2) 항이 포함된 주대각선 방향의 절단대각선의 값은 모두 5가 된다. 이를 그림4.4에서 나타냈다. 한편 그림 4.3의 각 단계별로 연산 ▷ 의 나머지는 순서대로 1, 2, 3, 4, 5이므로, 각 단계의 첫 항부터 순서대로 1, 2, 3, 4, 5를 배열하면 된다. 그림 4.5에서 나머지 보조방진이 얻어지는 과정을 보였다.

주대각선 과정에 의한 5차 마방진의 몫 보조방진은 각 행과 열, 부대각선이 모두 1, 2, 3, 4, 5가 한 번씩 배열되어 있지만, 주대각선은 모두 3이므로 라틴방진이긴 하지만 대각라틴방진은 아니다. 이 몫 보조방진을 L_5 라고 하자. 한편 주대각선 과정에 의한 5차 마방진의 나머지 보조방진은 각 행과 열, 주대각선, 부대각선 모두 1, 2, 3, 4, 5가 한 번씩 배열되어 있다. 그러면 이 나머지 보조방진은 완전라틴방진인데, 좀 익숙한 것이 바로 앞

에서 정의한 P_5 다. L_5 와 P_5 가 직교하는 것은 당연한데, 지금의 마방진은 보조방진을 먼저 만들어서 직교를 확인하고 합성해서 마방진을 만든 것이 아니라, 일단 1부터 25까지의 자연수를 5차 방진에 한 번씩 각 격자에 빠짐없이 배열하고, 분해하여 보조방진을 얻은 것이기 때문이다. 즉 그림 4.3의 마방진은 $L_5 \triangleright P_5$ 다.

몫 보조방진 L_5 의 주대각선이 모두 3이므로 3은 치환으로 3으로만 보내야 한다. 그래야 주대각선의 합을 15로 유지할 수 있기 때문이다. 그 외에 나머지 1, 2, 4, 5는 치환으로 다시 1, 2, 4, 5로 보내면 되므로, 몫 보조방진 L_5 의 적절한 치환은 모두 $4! = 24$ 개가 존재한다. L_5 의 $0°$ 회전과 부대각선을 중심으로 뒤집기는 결국 L_5 자신이 되므로 항등치환으로 보내면 되고, $180°$ 회전과 주대각선을 중심으로 뒤집기는 2와 4를 맞바꾸고 또한 1과 5를 맞바꾸는 치환으로 보내면 얻을 수 있다. 물론 L_5 의 $90°$ 회전, $90°$ 회전, 수평선과 수직선에 대한 뒤집기는 적절한 치환으로 나타낼 수가 없다. 한편 나머지 보조방진인 P_5 의 적절한 치환은 $5! = 120$ 개가 있다. 그런데 P_5 는 서로 다른 적절한 치환으로 모든 회전은 얻을 수 있으나 어떠한 뒤집기도 얻을 수 없으므로, $L_5 \triangleright P_5$ 와 합동인 마방진은 $0°$ 회전과 $180°$

		4		
			5	
				1
2				
	3			

	5	4		
		1	5	
			2	1
2				3
4	3			

1	5	4		
	2	1	5	
		3	2	1
2			4	3
4	3			5

1	5	4		2
3	2	1	5	
	4	3	2	1
2		5	4	3
4	3		1	5

1	5	4	3	2
3	2	1	5	4
5	4	3	2	1
2	1	5	4	3
4	3	2	1	5

$= P_5$

그림 4.5: 주대각선 과정에 의한 5차 마방진의 나머지 보조방진

회전 두 개만 적절한 치환을 통하여 얻을 수 있다. 여기에 보조방진의 역할 바꾸기 $P_5 \triangleright L_5$ 는 $L_5 \triangleright P_5$ 와 합동이 아니므로 $L_5 \triangleright P_5$ 를 적절한 치환과 역할 바꾸기로 얻을 수 있는 닮은 마방진의 수는

$$\frac{5! \times 4! \times 2}{2} = 2880$$

이다.

세 줄 요약

> 시암 방법으로 5차 마방진 $L_5 \triangleright P_5$ 를 얻을 수 있다.
> L_5 는 라틴방진이다.
> $L_5 \triangleright P_5$ 와 닮은 마방진은 합동을 제외하면 2880개가 있다.

제 3 절 5차에서의 도형의 변환

×	×	×	×		×	×	×	×	
×	×	×		×		×	×	×	
×	×		×		×		×	×	
×		×		×		×		×	
	×		×		×		×		
×		×		×		×		×	
×	×		×		×		×	×	
×	×	×		×		×	×	×	
×	×	×	×		×	×	×	×	

×	×	×	×	21	×	×	×	×
×	×	×	16	×	22	×	×	×
×	×	11	×	17	×	23	×	×
×	6	×	12	×	18	×	24	×
1	×	7	×	13	×	19	×	25
×	2	×	8	×	14	×	20	×
×	×	3	×	9	×	15	×	×
×	×	×	4	×	10	×	×	×
×	×	×	×	5	×	×	×	×

11	4	17	10	23
24	12	5	18	6
7	25	13	1	19
20	8	21	14	2
3	16	9	22	15

그림 4.6: 5칸 평행이동에 따른 5차 마방진 생성과정

176 제 4 장 홀수차 마방진

	4			
		5		
			1	
				2
3				

	4		10	
		5		6
	7		1	
		8		2
3		9		

11	4		10	
	12	5		6
	7	13	1	
		8	14	2
3		9		15

11	4	17	10	
	12	5	18	6
7		13	1	19
20	8		14	2
3	16	9		15

11	4	17	10	23
24	12	5	18	6
7	25	13	1	19
20	8	21	14	2
3	16	9	22	15

그림 4.7: 주대각선 과정 II에 의한 5차 마방진 생성과정

 그림 4.6의 첫 방진과 같이 5차 방진을 비스듬히 대각선 방향으로 배열할 수 있도록 9차 방진을 생각하자. 처음에는 × 표를 한 곳에는 숫자를 배열하지 않을 것이고, 궁극적으로 이 9차 방진의 가운데에 5차 방진을 만들려고 한다. × 표가 되어 있지 않은 가장 아래 쪽에 있는 주대각선 방향의 범대각선에 왼쪽 위에서부터 1부터 5까지 배열하고, 그 바로 위의 주대각선 방향(↘)의 범대각선에 왼쪽 위에서부터 6부터 10까지 배열하고, 반복하여 25까지 배열한다. 그 결과가 그림 4.6의 위에 오른쪽 방진이다. 13개의 숫자는 9차 방진의 가운데에 위치한 5차 방진 안에 있지만, 12개는 그 바깥에 있다. 바깥에 있는 12의 숫자를 가운데 5차 방진 안쪽으로 이동시키려고 하는데, 행 또는 열 방향으로 다섯 칸을 이동하여 안쪽에 다시 배열한다. 바깥의 모든 수는 안쪽으로 들어가는 방향은 하나뿐이고, 다른 수와 같이 같은 위치로 옮겨지지도 않으므로 그림 4.6의 아래에 있는 5차 방진을 얻게 되고, 이것은 마방진이다. 주목할 만한 사실은 주대각선이 주대각선 과정으로 만든 마방진과 같이 위에서부터 차례로 11, 12, 13, 14, 15 라는 점이다.

 그림 4.6에 있는 마방진의 숫자 배열을 1부터 15까지 순서대로 따라 가

제 3 절 5차에서의 도형의 변환 177

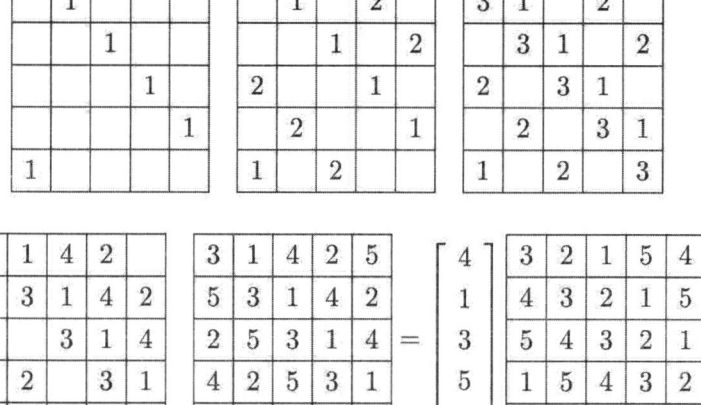

그림 4.8: 주대각선 과정 II에 의한 5차 마방진의 몫 보조방진

면서 살펴보자. $(3,4)$ 항에서 1이 시작하고, 주대각선 과정처럼 5까지 배열된 뒤에 6이 들어가야 할 자리에 1과 부딪쳐서 다른 자리로 옮겨지는데, 주대각선 과정에서는 5에서 왼쪽으로 한 칸 이동하였지만 여기서는 오른쪽으로 두 칸 (또는 왼쪽으로 세 칸) 옮겨져서 배열되었다. 나머지 과정도 같은 방식으로 계속해서 25까지 배열되었다. 이 과정을 그림 4.7에 나타내었다. 이러한 배열법은 주대각선 과정과 거의 흡사하므로 주대각선 과정 II라고 하자. 기존의 주대각선 과정도 주대각선 과정 II와 혼돈되지 않게 하기 위해 앞으로는 주대각선 과정 I이라고 하자.

주대각선 과정 II에 의한 5차 마방진의 몫 보조방진은 그림 4.8과 같다. 몫 보조방진은 각각의 행과 열이 $1,2,3,4,5$가 한 번씩 등장하므로 라틴방진이 되고, 부대각선도 모든 숫자가 한 번씩 등장하고, 주대각선은 모두 3이다. 따라서 몫 보조방진은 이미 알고 있는 L_5에 L_5의 적절한 치환을 적용하여 그림 4.8의 마지막에 있는 등식과 같이 얻을 수 있는 것이다. 이 몫 보조방진을 U_5라고 하자. U_5의 적절한 치환은 당연히 L_5의 적절한 치환과 같고, U_5와 합동인 변환도 L_5의 합동 변환과 같다. 따라서 U_5의 0° 회전과 부대각선 뒤집기는 항등치환으로 보내면 되고, 180° 회전과 주대각선 뒤집기는 2와 4를 맞바꾸고 또한 1과 5를 맞바꾸는 치환으로 보내면 얻을

178   제 4 장 홀수차 마방진

		4		
	5			
			1	
				2
3				

		4	5	
		5		1
	2		1	
	3			2
3		4		

1	4		5	
	2	5		1
	2	3	1	
	3		4	2
3		4		5

1	4	2	5	
	2	5	3	1
2		3	1	4
5	3		4	2
3	1	4		5

1	4	2	5	3
4	2	5	3	1
2	5	3	1	4
5	3	1	4	2
3	1	4	2	5

그림 4.9: 주대각선 과정 II에 의한 5차 마방진의 나머지 보조방진

수 있다. 또한 다른 합동변환은 치환으로 얻을 수 없다.

주대각선 과정 II에 의한 5차 마방진의 나머지 보조방진은 그림 4.9와 같은데, 몫 보조방진 U_5를 수평선 뒤집기를 한 것이다. 이를 $\overline{U}_5$라고 표시하자. $\overline{U}_5$의 적절한 치환은 당연히 U_5의 적절한 치환과 같지만, $\overline{U}_5$의 합동변환은 U_5와는 다르다. 부대각선만 모두 3으로만 되어 있어, 90° 회전, 270° 회전, 수평선 뒤집기와 수직선 뒤집기는 적절한 치환으로 나타낼 수 없다. 0° 회전과 주대각선 뒤집기는 결국 $\overline{U}_5$이므로 항등치환으로, 180° 회전과 부대각선 뒤집기는 2와 4를 맞바꾸고 또한 1과 5를 맞바꾸는 치환으로 보내면 얻는다. 항등치환을 ι, 2와 4를 맞바꾸고 또한 1과 5를 맞바꾸는 치환을 σ라고 하면, $U_5 \triangleright \overline{U}_5$와 합동인 마방진 8개 중에서 0° 회전은 $\iota(U_5) \triangleright \iota(\overline{U}_5)$, 180° 회전은 $\sigma(U_5) \triangleright \sigma(\overline{U}_5)$, 주대각선 뒤집기는 $\sigma(U_5) \triangleright \iota(\overline{U}_5)$, 부대각선 뒤집기 $\iota(U_5) \triangleright \sigma(\overline{U}_5)$만 두 보조방진의 적절한 치환으로 얻을 수 있고, 네 가지 모두 다른 치환의 쌍으로 변환했다. 따라서 $U_5 \triangleright \overline{U}_5$와 닮은 마방진은 합동을 제외하고

$$\frac{4! \times 4!}{4} = 144$$

제 3 절 5차에서의 도형의 변환

$$\begin{array}{|c|c|c|c|c|} \hline 11 & 24 & 7 & 20 & 3 \\ \hline 4 & 12 & 25 & 8 & 16 \\ \hline 17 & 5 & 13 & 21 & 9 \\ \hline 10 & 18 & 1 & 14 & 22 \\ \hline 23 & 6 & 19 & 2 & 15 \\ \hline \end{array} = \begin{array}{|c|c|c|c|c|} \hline 3 & 5 & 2 & 4 & 1 \\ \hline 1 & 3 & 5 & 2 & 4 \\ \hline 4 & 1 & 3 & 5 & 2 \\ \hline 2 & 4 & 1 & 3 & 5 \\ \hline 5 & 2 & 4 & 1 & 3 \\ \hline \end{array} \triangleright \begin{array}{|c|c|c|c|c|} \hline 1 & 4 & 2 & 5 & 3 \\ \hline 4 & 2 & 5 & 3 & 1 \\ \hline 2 & 5 & 3 & 1 & 4 \\ \hline 5 & 3 & 1 & 4 & 2 \\ \hline 3 & 1 & 4 & 2 & 5 \\ \hline \end{array}$$

$$= \begin{bmatrix} 5 \\ 4 \\ 3 \\ 2 \\ 1 \end{bmatrix} \begin{array}{|c|c|c|c|c|} \hline 3 & 2 & 1 & 5 & 4 \\ \hline 4 & 3 & 2 & 1 & 5 \\ \hline 5 & 4 & 3 & 2 & 1 \\ \hline 1 & 5 & 4 & 3 & 2 \\ \hline 2 & 1 & 5 & 4 & 3 \\ \hline \end{array} \triangleright \begin{array}{|c|c|c|c|c|} \hline 1 & 4 & 2 & 5 & 3 \\ \hline 4 & 2 & 5 & 3 & 1 \\ \hline 2 & 5 & 3 & 1 & 4 \\ \hline 5 & 3 & 1 & 4 & 2 \\ \hline 3 & 1 & 4 & 2 & 5 \\ \hline \end{array} = \begin{bmatrix} 5 \\ 4 \\ 3 \\ 2 \\ 1 \end{bmatrix} \quad U_5 \triangleright \overline{U}_5$$

그림 4.10: 5차 주대각선 과정 II에 의한 $U_5 \triangleright \overline{U}_5$와 합동인 화성 마방진

개가 존재한다.

행성 마방진 중에서 5차는 화성을 나타내는데, 그림 4.10과 같다. 주대각선 바로 아래의 잘린 대각선에 1부터 5까지 순서대로 배열되고, 6은 5에서 아래로 두 칸 이동한 곳에 있고, 같은 주대각선 방향의 잘린 대각선에 6부터 10까지 순서대로 배열되어 있고, 따라서 주대각선 과정 II로 얻은 마방진임을 짐작할 수 있다. 실제로 이 화성 마방진은 5차의 주대각선 과정 II로 얻은 마방진 $U_5 \triangleright \overline{U}_5$를 치환으로 얻은 것인데, 닮은 마방진은 아니고 $U_5 \triangleright \overline{U}_5$를 주대각선 뒤집기로 변환한 합동인 마방진이다.

세 줄 요약

> 내부로 이동이라는 새로운 방식의 마방진 생성법이 있다.
> 결국 주대각선 과정 II라고 이름지었다.
> 다른 방법에 비하여 닮은 마방진의 수가 작다.

제 4 절   시암 방법에 의한 임의의 홀수차 마방진

4	3	8
9	5	1
2	7	6

37	36	26	16	6	77	67	57	47
48	38	28	27	17	7	78	68	58
59	49	39	29	19	18	8	79	69
70	60	50	40	30	20	10	9	80
81	71	61	51	41	31	21	11	1
2	73	72	62	52	42	32	22	12
13	3	74	64	63	53	43	33	23
24	14	4	75	65	55	54	44	34
35	25	15	5	76	66	56	46	45

22	21	13	5	46	38	30
31	23	15	14	6	47	39
40	32	24	16	8	7	48
49	41	33	25	17	9	1
2	43	42	34	26	18	10
11	3	44	36	35	27	19
20	12	4	45	37	29	28

11	10	4	23	17
18	12	6	5	24
25	19	13	7	1
2	21	20	14	8
9	3	22	16	15

그림 4.11: 주대각선 과정으로 얻은 3차, 9차, 7차, 5차 마방진

임의의 홀수차 마방진을 다루기 위해 우선 홀수 n을 $2p+1$이라고 하자. 즉 $n = 2p + 1$이다. 1장에서 소개한 시암 방법은 시작하는 항과 방향에 따라 8개의 합동인 방진을 만들어 내는 것을 3차에서 확인했다. 그중에서 $p + 1$행의 마지막 열에서 시작하여 주대각선 방향으로 순서대로 수를 나열하는 시암 방법을 주대각선 과정으로 정의했는데, 그림 4.11은 주대각선 과정으로 얻은 3차, 5차, 7차, 9차 마방진이다. 그런데 3차와 5차는 이미 마방진임을 확인했지만 나머지는 아직 확인하지 않았다. 지금 확인하려고 하면 각 줄의 합이 동일한지를 살펴보는 방법뿐이다. 7차 방진의 각 행과 열, 두 대각선의 각각의 합은 175로 모두 같고, 이 값은 마상수 $M_7 = 175$

제 4 절 시암 방법에 의한 임의의 홀수차 마방진 181

4	3	8
9	5	1
2	7	6

=

2	1	3
3	2	1
1	3	2

▷

1	3	2
3	2	1
2	1	3

11	10	4	23	17
18	12	6	5	24
25	19	13	7	1
2	21	20	14	8
9	3	22	16	15

=

3	2	1	5	4
4	3	2	1	5
5	4	3	2	1
1	5	4	3	2
2	1	5	4	3

▷

1	5	4	3	2
3	2	1	5	4
5	4	3	2	1
2	1	5	4	3
4	3	2	1	5

그림 4.12: 주대각선 과정으로 얻은 3차와 5차 마방진과 이의 분해

이므로 7차 마방진이다. 하지만 시작하는 항인 (4, 7) 항을 포함하는 주대각선 방향의 절단대각선의 합은 겨우 28이므로 완전마방진은 아니다. 9차 방진의 각 줄의 합이 모두 369이고, 이 값은 마상수 $M_9 = 369$이므로 9차 마방진이고, 완전마방진이 아님도 쉽게 확인할 수 있다. 이렇게 두 방진에 대하여 각 줄의 합이 같은지를 확인해도 주대각선 과정이 홀수차 마방진을 만든다는 것을 증명하지는 못한다.

시암 방법이 또는 주대각선 과정이 임의의 홀수차에서 마방진을 만든다는 것을 증명하기 위하여, 먼저 주대각선 과정으로 얻게 되는 두 보조방진이 몫 보조방진과 나머지 보조방진이 됨을 증명하자. 그림 4.12에서 3차와 5차에서 주대각선 과정으로 얻은 마방진과 이의 분해이며, 몫 보조방진과 나머지 보조방진이 어떻게 생겼는지를 알 수 있다. 3차에서 주대각선 과정으로 얻은 보조방진이 둘 다 라틴방진이었지만 완전라틴방진은 아니었다. 한편 5차에서는 몫 보조방진은 단지 라틴방진이지만, 나머지 보조방진은 완전라틴방진이었다. 임의의 홀수차 전체를 살피기 전에 우선 7차와 9차에서 주대각선 과정으로 어떤 보조방진을 얻게 되는지부터 확인해보자.

7차에서 얻은 몫 보조방진은 그림 4.13에서 보듯이 주대각선은 모두 4이지만, 부대각선과 행과 열은 1부터 7까지 한 번씩 등장하는 라틴방진이다. 나머지 보조방진은 주대각선과 부대각선, 행과 열이 모두 1부터 7까지 한 번씩 등장하는 완전라틴방진이다. 7차의 두 보조방진은 5차에서 얻은

두 보조방진과 같이 몫 보조방진은 그냥 라틴방진, 나머지 보조방진은 완전라틴방진이다. 그런데 9차에서는 결과가 좀 달라진다. 그림 4.14에서 보듯이 몫 보조방진은 주대각선은 모두 5가 되고, 다른 줄은 1부터 9까지 한 번씩 등장하는 라틴방진으로 다른 차와 같은 결과이지만, 나머지 보조방진은 주대각선은 라틴이지만 부대각선이 $\{2, 5, 8, 2, 5, 8, 2, 5, 8\}$인 라틴방진이다.

3차, 5차, 7차, 9차의 주대각선 과정의 몫 보조방진과 나머지 보조방진을 모두 살펴보았는데 행과 열이 1부터 n까지 한 번씩 등장하는 것은 쉽게 알 수 있다. 하지만 주대각선과 부대각선의 배열이 조금은 달라지는 것이 보이는데, 우선 몫 보조방진의 주대각선부터 살펴보자. 3차, 즉 $3 = 2 \times 1 + 1$차에서의 주대각선은 모든 값이 $2 = 1+1$이고, $5 = 2 \times 2 + 1$차에서의 주대각선은 모든 값이 $3 = 2+1$이고, $7 = 2 \times 3 + 1$차에서의 주대각선은 모든

22	21	13	5	46	38	30
31	23	15	14	6	47	39
40	32	24	16	8	7	48
49	41	33	25	17	9	1
2	43	42	34	26	18	10
11	3	44	36	35	27	19
20	12	4	45	37	29	28

$=$

4	3	2	1	7	6	5
5	4	3	2	1	7	6
6	5	4	3	2	1	7
7	6	5	4	3	2	1
1	7	6	5	4	3	2
2	1	7	6	5	4	3
3	2	1	7	6	5	4

$\triangleright$

1	7	6	5	4	3	2
3	2	1	7	6	5	4
5	4	3	2	1	7	6
7	6	5	4	3	2	1
2	1	7	6	5	4	3
4	3	2	1	7	6	5
6	5	4	3	2	1	7

그림 4.13: 주대각선 과정으로 얻은 7차 마방진과 이의 분해

제 4 절 시암 방법에 의한 임의의 홀수차 마방진 183

37	36	26	16	6	77	67	57	47
48	38	28	27	17	7	78	68	58
59	49	39	29	19	18	8	79	69
70	60	50	40	30	20	10	9	80
81	71	61	51	41	31	21	11	1
2	73	72	62	52	42	32	22	12
13	3	74	64	63	53	43	33	23
24	14	4	75	65	55	54	44	34
35	25	15	5	76	66	56	46	45

=

5	4	3	2	1	9	8	7	6
6	5	4	3	2	1	9	8	7
7	6	5	4	3	2	1	9	8
8	7	6	5	4	3	2	1	9
9	8	7	6	5	4	3	2	1
1	9	8	7	6	5	4	3	2
2	1	9	8	7	6	5	4	3
3	2	1	9	8	7	6	5	4
4	3	2	1	9	8	7	6	5

▷

1	9	8	7	6	5	4	3	2
3	2	1	9	8	7	6	5	4
5	4	3	2	1	9	8	7	6
7	6	5	4	3	2	1	9	8
9	8	7	6	5	4	3	2	1
2	1	9	8	7	6	5	4	3
4	3	2	1	9	8	7	6	5
6	5	4	3	2	1	9	8	7
8	7	6	5	4	3	2	1	9

그림 4.14: 주대각선 과정으로 얻은 9차 마방진과 이의 분해

값이 $4 = 3+1$ 이고, $9 = 2 \times 4+1$ 차에서의 주대각선은 모든 값이 $5 = 4+1$ 이다. 즉, 임의의 홀수차 $n = 2p + 1$ 차에서의 주대각선은 모든 값이 $p + 1$ 이 될 것으로 예상된다. 몫 보조방진의 부대각선은 1행의 마지막 열에서부터 순서대로 살펴보면, 3차에서의 부대각선은 $\{3, 2, 1\}$ 이고, 5차에서의 부대각선은 $\{4, 1, 3, 5, 2\}$ 이고, 7차에서의 부대각선은 $\{5, 7, 2, 4, 6, 1, 3\}$ 이고, 9차에서의 부대각선은 $\{6, 8, 1, 3, 5, 7, 9, 2, 4\}$ 이다. 각 차에서 시작하는 수는 3부터 하나씩 커지고, 다음 수는 2씩 증가하는데, n을 넘어가면 다시 $n + 1$은 1로, $n + 2$는 2로 간다.

제 4 장 홀수차 마방진

그러면 임의의 홀수차 $n = 2p + 1$ 차에서의 몫 보조방진은 1부터 n까지의 수가 어떻게 배열되는지 살펴보자. 주대각선 과정은 가운데 행의 끝 열인 $(p + 1, n)$ 항에서 왼쪽 위에서 오른쪽 아래방향으로 주대각선 방향으로 진행된다. 주대각선 과정의 처음 1부터 n까지 n개의 수는 연산 $\triangleright$ 에 대한 몫이 1이므로, $(p + 1, n)$ 항이 포함된 주대각선 방향의 절단대각선에는 1이 배열된다. 마지막으로 1이 배열된 곳은 n에 해당하는 곳인데, 처음 시작한 $(p + 1, n)$ 항의 위치에서 한 행 위이고 한 열 앞에서 끝나므로 $(p, n-1)$ 항이다. 주대각선 과정에서 n 다음에 $n+1$을 배열할 때 부딪쳐서 n의 위치에서 같은 행의 한 칸 앞으로 이동하므로, $n + 1$은 $(p, n - 2)$ 항에 배열되고, $n + 1$은 연산 $\triangleright$ 에 대한 몫이 2이므로 $(p, n - 2)$ 항이 포함된 주대각선 방향의 절단대각선에는 2가 배열된다. 즉 이미 1이 있던 위치에서 한 칸 아래에 전부 2가 위치한다. 물론 1이 있던 위치가 마지막 n행이었다면 같은 열의 1행에 2가 위치한다. 결국 몫 보조방진에는 주대각선 방향의 범대각선에 같은 숫자가 배열되고, $p + 1$ 열에는 1행부터 정순으로 1부터 n까지 배열되어 있게 된다. 이를 그림 4.15에 나타냈다.

$p+1$	p			2	1	n			$p+3$	$p+2$
$p+2$	$p+1$	$\ddots$		3	2	1			$p+4$	$p+3$
	$\ddots$	$\ddots$	$\ddots$			$\ddots$	$\ddots$			
$p+i$		$\ddots$	$p+1$	$\ddots$			$\ddots$	$\ddots$		
			$\ddots$	$\ddots$				$\ddots$	$\ddots$	
$n-1$	$n-2$			$\ddots$	$p+1$	p	$p-1$		$\ddots$	1	n
n	$n-1$	$\ddots$			$p+2$	$p+1$	p			2	1
1	n	$\ddots$	$\ddots$		$p+3$	$p+2$	$p+1$	$\ddots$		3	2
		$\ddots$	$\ddots$			$\ddots$	$\ddots$			
$\bigcirc$			n	$\ddots$	$\ddots$			$\ddots$	$p+1$		
			$\ddots$	$\ddots$	$\ddots$				$\ddots$	$\ddots$	
$p-1$	$p-2$			n	$n-1$	$n-2$		$\ddots$	$p+1$	p
p	$p-1$			1	n	$n-1$	$\ddots$		$p+2$	$p+1$

그림 4.15: 주대각선 과정으로 얻은 $2p + 1$차의 몫 보조방진

제 4 절 시암 방법에 의한 임의의 홀수차 마방진   185

　이제 각 행과 열, 두 대각선의 합이 어떠한지 살펴보자. 1행부터 n행까지 1열은 $p+1$부터 정순[1]으로 배열되어 있고, 각 행은 1열의 숫자부터 역순으로 배열되어 있다. 또한 1열부터 n열까지의 1행은 1부터 역순으로 배열되어 있고, 각 열은 1행의 값에서 2씩 증가하면서 배열되어 있다. 물론 n 다음에는 2가 되고, $n-1$ 다음에는 1이 된다. 그런데 n은 홀수이므로 처음에 어떤 수에서 시작하든지 2씩 증가하는 것을 $n-1$번 배열하면 처음의 수까지 포함하여 n개의 수가 1부터 n까지의 모든 수를 한 번씩 쓰게 된다. 따라서 몫 보조방진의 각 행과 열의 각각의 합은 $n(n+1)/2$로 같다. 주대각선은 모두 $p+1$이므로 주대각선의 합은 $n(p+1) = n(2p+2)/2 = n(n+1)/2$이므로 각 행이나 각 열의 합과 같다. 마지막으로 부대각선은 $(1,n)$ 항이 $p+2$이고, 아래로 2씩 증가하므로 역시 그 합도 $n(n+1)/2$로 같다.

　3차, 5차, 7차, 9차의 주대각선 과정의 나머지 보조방진은 행과 열이 1부터 n까지 한 번씩 등장하지만, 주대각선과 부대각선의 배열이 조금은 달라진다. 우선 나머지 보조방진의 주대각선부터 살펴보자. 3차의 주대각선은 $\{1,2,3\}$이고, 5차에서의 주대각선은 $\{1,2,3,4,5\}$이고, 7차에서의 주대각선은 $\{1,2,3,4,5,6,7\}$이고, 9차에서도 주대각선은 1부터 9까지의 정수가 된다. 즉, 임의의 홀수차 $n = 2p+1$차에서의 주대각선은 $\{1,2,\ldots,n-1,n\}$이 될 것으로 예상된다. 나머지 보조방진의 부대각선은 1행의 마지막 열에서 순서대로 살펴보면, 3차에서는 $\{2,2,2\}$이고, 5차에서는 $\{2,5,3,1,4\}$이고, 7차에서는 $\{2,5,1,4,7,3,6\}$이다. 그런데 9차에서는 세 개의 수가 세 번씩 반복되는 $\{2,5,8,2,5,8,2,5,8\}$이다. 그래도 명확한 공통점이 보이는데, 각 차에서 시작하는 수는 언제나 2가 되고, 다음 수는 항상 3씩 증가한다.

　임의의 홀수차 $n = 2p+1$차에서의 나머지 보조방진은 1부터 n까지의 수가 어떻게 배열되는지 살펴보자. 1부터 n^2까지의 연산 ▷에 대한

---

[1] 앞에서 정순은 1부터 n까지의 수를 크기가 작은 것부터 순서로, 역순은 크기가 큰 것부터 순서로 정의했다. 이 정의를 확장하여 1부터 n 수 중에서 무엇이든지 시작하여 하나씩 증가하는 순서에 n 다음에서는 1로 넘어가서 계속 하나씩 증가하는 순으로 n개를 정순으로 정의하자. 또한 무엇이든지 시작하여 하나씩 감소하고 1 다음에는 n이 되어 계속 하나씩 감소하여 순으로 n개를 역순으로 정의하자.

1	n	$\cdots$	$n+2-i$	$\cdots$	$p+2$	$\cdots$	$n+2-j$	$\cdots$	3	2
3	2	$\cdots$	$\cdots$	$\cdots$	$p+4$	$\cdots$	$\cdots$	$\cdots$	5	4
$\vdots$	$\vdots$	$\ddots$	$\vdots$			$\vdots$				$\vdots$
$2i-1$	$\vdots$	$\cdots$	i							$2i$
$\vdots$	$\vdots$		$\vdots$	$\ddots$		$\vdots$				$\vdots$
$n-2$	$n-3$				$p-1$				n	$n-1$
n	$n-1$				$p+1$				2	1
2	1				$p+3$				4	3
$\vdots$	$\vdots$		$\vdots$		$\ddots$	$\vdots$				$\vdots$
$2j-1-n$	$\vdots$	$\cdots$		$\cdots$			j	$\cdots$		$2j-n$
$\vdots$			$\vdots$			$\vdots$	$\ddots$			$\vdots$
$n-3$	$n-4$				$p-2$				$n-1$	$n-2$
$n-1$	$n-2$				p				1	n

그림 4.16: 주대각선 과정으로 얻은 $2p+1$차의 나머지 보조방진

나머지는 첫 n개가 순서대로 $1, 2, \ldots, n-1, n$이고, 다음 n개, 즉 $n+1$부터 $2n$까지가 순서대로 $1, 2, \ldots, n-1, n$이고, 계속 반복된다. 따라서 주대각선 과정이 처음 시작하는 $(p+1, n)$ 항은 1이고, $(p+1, n)$ 항이 포함된 주대각선 방향의 절단대각선에는 왼쪽 위에서 오른쪽 아래방향으로 1부터 n이 순서대로 배열된다. 두 번째 n개의 수, 즉 $n+1$부터 $2n$까지는 $(p, n-2)$ 항이 포함된 주대각선 방향의 절단대각선에 왼쪽 위에서 오른쪽 아래방향으로 $(p, n-2)$ 항부터 순서대로 연산 $\triangleright$ 에 대한 나머지 1부터 n이 순서대로 배열된다. 다음은 $(p-1, n-4)$ 항이 포함된 주대각선 방향의 절단대각선에 왼쪽 위에서 오른쪽 아래방향으로 $(p-1, n-4)$ 항부터 1부터 n이 순서대로 배열되고, 같은 방법으로 반복된다.

이제 나머지 보조방진의 각 행과 열, 두 대각선의 합을 구해보자. 1행부터 n행까지 1열은 $(1,1)$ 항의 1부터 2씩 증가하고, 각 행은 역순으로 배열되어 있고, 또한 1열부터 n열까지 1행은 1부터 역순으로 배열되어 있으므로, 각 행과 열은 1부터 n까지 한 번씩 등장하므로 합은 각각 $n(n+1)/2$로 같다. 주대각선 또한 1부터 n까지 한 번씩 등장하므로 합이 $n(n+1)/2$로 같다. 주대각선이 $(1,1)$ 항부터 (n,n) 항까지 차례로 1부터 n까지 정

제 4 절 시암 방법에 의한 임의의 홀수차 마방진 187

순으로 배열된 이유는 1부터 n^2 까지의 n^2 개의 수를 n 개씩 짝지었을 때, $p+1$ 번째 무리가 배열되는 것이 $(1,1)$ 항부터 (n,n) 항까지의 위치에 들어갔기 때문이다. 그런데 행의 배열은 역순이므로 1행에 있는 부대각선의 항인 $(1,n)$ 항은 2가 된다. $(1,n)$ 항에서 한 칸 아래로 오면 $(2,n)$ 항은 행만 바뀌었으므로 2가 증가하여 4가 되고, 다시 한 칸 왼쪽으로 이동하면 $(2,n-1)$ 항은 같은 행에서 열만 하나 감소했으므로 1이 증가하여 5가 된다. 즉 부대각선의 $(1,n)$ 항 2의 다음 항인 $(2,n-1)$ 항은 3이 증가하여 5가 된다. 그런데 5차 이상이면 당연히 5가 되지만 5차보다 작은 3차에서는 5가 아닌 다시 또 2가 된다. 이렇게 부대각선의 항은 2부터 시작하여 3씩 증가하게 되는데, 홀수차의 홀수가 3의 배수가 아니면 2부터 시작하여 결국 1부터 n 까지의 수가 한 번씩 등장하게 되고, 그 합은 $n(n+1)/2$ 로 같다. 만약 3의 배수가 되면, 3차는 $\{2,2,2\}$ 이고, 9차는 세 개의 수가 세 번씩 반복되는 $\{2,5,8,2,5,8,2,5,8\}$, 15차는 다섯 개의 수가 세 번씩 반복되는 $\{2,5,8,11,14,2,5,8,11,14,2,5,8,11,14\}$ 가 된다. 일반적으로 m 이 홀수일 때 $n=3m$ 이면, 부대각선은 m 개의 수 $\{2, 2+3, \ldots, 2+3(m-1)\}$ 이 세 번씩 반복되어 나타나고, 그 합은 다음과 같으므로 각 줄의 합은 같

56	55	43	31	19	7	116	104	92	80	68
69	57	45	44	32	20	8	117	105	93	81
82	70	58	46	34	33	21	9	118	106	94
95	83	71	59	47	35	23	22	10	119	107
108	96	84	72	60	48	36	24	12	11	120
121	109	97	85	73	61	49	37	25	13	1
2	111	110	98	86	74	62	50	38	26	14
15	3	112	100	99	87	75	63	51	39	27
28	16	4	113	101	89	88	76	64	52	40
41	29	17	5	114	102	90	78	77	65	53
54	42	30	18	6	115	103	91	79	67	66

그림 4.17: 주대각선 과정으로 얻은 11차 마방진

다.[2]

$$3\sum_{k=1}^{m}[2+3(k-1)] = 3\sum_{k=1}^{m}(3k-1) = 3\left[\frac{3m(m+1)}{2} - m\right]$$
$$= \frac{3m(3m+3)}{2} - 3m = \frac{n(n+3)}{2} - n = \frac{n(n+1)}{2}$$

이제 남은 것은 몫 보조방진과 나머지 보조방진이 서로 직교하는지만 확인하면 된다. 처음부터 1부터 n^2까지의 수가 한 번씩 사용된 방진을 분해했으므로 당연히 직교한다. 굳이 정말로 직교하는지 의심이 든다면 첫 n개의 수에 대한 연산 ▷의 몫은 1이고, 나머지는 1부터 n까지 순서대로 나오고, 다음 n개의 수에 대한 연산 ▷의 몫은 2고, 나머지는 1부터 n까지 순서대로 나오고, 그다음 n개의 수에 대한 연산 ▷의 몫은 3이고, 나머지는 1부터 n까지 순서대로 나오고, 따라서 두 보조방진은 직교한다.

따라서 그림 4.13과 그림 4.14에 있는 7차마방진과 9차 마방진은 정말로 마방진임을 방금 보였다. 마지막으로 그림 4.17과 그림 4.18은 각각 주대각선 과정으로 얻은 11차, 13차 마방진이고, 마방진임은 이미 증명하였다.

세 줄 요약

> 인도에서 만들어진 시암 방법이라 불리는 것이 있었다.
> 이제서야 홀수차 마방진을 만든다는 것을 증명했다.
> 부수적으로 좋은 보조방진도 얻었다.

---

[2] 이 책을 처음 쓸려고 마음 먹었을 때 $\sum$ 기호는 사용하지 않으려고 했는데 결국 쓰고 말았군요. 그래도 mod n은 아직도 안 쓰고 있습니다.

제 4 절 시암 방법에 의한 임의의 홀수차 마방진 189

79	78	64	50	36	22	8	163	149	135	121	107	93
94	80	66	65	51	37	23	9	164	150	136	122	108
109	95	81	67	53	52	38	24	10	165	151	137	123
124	110	96	82	68	54	40	39	25	11	166	152	138
139	125	111	97	83	69	55	41	27	26	12	167	153
154	140	126	112	98	84	70	56	42	28	14	13	168
169	155	141	127	113	99	85	71	57	43	29	15	1
2	157	156	142	128	114	100	86	72	58	44	30	16
17	3	158	144	143	129	115	101	87	73	59	45	31
32	18	4	159	145	131	130	116	102	88	74	60	46
47	33	19	5	160	146	132	118	117	103	89	75	61
62	48	34	20	6	161	147	133	119	105	104	90	76
77	63	49	35	21	7	162	148	134	120	106	92	91

그림 4.18: 주대각선 과정으로 얻은 13차 마방진

제 5 절   시암 방법에 의한 마방진과 닮은 마방진

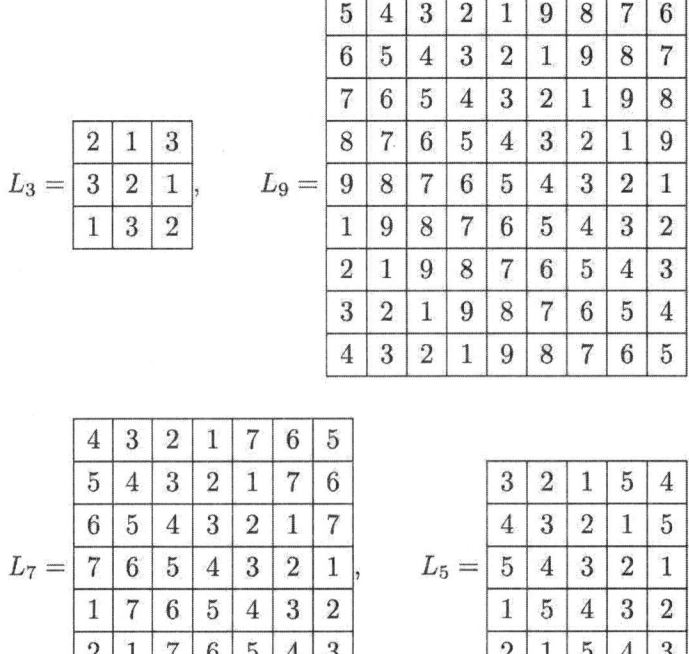

그림 4.19: 주대각선 과정으로 얻은 3차, 9차, 7차, 5차 몫 마방진

합동을 제외하곤 유일한 3차 마방진인 낙서 마방진은 시암 방법으로도 만들 수 있으므로, 낙서 마방진과 닮은 마방진은 자기 자신 하나뿐이다. 시암 방법 중에서 주대각선 과정으로 얻은 5차 마방진 $L_5 \triangleright P_5$과 닮은 마방진은 2880개가 있음을 4장 2절에서 보았다. 그러면 7차 이상의 주대각선 과정으로 얻은 마방진과 닮은 마방진은 몇 개가 있는지 세어 보자.

주대각선 과정으로 얻은 홀수차 마방진은 완전마방진은 아니므로 행과 열, 두 대각선만 고려하면 된다. 주대각선 과정으로 얻은 홀수차인 $n = 2p + 1$차 마방진의 몫 보조방진은 그림 4.15와 그림 4.19에서 보듯이 라틴방진이므로 이를 L_n이라고 하자. 라틴방진인 L_n은 부대각선도 라틴이고, 주대각선의 항은 전부 $p+1$이므로 적절한 치환은 $p+1$은 고정하는 $(n-1)!$개가 있다. L_n은 적절한 치환으로 0° 회전, 180° 회전, 주대각선 뒤집기, 부대각선 뒤집기를 얻을 수 있다. 이러한 네 개의 합동 중에서 0° 회전과 부대각선 뒤집기는 항등치환으로 얻고, 180° 회전과 주대각선 뒤집기도 같은 치환인 $(n, n-1, \cdots, 1)$로 얻는다. ,

주대각선 과정으로 얻은 홀수차인 n차 마방진의 나머지 보조방진은 그림 4.16과 그림 4.20에서 보듯이 일단은 모두 라틴방진이다. 또한 주대각선도 라틴이지만, 부대각선의 구성은 n에 따라 달라지는데, n이 3의 배수가 아니면 부대각선도 라틴이다. 그래서 3의 배수가 아닌 홀수차인 n차 마방진의 나머지 보조방진은 대각라틴방진이 된다. 심지어 완전라틴방진이기도 하므로 이를 P_n이라 하자. $n = 3m$이 3의 배수인 홀수이면 대각라틴방진이 되지는 않는데, 주대각선은 라틴이지만 부대각선은 m개의 수가 세 번씩 배열되어 있다. 3차인 경우는 몫 보조방진인 L_3의 수평선 뒤집기이므로 $\overline{L}_3 = S^-(L_3)$가 된다. 하지만 9차인 경우는 L_9의 수평선 뒤집기가 아니다. 그래서 n이 3의 배수일 때 나머지 보조방진은 $\mathfrak{L}_n$이라 하자.[3] $n = 3$일 때는 $\overline{L}_3 = \mathfrak{L}_3$이다.

n이 3의 배수가 아닌 홀수일 때, 나머지 보조방진 P_n은 대각라틴방진이므로 적절한 치환은 $n!$개가 있다. 그런데 몫 보조방진 L_n은 적절한 치환으로 0° 회전, 180° 회전, 주대각선 뒤집기, 부대각선 뒤집기를 얻을 수 있기 때문에, 나머지 보조방진 P_n을 적절한 치환으로 L_n처럼 같은 합동을 얻을 수 있는지만 확인하면 된다. 0° 회전은 항등치환으로 180° 회전은 치환 $(n, n-1, \cdots, 1)$로 얻을 수 있다. 하지만 일단 주대각선 뒤집기와 부대각선 뒤집기는 각각 주대각선과 부대각선을 고정해야 하는데, 이러한 치환은 항등치환뿐이다. 그러나 항등치환을 하는 것은 주대각선 뒤집기도 부대각선 뒤집기도 아니다. 그래서 합동은 다른 치환의 쌍으로 두 가지의 경우만 가능하다. 그런데 $L_n \triangleright P_n$의 역할 바꾸기 $P_n \triangleright L_n$는 $L_n \triangleright P_n$과 닮은 마방진이 아니다. 따라서 n이 3의 배수가 아닌 홀수일 때, 주대각선 과정으로 얻은 마방진 $L_n \triangleright P_n$의 닮은 마방진은 합동을 제외하고

---

[3]$\mathfrak{L}$도 L의 변형인데, 어떻게 읽어야 하는지는 신경쓰지 말자.

$$\overline{L}_3 = \begin{array}{|c|c|c|} \hline 1 & 3 & 2 \\ \hline 3 & 2 & 1 \\ \hline 2 & 1 & 3 \\ \hline \end{array}, \quad \mathfrak{L}_9 = \begin{array}{|c|c|c|c|c|c|c|c|c|} \hline 1 & 9 & 8 & 7 & 6 & 5 & 4 & 3 & 2 \\ \hline 3 & 2 & 1 & 9 & 8 & 7 & 6 & 5 & 4 \\ \hline 5 & 4 & 3 & 2 & 1 & 9 & 8 & 7 & 6 \\ \hline 7 & 6 & 5 & 4 & 3 & 2 & 1 & 9 & 8 \\ \hline 9 & 8 & 7 & 6 & 5 & 4 & 3 & 2 & 1 \\ \hline 2 & 1 & 9 & 8 & 7 & 6 & 5 & 4 & 3 \\ \hline 4 & 3 & 2 & 1 & 9 & 8 & 7 & 6 & 5 \\ \hline 6 & 5 & 4 & 3 & 2 & 1 & 9 & 8 & 7 \\ \hline 8 & 7 & 6 & 5 & 4 & 3 & 2 & 1 & 9 \\ \hline \end{array}$$

$$P_7 = \begin{array}{|c|c|c|c|c|c|c|} \hline 1 & 7 & 6 & 5 & 4 & 3 & 2 \\ \hline 3 & 2 & 1 & 7 & 6 & 5 & 4 \\ \hline 5 & 4 & 3 & 2 & 1 & 7 & 6 \\ \hline 7 & 6 & 5 & 4 & 3 & 2 & 1 \\ \hline 2 & 1 & 7 & 6 & 5 & 4 & 3 \\ \hline 4 & 3 & 2 & 1 & 7 & 6 & 5 \\ \hline 6 & 5 & 4 & 3 & 2 & 1 & 7 \\ \hline \end{array}, \quad P_5 = \begin{array}{|c|c|c|c|c|} \hline 1 & 5 & 4 & 3 & 2 \\ \hline 3 & 2 & 1 & 5 & 4 \\ \hline 5 & 4 & 3 & 2 & 1 \\ \hline 2 & 1 & 5 & 4 & 3 \\ \hline 4 & 3 & 2 & 1 & 5 \\ \hline \end{array}$$

그림 4.20: 주대각선 과정으로 얻은 3차, 9차, 7차, 5차 나머지 마방진

$$\frac{2 \times (n-1)! \times n!}{2} = (n-1)! \times n!$$

개가 존재한다. 즉, 합동을 제외한

$L_5 \triangleright P_5$ 의 닮은 마방진은 2800개가 존재하고,

$L_7 \triangleright P_7$ 의 닮은 마방진은 362만 8800개가 존재하고,

$L_{11} \triangleright P_{11}$ 의 닮은 마방진은 144조 8500억 8384만 개가 존재하고,

$L_{13} \triangleright P_{13}$ 의 닮은 마방진은 298경 2752조 9264억 3328만 개가…

7	162	148	134	120	106	92	91	77	63	49	35	21
34	20	6	161	147	133	119	105	104	90	76	62	48
61	47	33	19	5	160	146	132	118	117	103	89	75
88	74	60	46	32	18	4	159	145	131	130	116	102
115	101	87	73	59	45	31	17	3	158	144	143	129
142	128	114	100	86	72	58	44	30	16	2	157	156
169	155	141	127	113	99	85	71	57	43	29	15	1
14	13	168	154	140	126	112	98	84	70	56	42	28
41	27	26	12	167	153	139	125	111	97	83	69	55
68	54	40	39	25	11	166	152	138	124	110	96	82
95	81	67	53	52	38	24	10	165	151	137	123	109
122	108	94	80	66	65	51	37	23	9	164	150	136
149	135	121	107	93	79	78	64	50	36	22	8	163

그림 4.21: 주대각선 과정으로 얻은 13차 마방진의 역할 바꾸기

$n = 3m$이 3의 배수인 홀수일 때, 나머지 보조방진 $\mathfrak{L}_n$은 부대각선의 m개의 수가 세 번씩 배열되어 합이 다른 줄과 같아지는데, 9차에서는 2, 5, 8이 세 번씩 배열된다. 그런데 치환 σ로 보내진 $\sigma(2), \sigma(5), \sigma(8)$의 합은 15가 되어야 하므로, 1부터 9까지의 자연수 중에서 중복되지 않게 세 개를 뽑아서 그 합이 15가 되는 경우의 수를 찾아야 한다. 이런 경우는 $\{9,5,1\}, \{9,4,2\}, \{8,6,1\}, \{8,5,2\}, \{8,4,3\}, \{7,6,2\}, \{7,5,3\}, \{6,5,4\}$로 모두 8가지이다. 따라서 나머지 보조방진 $\mathfrak{L}_n$의 적절한 치환은 $\{2,5,8\}$을 위의 8가지 중에 하나를 선택하여 거기로 보내고, $\{2,5,8\}$을 제외한 나머지 6개의 수를 $\{2,5,8\}$을 치환하고 남은 6개의 수에 대응하는 것이므로 모두 $8 \times 3! \times 6!$개가 있다. 그런데 $\mathfrak{L}_9$을 적절한 치환으로 0° 회전, 180° 회전, 주대각선 뒤집기, 부대각선 뒤집기 중에서 가능한 것은 P_n과 마찬가지로 0° 회전과 180° 회전만 얻을 수 있다. 또한 $L_9 \triangleright \mathfrak{L}_9$의 역할 바꾸기 $\mathfrak{L}_9 \triangleright L_9$는 $L_9 \triangleright \mathfrak{L}_9$과 닮은 마방진이 아니다. 따라서 $n = 9 = 3 \cdot 3$일 때, 주대각선 과정으로 얻은 마방진 $L_9 \triangleright \mathfrak{L}_9$의 닮은 마방진은 합동을

제외하고
$$\frac{2 \times 8 \times 3! \times 6! \times 8!}{2} = 13억\,9345만\,9200$$
개가 존재한다. 함수 f를 3 이상의 홀수인 자연수 m에 대하여 정의하고, 함수값 $f(m)$을 m개의 자연수 $\{3k-1|k=1,2,\ldots,m\}$를 1부터 $3m$까지의 자연수 중에서 중복되지 않게 m개를 뽑아서 그 합이

$$\sum_{k=1}^{m}(3k-1) = 3\sum_{k=1}^{m}k - m = \frac{m(3m+1)}{2}$$

인 경우의 수라고 하자.[4] 그런데 $\mathfrak{L}_{3m}$을 적절한 치환으로 0° 회전, 180° 회전, 주대각선 뒤집기, 부대각선 뒤집기 중에서 가능한 것은 $\mathfrak{L}_9$와 마찬가지로 0° 회전과 180° 회전만 얻을 수 있다. 따라서 $n = 3m$이 3보다 큰 3의 배수인 홀수일 때, 주대각선 과정으로 얻은 마방진 $L_n \triangleright \mathfrak{L}_n$의 닮은 마방진은 합동을 제외하고

$$\frac{2 \times f(m) \times m! \times (2m)! \times (3m-1)!}{2}$$

개가 존재한다. 참고로 $f(5) = 140$이고, $L_{15} \triangleright \mathfrak{L}_{15}$의 닮은 마방진은 합동을 제외하고 55해 1472경 3396조 1902억 800만 개가 존재한다.

세 줄 요약

> 차수가 커지면 닮은 마방진도 많다.
> 어떤 13차 마방진의 닮은 마방진이 298경 개가 넘는다.
> 어떤 15차 마방진은 닮은 마방진이 55해 개가 넘는다.

---

[4] 정의에 의하면 $f(1) = 1$이지만, 1을 제외한 이유는 3차일 때 방진이 작아서 합동관계 더욱 많이 적절한 치환으로 생기기 때문이다.

제 6 절 라틴방진이 자신의 전치행렬과 직교할 조건

지금까지 살펴본 많은 마방진 중에서 몇 보조방진과 나머지 보조방진이 서로 전치행렬이 되는 관계가 여럿 있었다. 특히 4차 라틴방진 L_4와 5차 완전라틴방진 P_5가 그랬다. 이렇게 몇 보조방진과 나머지 보조방진이 서로 전치행렬이 되는 관계가 있으면 하나의 보조방진으로 마방진을 합성할 수 있다. 임의의 홀수차에서 주대각선 과정으로 찾은 몇 보조방진과 나머지 보조방진은 모두 라틴방진이어서 치환으로 많은 닮은 마방진을 얻을 수 있었는데, n차 라틴방진이 어떤 경우에 자신의 전치행렬과 직교하는지 검토해보자.

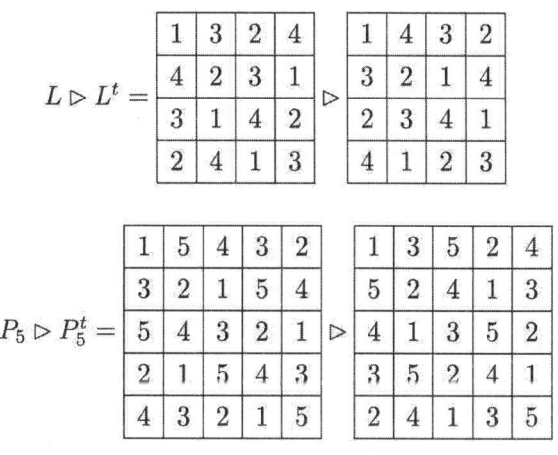

그림 4.22: 전치행렬이 자신과 직교하는 라틴방진의 예

L을 $\mathbb{N}_n$ 위의 n차 라틴방진이라고 하자. 그리고 L과 L^t는 서로 직교한다고 가정하자. L과 L^t이 직교한다는 것은 L의 항 중에서 그 값이 $s \in \mathbb{N}_n$인 n개의 항의 위치에 있는 L^t의 n개의 항이 라틴이어야 한다. 이것은 L에서 n개의 s와 주대각선에 관하여 대칭인 위치에 있는 원소가 라틴이어야 한다는 것과 같다. 이 결과에 따라 먼저 L의 주대각선은 라틴이어야 한다. 다음으로 주대각선을 제외한 L의 (i, j)항과 (j, i)항은 그 값이 같지 않아야 한다. 즉 주대각선을 제외한 주대각선에 대칭인 위치의 값이 같지 않아야 한다. 따라서 $i \neq j$인 모든 i, j에 대하여 $L(i, j) \neq L(j, i)$이다.

왜냐하면 그 값이 s로 같으면 두 방진을 합성한 방진에 $s \triangleright s$가 두 번 등장하게 되어 숫자가 중복되어 나타나기 때문이다. 지금까지의 두 조건은 주대각선에 대한 것과 주대각선에 대칭인 위치에 대한 것이었다. 마지막으로 일반적인 조건을 생각하자. 서로 다른 항인 (i,j)항과 (k,l)항에 대하여 등식 $L(i,j) = L(k,l)$과 $L(j,i) = L(l,k)$이 동시에 성립하는 경우는 없다. $L(i,j) = L(k,l)$이고, 그 값이 s라 가정하자. $L(j,i) = L(l,k)$까지 성립한다면 또한 두 방진을 합성한 방진에 $s \triangleright s$가 두 번 등장하게 되어 숫자가 중복되어 나타나기 때문이다. 이 세 번째 조건은 사실은 앞의 두 조건을 모두 포함한다. 이렇게 세 가지 조건을 모두 만족하면 L과 L^t이 직교하지 않게 하는 상황은 모두 회피했으므로 직교한다. 따라서 다음 정리를 얻는다.

정리 4.1. 방진 L이 다음의 세 가지 조건

(1) L의 주대각선은 라틴이다.
(2) $i \neq j$인 모든 i,j에 대하여 $L(i,j) \neq L(j,i)$이다.
(3) 서로 다른 항인 (i,j)항과 (k,l)항에 대하여 등식
 $L(i,j) = L(k,l)$과 $L(j,i) = L(l,k)$이 동시에
 성립하는 경우는 없다.

을 만족하면 L은 자신의 전치행렬인 L^t와 직교한다.

주대각선 과정으로 얻은 몇 보조방진은 주대각선의 항이 모두 같은 값이므로 자신의 전치행렬과 직교하지 않는다. 나머지 보조방진은 일단 주대각선이 라틴이므로 가능성이 있다. 하지만 3차의 나머지 보조방진인 $\overline{L}_3$는 두 번째 조건인 주대각선에 대칭인 위치의 항이 같으므로 안 된다. 9차의 경우도 $\mathfrak{L}_9$의 부대각선에 있는 3개의 2에 대한 대칭 위치에는 모두 8이 되므로 세 번째 조건을 만족하지 않아서 안 된다. 따라서 3의 배수가 아닌 홀수차의 주대각선 과정으로 얻은 마방진의 나머지 보조방진만 자신의 전치행렬과 직교할 것으로 예상되는데 엄밀히 확인하자.

먼저 n차 방진에서 보조방진을 생각할 때, 이 보조방진의 항은 1부터 n까지의 자연수만으로 이루어져 있다. 그런데 각 항을 수식으로 표현하면 1보다 작거나 n보다 큰 수로 나타낼 수 있는데, 이럴 때마다 다시 1부터 n

까지의 자연수로 고쳐야 한다. 이 과정을 간단히 설명하기 위하여 $\mod n$ 이라는 개념을 도입하자. 두 정수 a, b에 대하여

$$a \equiv b \quad (\mod n)$$

은 $a - b$가 n의 정수배라는 뜻이다. 예를 들면 $n + 1 \equiv 1 \pmod{n}$ 이다.

홀수인 n차 주대각선 과정의 나머지 보조방진 L은 그 항이

$$L(i, j) \equiv 2i - j \quad (\mod n)$$

이므로 이를 이용한다. L의 주대각선 항은 $L(i,i) \equiv 2i - i \equiv i$ 이므로 주대각선은 라틴이다. 다음으로 정리 4.1의 조건 (2)를 만족하는 n을 구하자. $i \neq j$일 때,

$$L(i,j) - L(j,i) \equiv (2i - j) - (2j - i) \equiv 3(i - j) \quad (\mod n)$$

인데 $L(i,j) - L(j,i) = 0$이 성립하는 경우는 n이 3의 배수일 때만 가능하다. 즉, n이 3의 배수가 아니면 $i \neq j$인 모든 i, j에 대하여 $L(i,j) \neq L(j,i)$ 이다.

다음에는 n이 3의 배수가 아닌 홀수라 가정하고 정리 4.1의 조건 (3)를 검토해보자. $(i, j) \neq (k, l)$이라 하고,

$$0 = L(i,j) - L(k,l) \equiv (2i - j) - (2k - l) \quad (\mod n)$$
$$0 = L(j,i) - L(l,k) \equiv (2j - i) - (2l - k) \quad (\mod n)$$

이 동시에 성립한다고 가정하자. 위 식에서 아래 식을 더하고 빼고 하면

$$(i + j) - (k + l) \equiv 0, \quad 3(i - j) - 3(k - l) \equiv 0 \quad (\mod n)$$

을 얻는데, 뒤의 식에서 3과 n은 서로 소이므로 양변을 3으로 나눌 수 있다. 따라서

$$(i+j) - (k+l) \equiv 0, \quad (i-j) - (k-l) \equiv 0 \quad (\mathrm{mod}\, n)$$

을 얻는다. 이 두 식을 다시 더하고 빼고 하면

$$2(i-k) \equiv 0, \quad 2(j-l) \equiv 0 \quad (\mathrm{mod}\, n)$$

이다. n이 2의 배수가 아니고, $1 \leq i,j,k,l \leq n$이므로 $i=k, j=l$이다. 이것은 $(i,j) \neq (k,l)$에 모순이다. 따라서 n이 3의 배수가 아닌 홀수이면 정리 4.1의 조건 (3)을 만족한다. 따라서 3의 배수가 아닌 홀수차의 주대각선 과정으로 얻은 마방진의 나머지 보조방진은 자신의 전치행렬과 직교한다. 그래서 이러한 나머지 보조방진은 자신의 전치행렬과 함께 마방진을 만들 수 있다.

그런데 5차의 주대각선 과정으로 얻은 마방진의 나머지 보조방진 P_5는 완전라틴방진이고, $P_5 \triangleright P_5^t$는 완전마방진이다. 그래서 3의 배수가 아닌 홀수차의 주대각선 과정으로 얻은 마방진의 나머지 보조방진의 범대각선을 검토하여 완전라틴방진인지를 확인하자. 1장에서 범대각선을 정의할 때, 주대각선 방향의 i번째 범대각선은 $1 \leq k \leq n$인 k에 대하여

$$L(k, n-i+k+1)$$

로 나타내었다. 여기서 $n-i+k+1$은 $\mathrm{mod}\, n$으로 생각한다. 특히 $i=1$일 때는 주대각선이다. 같은 주대각선 방향의 범대각선에 있는 다른 항인 $L(k, n-i+k+1)$와 $L(l, n-i+l+1)$에 대하여, 즉 $k \neq l$일 때

$$\begin{aligned} L(k, n-i+k+1) &- L(l, n-i+l+1) \\ &\equiv [2k - (n-i+k+1)] - [2l - (n-i+l+1)] \\ &\equiv k-l \quad (\mathrm{mod}\, n) \end{aligned}$$

인데 $L(k, n-i+k+1) = L(l, n-i+l+1)$이려면 $\mathrm{mod}\, n$으로 $k-l \equiv 0$이므로 $k=l$이다. 따라서 주대각선 방향의 범대각선에는 같은 항은 없고, 결국 주대각선 방향의 범대각선은 라틴이다. 부대각선 방향의 i번째 범대

제 6 절 라틴방진이 자신의 전치행렬과 직교할 조건

각선은 $1 \leq k \leq n$ 인 k 에 대하여

$$L(i - k + 1, k)$$

이고, $i - k + 1$ 은 $\mod n$ 으로 생각한다. 특히 $i = n$ 일 때는 부대각선이다. 같은 부대각선 방향의 범대각선에 있는 다른 항인 $L(i - k + 1, k)$ 와 $(i - l + 1, l)$ 에 대하여, 즉 $k \neq l$ 일 때

$$\begin{aligned}
L(i - k + 1, k) &- L(i - l + 1, l) \\
&\equiv [2((i - k + 1) - k] - [2(i - l + 1) - l] \\
&\equiv 3(k - l) \pmod{n}
\end{aligned}$$

이다. $L(i - k + 1, k) = L(i - l + 1, l)$ 일려면 $\mod n$ 으로 $3(k - l) \equiv 0$ 인데 n 은 3의 배수가 아니므로 $k = l$ 이다. 따라서 부대각선 방향의 범대각선에는 같은 항은 없고, 부대각선 방향의 범대각선도 라틴이다. 그래서 L 은 완전라틴방진이고, L^t 도 완전라틴방진이고, L 과 L^t 는 서로 직교하고, $L \triangleright L^t$ 는 완전마방진이다.

3의 배수가 아닌 홀수차의 주대각선 과정으로 얻은 마방진의 나머지 보조방진을 완전라틴방진이므로 P_n 이라고 하자. 완전라틴방진인 P_n 과 P_n^t 는 서로 직교하므로 $P_n \triangleright P_n^t$ 은 완전마방진이다. 그림 4.23은 $n = 7$ 일 때의 완전라틴방진 P_7 과 P_7^t, 완전마방진 $P_7 \triangleright P_7^t$ 이다. 완전마방진 $P_7 \triangleright P_7^t$ 을 적절한 치환과 역할 바꾸기로 얻을 수 있는 닮은 완전마방진의 수를 구하자. 보조방진이 둘 다 완전라틴방진이므로 임의의 치환이 모두 적절한 치환이고, 7! 개가 있다. P_7 과 합동인 8개의 방진 중에서 적절한 치환으로 얻는 것은 어떤 것인지 찾아야 하는데, 그림 4.24처럼 8개의 합동변환에 의하여 변환한 것의 $(1, 1)$ 항과 같은 값을 갖는 항만 표시하자. R_0 는 0° 회전이므 $R_0(P_7) = P_7$ 이고, $(1, 1)$ 항은 1이므로 $R_0(P_7)$ 에 있는 7개의 1을 굵은 글씨 **1**로 표시했다. R_0 를 제외한 다른 7개의 합동변환으로 변환한 것의 $(1, 1)$ 항과 같은 값을 갖는 항만 표시했는데, P_7 을 적절한 치환으로 보내서 P_7 과 합동인 것이 되려면 우선 $R_0(P_7)$ 에 있는 7개의 1을 굵은 글씨 **1**로 쓰여진 위치와 일치해야 한다. 그런데 180° 회전인 R_2 를 제외하면

제 4 장 홀수차 마방진

$$P_7 \triangleright P_7^t = \begin{array}{|c|c|c|c|c|c|c|} \hline 1 & 7 & 6 & 5 & 4 & 3 & 2 \\ \hline 3 & 2 & 1 & 7 & 6 & 5 & 4 \\ \hline 5 & 4 & 3 & 2 & 1 & 7 & 6 \\ \hline 7 & 6 & 5 & 4 & 3 & 2 & 1 \\ \hline 2 & 1 & 7 & 6 & 5 & 4 & 3 \\ \hline 4 & 3 & 2 & 1 & 7 & 6 & 5 \\ \hline 6 & 5 & 4 & 3 & 2 & 1 & 7 \\ \hline \end{array} \triangleright \begin{array}{|c|c|c|c|c|c|c|} \hline 1 & 3 & 5 & 7 & 2 & 4 & 6 \\ \hline 7 & 2 & 4 & 6 & 1 & 3 & 5 \\ \hline 6 & 1 & 3 & 5 & 7 & 2 & 4 \\ \hline 5 & 7 & 2 & 4 & 6 & 1 & 3 \\ \hline 4 & 6 & 1 & 3 & 5 & 7 & 2 \\ \hline 3 & 5 & 7 & 2 & 4 & 6 & 1 \\ \hline 2 & 4 & 6 & 1 & 3 & 5 & 7 \\ \hline \end{array}$$

$$= \begin{array}{|c|c|c|c|c|c|c|} \hline 1 & 45 & 40 & 35 & 23 & 18 & 13 \\ \hline 21 & 9 & 4 & 48 & 36 & 31 & 26 \\ \hline 34 & 22 & 17 & 12 & 7 & 44 & 39 \\ \hline 47 & 42 & 30 & 25 & 20 & 8 & 3 \\ \hline 11 & 6 & 43 & 38 & 33 & 28 & 16 \\ \hline 24 & 19 & 14 & 2 & 46 & 41 & 29 \\ \hline 37 & 32 & 27 & 15 & 10 & 5 & 49 \\ \hline \end{array}$$

그림 4.23: 직교하는 7차 완전라틴방진 P_7과 P_7^t, 완전마방진 $P_7 \triangleright P_7^t$

모두 위치가 동일하지 않아서 적절한 치환으로 얻을 가능성이 있는 것은 180° 회전뿐이다. 180° 회전에 의한 다른 항의 위치도 마저 살펴보면 결국 치환 $(7, 6, 5, 4, 3, 2, 1)$로 180° 회전을 나타낼 수 있음을 알았다. 그러면 나머지 보조방진인 P_7^t의 180° 회전을 적절한 치환으로 가능한지 확인만 하면 되는데, 그림 4.25에서 보듯이 치환 $(7, 6, 5, 4, 3, 2, 1)$로 180° 회전을 나타낼 수 있음을 알았다. 따라서 $P_7 \triangleright P_7^t$의 합동 중에서 적절한 치환의 서로 다른 쌍으로 얻을 수 있는 것은 두 가지이다. P_7과 P_7^t는 전치행렬 관계가 있어 역할 바꾸기는 결국 $P_7 \triangleright P_7^t$와 닮은 마방진만 얻게 되므로 $P_7 \triangleright P_7^t$과 닮은 마방진은 합동을 제외하고 모두

$$\frac{7! \times 7!}{2} = 1270 \text{만} 800$$

개가 존재한다. 이 1270만 800개의 마방진은 물론 완전마방진이다.

제 6 절 라틴방진이 자신의 전치행렬과 직교할 조건 201

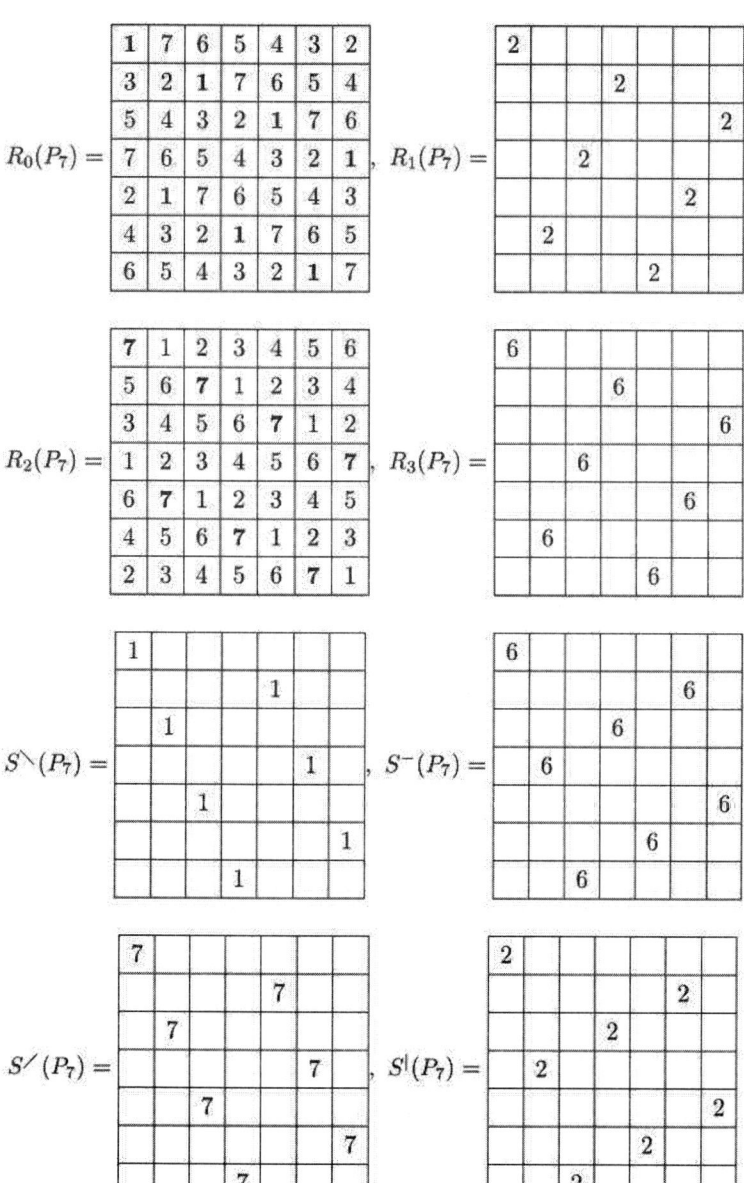

그림 4.24: P_7과 합동인 8개의 방진

$$R_0(P_7^t) = \begin{array}{|c|c|c|c|c|c|c|} \hline 1 & 3 & 5 & 7 & 2 & 4 & 6 \\ \hline 7 & 2 & 4 & 6 & 1 & 3 & 5 \\ \hline 6 & 1 & 3 & 5 & 7 & 2 & 4 \\ \hline 5 & 7 & 2 & 4 & 6 & 1 & 3 \\ \hline 4 & 6 & 1 & 3 & 5 & 7 & 2 \\ \hline 3 & 5 & 7 & 2 & 4 & 6 & 1 \\ \hline 2 & 4 & 6 & 1 & 3 & 5 & 7 \\ \hline \end{array}, \ R_2(P_7^t) = \begin{array}{|c|c|c|c|c|c|c|} \hline 7 & 5 & 3 & 1 & 6 & 4 & 2 \\ \hline 1 & 6 & 4 & 2 & 7 & 5 & 3 \\ \hline 2 & 7 & 5 & 3 & 1 & 6 & 4 \\ \hline 3 & 1 & 6 & 4 & 2 & 7 & 5 \\ \hline 4 & 2 & 7 & 5 & 3 & 1 & 6 \\ \hline 5 & 3 & 1 & 6 & 4 & 2 & 7 \\ \hline 6 & 4 & 2 & 7 & 5 & 3 & 1 \\ \hline \end{array}$$

그림 4.25: P_7^t 와 180° 회전 $R_2(P_7^t)$

그런데 5차인 $P_5 \triangleright P_5^t$ 에서는 합동으로 회전 네 가지가 전부 적절한 치환으로 가능했다. 하지만 7차에서는 90° 회전과 270° 회전은 불가하고, 0° 회전과 180° 회전만 가능하게 되었다. 일반적으로 차수가 커지면 방진이 더욱 복잡해져서 합동을 적절한 치환으로 나타낼 가능성이 떨어진다. 정확히 말하면 가능성이 떨어지지는 않더라도 올라가지는 않는다. 그림 4.26은 P_{11}인데 0° 회전과 180° 회전은 여전히 적절한 치환으로 나타낼 수 있으므로, $P_{11} \triangleright P_{11}^t$ 과 닮은 마방진은 합동을 제외하고 모두

$$\frac{11! \times 11!}{2} = 796조\ 6754억\ 6112만\ 800$$

개가 존재한다. 이 796조 6754억 6112만 개의 마방진은 물론 완전마방진이다.

세 줄 요약

  전치행렬과 직교하는 조건을 찾았다.
  주대각선 과정에 얻은 보조방진 중에 그런 방진이 있었다.
  3의 배수가 아닌 홀수차 완전마방진을 일부 얻게 되었다.

제 6 절 라틴방진이 자신의 전치행렬과 직교할 조건 203

$$P_{11} = \begin{array}{|c|c|c|c|c|c|c|c|c|c|c|}
\hline
1 & 11 & 10 & 9 & 8 & 7 & 6 & 5 & 4 & 3 & 2 \\
\hline
3 & 2 & 1 & 11 & 10 & 9 & 8 & 7 & 6 & 5 & 4 \\
\hline
5 & 4 & 3 & 2 & 1 & 11 & 10 & 9 & 8 & 7 & 6 \\
\hline
7 & 6 & 5 & 4 & 3 & 2 & 1 & 11 & 10 & 9 & 8 \\
\hline
9 & 8 & 7 & 6 & 5 & 4 & 3 & 2 & 1 & 11 & 10 \\
\hline
11 & 10 & 9 & 8 & 7 & 6 & 5 & 4 & 3 & 2 & 1 \\
\hline
2 & 1 & 11 & 10 & 9 & 8 & 7 & 6 & 5 & 4 & 3 \\
\hline
4 & 3 & 2 & 1 & 11 & 10 & 9 & 8 & 7 & 6 & 5 \\
\hline
6 & 5 & 4 & 3 & 2 & 1 & 11 & 10 & 9 & 8 & 7 \\
\hline
8 & 7 & 6 & 5 & 4 & 3 & 2 & 1 & 11 & 10 & 9 \\
\hline
10 & 9 & 8 & 7 & 6 & 5 & 4 & 3 & 2 & 1 & 11 \\
\hline
\end{array}$$

그림 4.26: P_{11}

제 7 절 홀수차에서의 주대각선 과정 II

22	5	30	13	38	21	46
47	23	6	31	14	39	15
16	48	24	7	32	8	40
41	17	49	25	1	33	9
10	42	18	43	26	2	34
35	11	36	19	44	27	3
4	29	12	37	20	45	28

⇑

×	×	×	×	×	×	43	×	×	×	×	×	×
×	×	×	×	×	36	×	44	×	×	×	×	×
×	×	×	×	29	×	37	×	45	×	×	×	×
×	×	×	22	×	30	×	38	×	46	×	×	×
×	×	15	×	23	×	31	×	39	×	47	×	×
×	8	×	16	×	24	×	32	×	40	×	48	×
1	×	9	×	17	×	25	×	33	×	41	×	49
×	2	×	10	×	18	×	26	×	34	×	42	×
×	×	3	×	11	×	19	×	27	×	35	×	×
×	×	×	4	×	12	×	20	×	28	×	×	×
×	×	×	×	5	×	13	×	21	×	×	×	×
×	×	×	×	×	6	×	14	×	×	×	×	×
×	×	×	×	×	×	7	×	×	×	×	×	×

그림 4.27: 7칸 평행이동에 따른 7차 마방진 생성과정

    5차에서의 도형의 변환을 7차일 때로 확장하자. 즉, 13차의 방진에 (7, 1) 항에 1을 넣고 주대각선 방향으로 2부터 7까지 배열하고, 그림 4.27의 아래처럼 위로 올라가면서 차례대로 7개씩을 나열한다. 가운데 중앙의 7차 방진에 있는 수는 그대로 두고, 밖에 있는 24개의 수는 중앙의 7차 방진 안으로 7칸씩 평행이동하여 다시 배열한다. 그 결과가 그림 4.27의 위의 7차

방진이고, 마방진이 된다. 9차에서는 17차의 방진에 (9, 1) 항에 1을 넣고 주대각선 방향으로 2부터 9까지 배열하고, 그림 4.28의 아래처럼 위로 올라가면서 차례대로 9개씩을 나열한다. 가운데 중앙의 9차 방진에 있는 수는 그대로 두고, 밖에 있는 수는 중앙의 9차 방진 안으로 9칸씩 평행이동하여 다시 배열한다. 그 결과가 그림 4.28의 위의 9차 방진이고, 마방진이 된다.

$n = 2p + 1$인 홀수차에서는 $2n - 1$차의 방진에 $(n, 1)$ 항에 1을 넣고 주대각선 방향으로 2부터 n까지 배열하고, 그림 4.27이나 그림 4.28처럼 위로 올라가면서 차례대로 n개씩을 나열한다. 가운데 중앙의 n차 방진에 있는 수는 그대로 두고, 밖에 있는 중앙의 n차 방진 안으로 n칸씩 평행이동하여 다시 배열한다. 이렇게 배열하는 것은 $(p+1, p+2)$ 항에서 시작하여 주대각선 과정 II로 1부터 n^2까지의 자연수를 배열한 것과 같다.

이제 $n = 2p+1$인 홀수차에서 $(p+1, p+2)$ 항에서 시작하여 주대각선 과정 II로 1부터 n^2까지의 자연수를 배열한 것이 마방진이 됨을 증명하자. $(p+1, p+2)$ 항에서 시작하여 주대각선 과정 II로 1부터 n^2까지의 자연수를 배열한 것의 몫 보조방진은 처음에 $(p+1, p+2)$ 항이 1이고, 이 항을 포함하는 주대각선 방향의 잘린 대각선은 그림 4.29처럼 모두 1이다. 주대각선 과정 II에서 n까지 배열하고 나면 다음 $n + 1$은 n의 위치 $(p, p+1)$ 항에서 오른쪽으로 2칸 이동하므로 $(p, p+3)$ 항은 2가 되고, 이 항을 포함하는 주대각선 방향의 잘린 대각선은 모두 2가 된다. 결국 주대각선 방향의 모든 범대각선은 같은 수로 되어 있고, 주대각선은 모두 $p+1$이다. 게다가 모든 행과 열, 부대각선은 라틴이고, 주대각선만 같은 수 $p+1$로 이루어져 있다. 이 몫 보조방진을 U_n이라 하자.

$(p+1, p+2)$ 항에서 시작하여 주대각선 과정 II로 1부터 n^2까지의 자연수를 배열한 것의 나머지 보조방진은 처음에 $(p+1, p+2)$ 항이 1이고, 이 항을 포함하는 주대각선 방향($\searrow$)의 잘린 대각선에 아래쪽으로 1부터 n까지 배열한다. 다음은 n의 위치 $(p, p+1)$ 항에서 오른쪽으로 2칸 이동하여 $(p, p+3)$ 항부터 아래쪽으로 주대각선 방향의 잘린 대각선에 1부터 n까지 배열한다. 결국 모든 수를 다 배열하고 나면, 부대각선 방향의 모든 범대각선은 같은 수로 되어 있고, 부대각선은 모두 $p+1$이다. 그림 4.30처럼 게다가 모든 행과 열, 주대각선은 라틴이고, 부대각선만 같은 수 $p+1$로 이루어져 있다. 그런데 이 나머지 보조방진은 몫 보조방진인 U_n을 수평선

206 제 4 장 홀수차 마방진

37	6	47	16	57	26	67	36	77
78	38	7	48	17	58	27	68	28
29	79	39	8	49	18	59	19	69
70	30	80	40	9	50	10	60	20
21	71	31	81	41	1	51	11	61
62	22	72	32	73	42	2	52	12
13	63	23	64	33	74	43	3	53
54	14	55	24	65	34	75	44	4
5	46	15	56	25	66	35	76	45

⇑

×	×	×	×	×	×	×	73	×	×	×	×	×	×	×	×	×
×	×	×	×	×	×	64	×	74	×	×	×	×	×	×	×	×
×	×	×	×	×	55	×	65	×	75	×	×	×	×	×	×	×
×	×	×	×	46	×	56	×	66	×	76	×	×	×	×	×	×
×	×	×	37	×	47	×	57	×	67	×	77	×	×	×	×	×
×	×	28	×	38	×	48	×	58	×	68	×	78	×	×	×	×
×	19	×	29	×	39	×	49	×	59	×	69	×	79	×	×	×
×	10	×	20	×	30	×	40	×	50	×	60	×	70	×	80	×
1	×	11	×	21	×	31	×	41	×	51	×	61	×	71	×	81
×	2	×	12	×	22	×	32	×	42	×	52	×	62	×	72	×
×	×	3	×	13	×	23	×	33	×	43	×	53	×	63	×	×
×	×	×	4	×	14	×	24	×	34	×	44	×	54	×	×	×
×	×	×	×	5	×	15	×	25	×	35	×	45	×	×	×	×
×	×	×	×	×	6	×	16	×	26	×	36	×	×	×	×	×
×	×	×	×	×	×	7	×	17	×	27	×	×	×	×	×	×
×	×	×	×	×	×	×	8	×	18	×	×	×	×	×	×	×
×	×	×	×	×	×	×	×	9	×	×	×	×	×	×	×	×

그림 4.28: 9칸 평행이동에 따른 9차 마방진 생성과정

$p+1$	1							p	n
n	$p+1$	⋱						$2p$	p
	⋱	⋱	⋱						
		⋱	⋱	⋱					
			⋱	⋱	⋱				
			$p+1$	1	$p+2$	2			
			n	$p+1$	1				
			p	n	$p+1$	⋱			
					⋱	⋱	⋱		
						⋱	⋱	⋱	
							⋱	⋱	⋱
$p+2$	2						⋱	$p+1$	1
1	$p+2$							n	$p+1$

그림 4.29: 주대각선 과정 II에 의한 몫 보조방진 U_n

뒤집기를 한 것과 같으므로 $\overline{U}_n$ 이라 하자.

두 보조방진 U_n 과 $\overline{U}_n$ 의 라틴인 줄의 합은 $n(n+1)/2$ 인데,

$$\frac{n(n+1)}{2} = \frac{n(2p+1+1)}{2} = n(p+1)$$

이므로 n 개의 $p+1$ 로 구성된 줄의 합과도 같다. 그리고, U_n 과 $\overline{U}_n$ 은 n 차 방진에 1부터 n^2 까지의 자연수를 중복 없이 한번씩 배열한 것의 몫과 나머지 보조방진으로 당연히 직교한다. 따라서 $U_n \triangleright \overline{U}_n$ 는 마방진이다.

U_n 의 적절한 치환은 우선 $p+1$ 은 $p+1$ 로 보내야 하고, 나머지 수는 제약이 없으므로 모두 $(n-1)!$ 개의 적절한 치환이 있다. 5차에서 항등치환을 $\iota, \sigma = (5, 4, 3, 2, 1)$ 라고 하면, $U_5 \triangleright \overline{U}_5$ 의 합동변환 중에서 0° 회전은 $\iota(U_5) \triangleright \iota(\overline{U}_5)$, 180° 회전은 $\sigma(U_5) \triangleright \sigma(\overline{U}_5)$, 주대각선 뒤집기는 $\sigma(U_5) \triangleright \iota(\overline{U}_5)$, 부대각선 뒤집기는 $\iota(U_5) \triangleright \sigma(\overline{U}_5)$ 으로 두 보조방진의 적절한 치환으로 얻을 수 있고, 네 가지 모두 다른 치환의 쌍으로 변환되어

1	$p+2$						n	$p+1$
$p+2$	2					/	$p+1$	1
					/	/	/	
				/	/	/		
				p	n	$p+1$	/	
				n	$p+1$	1		
		/	$p+1$	1	$p+2$	2		
		/	/	/				
	/	/	/					
n	$p+1$	/					$2p$	p
$p+1$	1						p	n

그림 4.30: 주대각선 과정 II에 의한 나머지보조방진 $\overline{U}_n$

$U_5 \triangleright \overline{U}_5$와 닮은 마방진은 합동을 제외하고 모두

$$\frac{4! \times 4!}{4} = 144$$

개를 얻을 수 있었다. 그런데 3 이상의 일반적인 홀수차에서도 항등치환을 ι, 치환 σ를

$$\sigma = \begin{pmatrix} 1 & 2 & \cdots & n-1 & n \\ n & n-1 & \cdots & 2 & 1 \end{pmatrix}$$

라고 하면, $U_n \triangleright \overline{U}_n$와 합동인 마방진 8개 중에서 0° 회전은 $\iota(U_n) \triangleright \iota(\overline{U}_n)$, 180° 회전은 $\sigma(U_n) \triangleright \sigma(\overline{U}_n)$, 주대각선 뒤집기는 $\sigma(U_n) \triangleright \iota(\overline{U}_n)$, 부대각선 뒤집기는 $\iota(U_n) \triangleright \sigma(\overline{U}_n)$으로 두 보조방진의 적절한 치환으로 얻을 수 있고, 네 가지 모두 다른 치환의 쌍으로 변환되어 $U_n \triangleright \overline{U}_n$와 닮은 마방진은 합동을 제외하고 모두

$$\frac{(n-1)! \times (n-1)!}{4}$$

제 7 절 홀수차에서의 주대각선 과정 II

22	47	16	41	10	35	4
5	23	48	17	42	11	29
30	6	24	49	18	36	12
13	31	7	25	43	19	37
38	14	32	1	26	44	20
21	39	8	33	2	27	45
46	15	40	9	34	3	28

$=$

4	7	3	6	2	5	1
1	4	7	3	6	2	5
5	1	4	7	3	6	2
2	5	1	4	7	3	6
6	2	5	1	4	7	3
3	6	2	5	1	4	7
7	3	6	2	5	1	4

$\triangleright$

1	5	2	6	3	7	4
5	2	6	3	7	4	1
2	6	3	7	4	1	5
6	3	7	4	1	5	2
3	7	4	1	5	2	6
7	4	1	5	2	6	3
4	1	5	2	6	3	7

$=$

$\begin{bmatrix} 7 \\ 6 \\ 5 \\ 4 \\ 3 \\ 2 \\ 1 \end{bmatrix}$

4	1	5	2	6	3	7
7	4	1	5	2	6	3
3	7	4	1	5	2	6
6	3	7	4	1	5	2
2	6	3	7	4	1	5
5	2	6	3	7	4	1
1	5	2	6	3	7	4

$\triangleright$

1	5	2	6	3	7	4
5	2	6	3	7	4	1
2	6	3	7	4	1	5
6	3	7	4	1	5	2
3	7	4	1	5	2	6
7	4	1	5	2	6	3
4	1	5	2	6	3	7

$= (7,6,5,4,3,2,1)U_7 + \overline{U}_7$

그림 4.31: 행성 마방진 중에서 7차인 금성 마방진

개를 얻을 수 있다.[5] 즉, 합동을 제외한

$U_5 \triangleright \overline{U}_5$의 닮은 마방진은 144개가 존재하고,
$U_7 \triangleright \overline{U}_7$의 닮은 마방진은 12만 9600개가 존재하고,
$U_9 \triangleright \overline{U}_9$의 닮은 마방진은 4억 642만 5600개가 존재하고,
$U_{11} \triangleright \overline{U}_{11}$의 닮은 마방진은 3조 2920억 4736개가 존재하고,
$U_{13} \triangleright \overline{U}_{13}$의 닮은 마방진은 5경 7360조 6332억 64만 개가 ⋯ [6]

행성 마방진 중에서 7차는 금성을 나타내고, 9차는 달을 나타내는데, 각각 그림 4.31, 그림 4.32과 같다. 주대각선 바로 아래의 잘린 대각선에 1부터 n까지 순서대로 배열되고, $n+1$은 n에서 아래로 두 칸 이동한 곳에 있고, 같은 주대각선 방향의 잘린 대각선에 $n+1$부터 $2n$까지 순서대로 배열되어 있고⋯따라서 주대각선 과정 II로 얻은 마방진임을 짐작할 수 있다. 실제로 금성 마방진과 달 마방진은 주대각선 과정 II로 얻은 마방진에서 각각의 보조방진을 치환하여 얻은 것인데, 둘 다 $U_n \triangleright \overline{U}_n$를 주대각선 뒤집기로 변환한 것이다.

세 줄 요약

주대각선 과정 II도 홀수차 마방진을 만드는 것을 증명했다.
닮은 마방진의 수도 구했다.
치환에 제약이 있어 주대각선 과정 I보다 얻는 것이 적다.

---

[5] 당연히 3차에서도 주대각선 과정 II는 유효한데, 결국 주대각선 과정 I과 같은 결과가 나온다. 어쨌든 1개를 구한다.
[6] 더 큰 수가 나오는 15차도 쓸 수 있지만 '경' 단위 다음은 '해'인데 경은 가끔 접하는 단위이지만 해는 접한 기억이 별로 없고, 앞에서 한 번 썼는데 여전히 너무 어색하다.

제 7 절 홀수차에서의 주대각선 과정 II

37	78	29	70	21	62	13	54	5
6	38	79	30	71	22	63	14	46
47	7	39	80	31	72	23	55	15
16	48	8	40	81	32	64	24	56
57	17	49	9	41	73	33	65	25
26	58	18	50	1	42	74	34	66
67	27	59	10	51	2	43	75	35
36	68	19	60	11	52	3	44	76
77	28	69	20	61	12	53	4	45

$=$

5	9	4	8	3	7	2	6	1
1	5	9	4	8	3	7	2	6
6	1	5	9	4	8	3	7	2
2	6	1	5	9	4	8	3	7
7	2	6	1	5	9	4	8	3
3	7	2	6	1	5	9	4	8
8	3	7	2	6	1	5	9	4
4	8	3	7	2	6	1	5	9
9	4	8	3	7	2	6	1	5

$\triangleright$

1	6	2	7	3	8	4	9	5
6	2	7	3	8	4	9	5	1
2	7	3	8	4	9	5	1	6
7	3	8	4	9	5	1	6	2
3	8	4	9	5	1	6	2	7
8	4	9	5	1	6	2	7	3
4	9	5	1	6	2	7	3	8
9	5	1	6	2	7	3	8	4
5	1	6	2	7	3	8	4	9

$=$

$\begin{bmatrix} 9 \\ 8 \\ 7 \\ 6 \\ 5 \\ 4 \\ 3 \\ 2 \\ 1 \end{bmatrix}$

5	1	6	2	7	3	8	4	9
9	5	1	6	2	7	3	8	4
4	9	5	1	6	2	7	3	8
8	4	9	5	1	6	2	7	3
3	8	4	9	5	1	6	2	7
7	3	8	4	9	5	1	6	2
2	7	3	8	4	9	5	1	6
6	2	7	3	8	4	9	5	1
1	6	2	7	3	8	4	9	5

$\triangleright$

1	6	2	7	3	8	4	9	5
6	2	7	3	8	4	9	5	1
2	7	3	8	4	9	5	1	6
7	3	8	4	9	5	1	6	2
3	8	4	9	5	1	6	2	7
8	4	9	5	1	6	2	7	3
4	9	5	1	6	2	7	3	8
9	5	1	6	2	7	3	8	4
5	1	6	2	7	3	8	4	9

그림 4.32: 행성 마방진 중에서 9차인 달 마방진

제 5 장

4의 배수가 아닌 짝수차 마방진

4의 배수가 아닌 짝수 중에서 가장 작은 자연수 2에 대하여 2차 마방진은 존재하지 않는다. 수학자 중에서 수학의 거의 전 분야에 대한 연구를 하였고, 또한 중요한 업적도 가장 많고, 최고의 수학 천재로 여겨지는 오일러(Leonhard Euler, 1707-1783)는 마방진과 관련 깊은 라틴방진에 대한 연구도 하였는데, 6차에서는 서로 직교하는 라틴방진을 찾지 못하였다. 그래서 4의 배수가 아닌 짝수 n에 대하여 서로 직교하는 n차 라틴방진이 존재하지 않는다고 예상했다. 서로 직교하는 라틴방진을 합친 것을 오일러 방진이라고 하는데, 우리가 이 책에서 몫 보조방진과 나머지 보조방진의 합성으로 마방진을 만드는 것도 오일러 방진이라고 할 수 있다. 그런데 1959년에 n이 2와 6 이외의 자연수이면 오일러 방진이 존재한다는 것을 R. C. Bose, S. S. Shrikhande, E. T. Parker 등이 밝혀서 오일러의 예상이 틀렸다는 것을 확인하였다. 어찌됐든 2차 마방진은 존재하지 않고, 6차에서는 직교하는 라틴방진을 이용한 마방진을 만들 수가 없어서 4의 배수가 아닌 짝수차 마방진은 다른 차수에 비하여 만들기가 어렵다.

제 1 절 6차 보조방진

먼저 그림 5.1처럼 1행에 1, 2, 3, 4, 5, 6을 정순으로 나열하고, 2행에는 역순, 3행에는 정순으로 나열한다. 그리고 4행부터는 다시 정순, 역순, 정순으로 6행까지 배열한다. 이렇게 하면 모든 행과 두 대각선은 라틴이고, 따라서 합이 21로 같지만, 모든 열은 라틴도 아니고 합도 같지 않다. 그래서 3행을 역순으로 바꾼다. 그러면 모든 행과 열의 합은 모두 21로 같아진다. 하지만 주대각선에는 3은 없고 4가 두 개가 있고, 부대각선에는 4가 없고 3이 두 개 있으므로 대각선의 합이 같게 하기 위하여 4행에서 3과 4를 바꾼 것이 그림 5.1의 둘째 행의 왼쪽 방진이다. 3행에서 4와 3을 바꾸는 것도 가능한데, 이 경우는 뒤로 미루자. 4행에서 3과 4를 바꾼 그림 5.1의 둘째 행의 왼쪽 방진은 3열과 4열의 합이 둘 다 달라졌다. 각 행의 3열과 4열은 3과 4가 하나씩 있는데, 현재 3열은 합이 21보다 1이 크고 4열은 합이 21보다 1이 작으므로, 다른 어떤 행의 3열과 4열의 각각 4와 3을 바꾸면 3열의 합과 4열의 합이 다시 21이 된다. 그런데 대각선의 합에 영향을 끼치지

정	1	2	3	4	5	6
역	6	5	4	3	2	1
정	1	2	3	4	5	6
정	1	2	3	4	5	6
역	6	5	4	3	2	1
정	1	2	3	4	5	6

정	1	2	3	4	5	6
역	6	5	4	3	2	1
역	**6**	**5**	**4**	**3**	**2**	**1**
정	1	2	3	4	5	6
역	6	5	4	3	2	1
정	1	2	3	4	5	6

1	2	3	4	5	6
6	5	4	3	2	1
6	5	4	3	2	1
1	2	**4**	**3**	5	6
6	5	4	3	2	1
1	2	3	4	5	6

1	2	3	4	5	6
6	5	4	3	2	1
6	5	4	3	2	1
1	2	**4**	**3**	5	6
6	5	**3**	**4**	2	1
1	2	3	4	5	6

1	**5**	3	4	**2**	6
6	5	4	3	2	1
6	**2**	4	3	**5**	1
1	2	**4**	**3**	5	6
6	5	**3**	**4**	2	1
1	2	3	4	5	6

그림 5.1: 6차 보조방진 S_6의 생성과정

않게 하려면 2행이나 5행에서 바꾸면 된다. 5행에서 바꾼 것이 그림 5.1의 둘째 행의 가운데 방진이고, 2행에서 바꾸는 것은 나중에 생각하자. 마지막으로 2열과 5열에 있는 2와 5를 같은 행에서 바꿔서 이 결과와 이의 전치행렬이 서로 직교하도록 하려 한다. 우선 1행과 3행에서 2와 5를 바꾸면 되는데, 그 결과가 그림 5.1의 둘째 행의 오른쪽 방진이다. 이를 S_6 라고 하자. 그런데 그림 5.1에서 둘째 행의 세 방진의 굵은 숫자는 첫째 행의 오른쪽 결과와 달라지는 숫자를 모두 표시한 것이다.

앞서 S_6 를 구하는 과정에서 중간에 뒤로 미루고 넘긴 경우가 있었다. S_6 를 구하는 마지막에 2열과 5열에 있는 2와 5를 같은 행에서 바꿔서 이 결과와 이의 전치행렬이 서로 직교하도록 하기 위해서 1행과 3행에서 2와 5를 바꿨는데, 또한 3행과 6행에서 2와 5를 바꾸어도 직교하게 된다. 이를 T_6 라고 하자. 바로 그 전 단계에서 3과 4의 교환을 2행에서 바꾸는 것은 나중에 생각하기로 했는데, 2행에서 바꾸고 직교를 위하여 2와 5를 1행과 3행에서 또는 3행과 6행에서 바꾸면 된다. 이를 각각 U_6, V_6 라고 하자. 그 전 단계에서는 대각선의 합이 같아지게 하기 위해서 4행의 3과 4를 교환했고, 3행에서 교환하는 것도 가능했지만 뒤로 미루었다. 3행에서 3과 4를 교환하면, 3열과 4열의 합이 달라지고, 다시 그 합을 같게 만들면서 대각선의 합에 영향을 주지 않으려면 1행이나 6행의 3과 4를 교환해야 한다. 다음으로 교환한 결과도 네 가지 보조방진을 얻게 되는데, 이를 그림 5.2와 같이 W_6, X_6, Y_6, Z_6 라 하자.

지금 구한 8개의 6차 보조방진은 모두 거의 비슷하지만 어떠한 보조방진도 다른 보조방진의 치환이나, 합동변환으로 나타낼 수 없는 전혀 다른 것들이다. 이 8개의 6차 보조방진은 각각 모든 행과 두 대각선은 라틴이고, 모든 열은 라틴은 아니지만 1과 6, 2와 5, 3과 4로만 구성되고, 각각 세 번씩 배열되어 그 합도 같다. 게다가 자신의 전치행렬과는 서로 직교하므로 합성에 의하여 마방진을 얻는다. 8개의 6차 보조방진의 적절한 치환은 1부터 6까지 여섯 개의 수를 1과 6, 2와 5, 3과 4로 세 묶음으로 나누고, 세 묶음에 대한 순열로 대응하는 값의 묶음을 정하고, 각각 두 수에 대한 치환을 하면 모든 적절한 치환을 구한다. 따라서 적절한 치환의 수는 $3! \times 2^3 = 48$개가 있다. 보조방진의 합동변환 중에서 적절한 치환으로 나타낼 수 있는 것을 찾아야 하는데, 우선 행은 라틴이고, 열은 라틴이 아니므로 행과 열이

제 5 장 4의 배수가 아닌 짝수차 마방진

$$S_6 = \begin{array}{|c|c|c|c|c|c|} \hline 1 & \mathbf{5} & 3 & 4 & \mathbf{2} & 6 \\ \hline 6 & 5 & 4 & 3 & 2 & 1 \\ \hline 6 & \mathbf{2} & 4 & 3 & \mathbf{5} & 1 \\ \hline 1 & 2 & \mathbf{4} & \mathbf{3} & 5 & 6 \\ \hline 6 & 5 & \mathbf{3} & \mathbf{4} & 2 & 1 \\ \hline 1 & 2 & 3 & 4 & 5 & 6 \\ \hline \end{array}, \quad T_6 = \begin{array}{|c|c|c|c|c|c|} \hline 1 & 2 & 3 & 4 & 5 & 6 \\ \hline 6 & 5 & 4 & 3 & 2 & 1 \\ \hline 6 & \mathbf{2} & 4 & 3 & \mathbf{5} & 1 \\ \hline 1 & 2 & \mathbf{4} & \mathbf{3} & 5 & 6 \\ \hline 6 & 5 & \mathbf{3} & \mathbf{4} & 2 & 1 \\ \hline 1 & \mathbf{5} & 3 & 4 & \mathbf{2} & 6 \\ \hline \end{array}$$

$$U_6 = \begin{array}{|c|c|c|c|c|c|} \hline 1 & \mathbf{5} & 3 & 4 & \mathbf{2} & 6 \\ \hline 6 & 5 & \mathbf{3} & \mathbf{4} & 2 & 1 \\ \hline 6 & \mathbf{2} & 4 & 3 & \mathbf{5} & 1 \\ \hline 1 & 2 & \mathbf{4} & \mathbf{3} & 5 & 6 \\ \hline 6 & 5 & 4 & 3 & 2 & 1 \\ \hline 1 & 2 & 3 & 4 & 5 & 6 \\ \hline \end{array}, \quad V_6 = \begin{array}{|c|c|c|c|c|c|} \hline 1 & 2 & 3 & 4 & 5 & 6 \\ \hline 6 & 5 & \mathbf{3} & \mathbf{4} & 2 & 1 \\ \hline 6 & \mathbf{2} & 4 & 3 & \mathbf{5} & 1 \\ \hline 1 & 2 & \mathbf{4} & \mathbf{3} & 5 & 6 \\ \hline 6 & 5 & 4 & 3 & 2 & 1 \\ \hline 1 & \mathbf{5} & 3 & 4 & \mathbf{2} & 6 \\ \hline \end{array}$$

$$W_6 = \begin{array}{|c|c|c|c|c|c|} \hline 1 & 2 & 4 & 3 & 5 & 6 \\ \hline \mathbf{1} & 5 & 4 & 3 & 2 & \mathbf{6} \\ \hline 6 & 5 & \mathbf{3} & \mathbf{4} & 2 & 1 \\ \hline \mathbf{6} & 2 & 3 & 4 & 5 & \mathbf{1} \\ \hline 6 & 5 & 4 & 3 & 2 & 1 \\ \hline 1 & 2 & 3 & 4 & 5 & 6 \\ \hline \end{array}, \quad X_6 = \begin{array}{|c|c|c|c|c|c|} \hline 1 & 2 & 4 & 3 & 5 & 6 \\ \hline 6 & 5 & 4 & 3 & 2 & 1 \\ \hline 6 & 5 & \mathbf{3} & \mathbf{4} & 2 & 1 \\ \hline \mathbf{6} & 2 & 3 & 4 & 5 & \mathbf{1} \\ \hline \mathbf{1} & 5 & 4 & 3 & 2 & \mathbf{6} \\ \hline 1 & 2 & 3 & 4 & 5 & 6 \\ \hline \end{array}$$

$$Y_6 = \begin{array}{|c|c|c|c|c|c|} \hline 1 & 2 & 3 & 4 & 5 & 6 \\ \hline \mathbf{1} & 5 & 4 & 3 & 2 & \mathbf{6} \\ \hline 6 & 5 & \mathbf{3} & \mathbf{4} & 2 & 1 \\ \hline \mathbf{6} & 2 & 3 & 4 & 5 & \mathbf{1} \\ \hline 6 & 5 & 4 & 3 & 2 & 1 \\ \hline 1 & 2 & 4 & 3 & 5 & 6 \\ \hline \end{array}, \quad Z_6 = \begin{array}{|c|c|c|c|c|c|} \hline 1 & 2 & 3 & 4 & 5 & 6 \\ \hline 6 & 5 & 4 & 3 & 2 & 1 \\ \hline 6 & 5 & \mathbf{3} & \mathbf{4} & 2 & 1 \\ \hline \mathbf{6} & 2 & 3 & 4 & 5 & \mathbf{1} \\ \hline \mathbf{1} & 5 & 4 & 3 & 2 & \mathbf{6} \\ \hline 1 & 2 & \mathbf{4} & \mathbf{3} & 5 & 6 \\ \hline \end{array}$$

그림 5.2: 8개의 6차 보조방진

제 1 절 6차 보조방진 217

$$S_6 \triangleright S_6^t = \begin{array}{|c|c|c|c|c|c|} \hline 1 & 30 & 18 & 19 & 12 & 31 \\ \hline 35 & 29 & 20 & 14 & 11 & 2 \\ \hline 33 & 10 & 22 & 16 & 27 & 3 \\ \hline 4 & 9 & 21 & 15 & 28 & 34 \\ \hline 32 & 26 & 17 & 23 & 8 & 5 \\ \hline 6 & 7 & 13 & 24 & 25 & 36 \\ \hline \end{array}$$

$$= \begin{array}{|c|c|c|c|c|c|} \hline 1 & 5 & 3 & 4 & 2 & 6 \\ \hline 6 & 5 & 4 & 3 & 2 & 1 \\ \hline 6 & 2 & 4 & 3 & 5 & 1 \\ \hline 1 & 2 & 4 & 3 & 5 & 6 \\ \hline 6 & 5 & 3 & 4 & 2 & 1 \\ \hline 1 & 2 & 3 & 4 & 5 & 6 \\ \hline \end{array} \triangleright \begin{array}{|c|c|c|c|c|c|} \hline 1 & 6 & 6 & 1 & 6 & 1 \\ \hline 5 & 5 & 2 & 2 & 5 & 2 \\ \hline 3 & 4 & 4 & 4 & 3 & 3 \\ \hline 4 & 3 & 3 & 3 & 4 & 4 \\ \hline 2 & 2 & 5 & 5 & 2 & 5 \\ \hline 6 & 1 & 1 & 6 & 1 & 6 \\ \hline \end{array}$$

그림 5.3: 6차 마방진 $S_6 \triangleright S_6^t$

서로 바뀌는 90° 회전, 270° 회전, 주대각선 뒤집기, 부대각선은 뒤집기는 처음부터 가능하지 않았다. 게다가 180° 회전과 수평선 뒤집기, 수직선 뒤집기도 8개의 보조방진 전부에서 가능하지 않는다. 따라서 8개의 보조방진 모두 자신의 전치행렬과 합성하여 얻게되는 마방진은 합동을 제외하고

$$(3! \times 2^3)^2 = 48^2 = 2302$$

개의 닮은 마방진이 존재한다. 그림 5.3은 처음 얻은 6차 마방진 $S_6 \triangleright S_6^t$ 이다.

행성 마방진 중에서 6차 마방진은 태양 마방진인데, 그림 5.4와 같다. 태양 마방진을 90° 회전하여 분해하면 몫 보조방진과 나머지 보조방진이 각각 이 절에서 얻은 6차 보조방진 V_6와 V_6^t에 적절한 치환 $(1,5,4,3,2,6)$을 취한 것과 같다. 즉 태양 마방진은 $V_6 \triangleright V_6^t$와 닮은 마방진이다.

218 제 5 장 4의 배수가 아닌 짝수차 마방진

$$
\begin{array}{|c|c|c|c|c|c|}
\hline
6 & 32 & 3 & 34 & 35 & 1 \\
\hline
7 & 11 & 27 & 28 & 8 & 30 \\
\hline
19 & 14 & 16 & 15 & 23 & 24 \\
\hline
18 & 20 & 22 & 21 & 17 & 13 \\
\hline
25 & 29 & 10 & 9 & 26 & 12 \\
\hline
36 & 5 & 33 & 4 & 2 & 31 \\
\hline
\end{array}
\equiv R_3
\begin{array}{|c|c|c|c|c|c|}
\hline
1 & 30 & 24 & 13 & 12 & 31 \\
\hline
35 & 8 & 23 & 17 & 26 & 2 \\
\hline
34 & 28 & 15 & 21 & 9 & 4 \\
\hline
3 & 27 & 16 & 22 & 10 & 33 \\
\hline
32 & 11 & 14 & 20 & 29 & 5 \\
\hline
6 & 7 & 19 & 18 & 25 & 36 \\
\hline
\end{array}
$$

$$
=
\begin{array}{|c|c|c|c|c|c|}
\hline
1 & 5 & 4 & 3 & 2 & 6 \\
\hline
6 & 2 & 4 & 3 & 5 & 1 \\
\hline
6 & 5 & 3 & 4 & 2 & 1 \\
\hline
1 & 5 & 3 & 4 & 2 & 6 \\
\hline
6 & 2 & 3 & 4 & 5 & 1 \\
\hline
1 & 2 & 4 & 3 & 5 & 6 \\
\hline
\end{array}
\triangleright
\begin{array}{|c|c|c|c|c|c|}
\hline
1 & 6 & 6 & 1 & 6 & 1 \\
\hline
5 & 2 & 5 & 5 & 2 & 2 \\
\hline
4 & 4 & 3 & 3 & 3 & 4 \\
\hline
3 & 3 & 4 & 4 & 4 & 3 \\
\hline
2 & 5 & 2 & 2 & 5 & 5 \\
\hline
6 & 1 & 1 & 6 & 1 & 6 \\
\hline
\end{array}
$$

$$
= \begin{bmatrix} 1 \\ 5 \\ 4 \\ 3 \\ 2 \\ 6 \end{bmatrix}
\begin{array}{|c|c|c|c|c|c|}
\hline
1 & 2 & 3 & 4 & 5 & 6 \\
\hline
6 & 5 & 3 & 4 & 2 & 1 \\
\hline
6 & 2 & 4 & 3 & 5 & 1 \\
\hline
1 & 2 & 4 & 3 & 5 & 6 \\
\hline
6 & 5 & 4 & 3 & 2 & 1 \\
\hline
1 & 5 & 3 & 4 & 2 & 6 \\
\hline
\end{array}
\triangleright
\begin{bmatrix} 1 \\ 5 \\ 4 \\ 3 \\ 2 \\ 6 \end{bmatrix}
\begin{array}{|c|c|c|c|c|c|}
\hline
1 & 6 & 6 & 1 & 6 & 1 \\
\hline
2 & 5 & 2 & 2 & 5 & 5 \\
\hline
3 & 3 & 4 & 4 & 4 & 3 \\
\hline
4 & 4 & 3 & 3 & 3 & 4 \\
\hline
5 & 2 & 5 & 5 & 2 & 2 \\
\hline
6 & 1 & 1 & 6 & 1 & 6 \\
\hline
\end{array}
$$

$$= (1,5,4,3,2,6)V_6 \triangleright (1,5,4,3,2,6)V_6^t$$

그림 5.4: 행성 마방진 중에서 6차인 태양 마방진 $S_6 \triangleright S_6^t$

세 줄 요약

    6차 마방진을 얻는 것은 쉽지 않다.

    적절한 치환으로 항등변환만 얻은 것은 처음이다.

    대충 6차 마방진 1774경 개 중에서 2만 개도 못찾았다.

제 2 절   6차에서의 도형의 변환

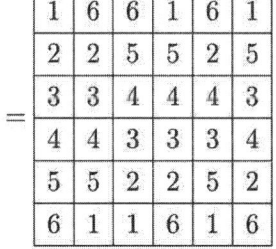

그림 5.5: 6차에서의 도형의 변환

그림 5.5와 같이 6차 방진에 1부터 36까지를 배열한다. 다음 방진에 있는 ○, \, /, |, – 는 수의 이동 규칙을 나타내는데, ○은 수를 이동하지 않는 것이고, \ 과 / 은 방진의 중심에 대하여 대칭이동을, | 는 중앙 수평선에 대하여 대칭이동을, – 은 중앙 수직선에 대한 대칭이동을 나타낸다. 이러한 규칙으로 그림 5.5의 첫 방진을 이동하면 그림 5.5 중앙의 6차 방진을 얻는다. 이 6차 방진을 분해하면 그림 5.5 마지막 줄과 같이 되는데, 이미

앞 절에서 찾은 보조방진들과 너무나도 비슷하게 생겼다. 하지만 아니다.[1] 나머지 보조방진은 몇 보조방진의 전치행렬이고, 몇 보조방진은 모든 열과 두 대각선은 라틴이고, 각 행은 라틴은 아니지만 합이 같으므로 도형의 변환으로 얻은 방진은 6차 마방진이다. 이 마방진과 닮은 마방진은 앞 절에서의 결과와 마찬가지로 $48^2 = 2302$개가 있다.

6차에서는 서로 직교하는 라틴방진이 존재하지 않는데, 게다가 6차 완전마방진도 존재하지 않는다는 사실이 잘 알려져 있다. 2차에서는 마방진이 존재하지 않았고, 3차에서는 완전마방진이 존재하지 않았는데, 6은 2의 배수이면서 3의 배수이기도 하여 무언가 6차에서는 모든 것이 좀 어렵다.

세 줄 요약

> 6차 마방진을 얻는 것은 역시 쉽지 않다.
> 기묘한 도형의 변환으로 6차 마방진을 얻었다.
> 이제 6차 마방진을 2만 개도 넘게 찾았다.

---

[1] 이리 돌려 보고 저리 돌려 봐도 아니고, 뒤집어 봐도 아니고, 치환해도 아니고…1774경 개 중에 2만 개면 1774억 개 중에 두 개인데, 비슷하게 생겼지만 합동이나 치환 관계가 없는 것이 얼마나 많겠는가!

제 3 절 4의 배수가 아닌 짝수차의 보조방진

정순	1	**n − 1**	$2m+1$	$2m+2$	**2**	n	1행
역순	n	$n-1$	$2m+2$	$2m+1$	2	1	2행
역순							$2m$행
역순	n	**2**	$2m+2$	$2m+1$	**n − 1**	1	$2m+1$행
정순	1	2	**2m + 2**	**2m + 1**	$n-1$	n	$2m+2$행
역순							$2m+3$행
역순	n	$n-1$	**2m + 1**	**2m + 2**	2	1	$n-1$행
정순	1	2	$2m+1$	$2m+2$	$n-1$	n	n행

그림 5.6: 4의 배수가 아닌 짝수차의 보조방진 T_n

그림 5.6의 왼쪽부분에 제시한 것처럼 1에서 $n = 4m+2$까지의 자연수를 n차 방진의 각 행에 다음과 같은 요령으로 순서대로 배열한다. 1행부터 정순, 역순을 번갈아가며 $2m$행까지 반복하여 배열하고, $2m+1$행은 역순으로 $2m+2$행은 정순으로 배열한다. 남은 $2m$개의 행에는 $2m+3$행부터 역순, 정순을 번갈아가며 배열한다. 그 결과는 모든 행과 열은 라틴이 되어 합이 $n(n+1)/2$가 된다. 여기서 $(2m+2, 2m+1)$항과 $(2m+1, 2m+2)$항을 서로 바꾸면 두 대각선이 라틴이 된다. 열의 합을 유지시키기 위하여 $(n-1, 2m+1)$항과 $(n-1, 2m+2)$항을 서로 바꾼다.[2] 다음에는 이 방진이 자신의 전치행렬과 직교하기 위하여 1행의 $(1,2)$항과 $(1, n-1)$항을 서로 바꾸고, $2m+1$행의 $(2m+1, 2)$항과 $(2m+1, n-1)$항을 서로 바꾼다. 그림 5.6에서 바꾼 수는 굵게 표시했다. 이 보조방진을 T_n이라 하자. T_n은 각 줄의 합이 모두 같고, T_n^t와 직교하므로, $T_n \triangleright T_n^t$는 마방진이

---

[2]이러한 방법은 이미 6차에서 했었고, $n-1$행이 아닌 다른 행, 예를 들면 2행에서도 바꿀 수 있다.

된다.

$n = 10$인 경우는 T_{10}과 T_{10}^t, 마방진 $T_{10} \triangleright T_{10}^t$은 그림 5.7과 같다. T_{10}은 모든 행과 두 대각선은 라틴이고, 각 열은 합이 11이 되는 두 수인 1과 10, 2와 9, 3와 8, 4와 7, 5와 6으로만 구성되어 있고, 두 수가 다섯 번씩 반복되는데, 따라서 적절한 치환은 다섯 묶음을 일렬로 배열하고, 각각의 묶음에서 두 수를 일렬로 배열하는 수만큼 존재하므로 $5! \times 2^5 = 3840$개가 있다. T_{10}의 합동변환 중에서는 0° 회전과 수직선 뒤집기만 적절한 치환으로 나타낼 수 있는데, T_{10}^t의 수직선 뒤집기는 적절한 치환으로 나타낼 수 없다. 따라서 $T_{10} \triangleright T_{10}^t$과 닮은 마방진은 적절한 치환으로 얻을 수 있는 것이 합동을 제외하고

$$(5! \times 2^5)^2 = 1474만\ 5600$$

을 얻을 수 있다.

세 줄 요약

    $4m + 2$차의 보조방진을 6차와 같은 방법으로 구했다.
    같은 방식으로 구할 수 있는 보조방진이 많지만 생략했다.
    사용되는 방법이 별로 새로운 것이 없다.

제 3 절 4의 배수가 아닌 짝수차의 보조방진 223

$$T_{10} = \begin{array}{|c|c|c|c|c|c|c|c|c|c|}\hline 1 & \mathbf{9} & 3 & 4 & 5 & 6 & 7 & 8 & \mathbf{2} & 10 \\\hline 10 & 9 & 8 & 7 & 6 & 5 & 4 & 3 & 2 & 1 \\\hline 1 & 2 & 3 & 4 & 5 & 6 & 7 & 8 & 9 & 10 \\\hline 10 & 9 & 8 & 7 & 6 & 5 & 4 & 3 & 2 & 1 \\\hline 10 & \mathbf{2} & 8 & 7 & 6 & 5 & 4 & 3 & \mathbf{9} & 1 \\\hline 1 & 2 & 3 & 4 & \mathbf{6} & \mathbf{5} & 7 & 8 & 9 & 10 \\\hline 10 & 9 & 8 & 7 & 6 & 5 & 4 & 3 & 2 & 1 \\\hline 1 & 2 & 3 & 4 & 5 & 6 & 7 & 8 & 9 & 10 \\\hline 10 & 9 & 8 & 7 & \mathbf{5} & \mathbf{6} & 4 & 3 & 2 & 1 \\\hline 1 & 2 & 3 & 4 & 5 & 6 & 7 & 8 & 9 & 10 \\\hline \end{array}$$

$$T_{10}^t = \begin{array}{|c|c|c|c|c|c|c|c|c|c|}\hline 1 & 10 & 1 & 10 & 10 & 1 & 10 & 1 & 10 & 1 \\\hline \mathbf{9} & 9 & 2 & 9 & \mathbf{2} & 2 & 9 & 2 & 9 & 2 \\\hline 3 & 8 & 3 & 8 & 8 & 3 & 8 & 3 & 8 & 3 \\\hline 4 & 7 & 4 & 7 & 7 & 4 & 7 & 4 & 7 & 4 \\\hline 5 & 6 & 5 & 6 & 6 & \mathbf{6} & 6 & 5 & \mathbf{5} & 5 \\\hline 6 & 5 & 6 & 5 & 5 & \mathbf{5} & 5 & 6 & \mathbf{6} & 6 \\\hline 7 & 4 & 7 & 4 & 4 & 7 & 4 & 7 & 4 & 7 \\\hline 8 & 3 & 8 & 3 & 3 & 8 & 3 & 8 & 3 & 8 \\\hline \mathbf{2} & 2 & 9 & 2 & \mathbf{9} & 9 & 2 & 9 & 2 & 9 \\\hline 10 & 1 & 10 & 1 & 1 & 10 & 1 & 10 & 1 & 10 \\\hline \end{array}$$

$$T_{10} \triangleright T_{10}^t = \begin{array}{|c|c|c|c|c|c|c|c|c|c|}\hline 1 & 90 & 21 & 40 & 50 & 51 & 70 & 71 & 20 & 91 \\\hline 99 & 89 & 72 & 69 & 59 & 42 & 39 & 22 & 19 & 2 \\\hline 3 & 18 & 23 & 38 & 48 & 53 & 68 & 73 & 88 & 93 \\\hline 94 & 87 & 74 & 67 & 57 & 44 & 37 & 24 & 17 & 4 \\\hline 95 & 16 & 75 & 66 & 56 & 46 & 36 & 25 & 85 & 5 \\\hline 6 & 15 & 26 & 35 & 55 & 45 & 65 & 76 & 86 & 96 \\\hline 97 & 84 & 77 & 64 & 54 & 47 & 34 & 27 & 14 & 7 \\\hline 8 & 13 & 28 & 33 & 43 & 58 & 63 & 78 & 83 & 98 \\\hline 92 & 82 & 79 & 62 & 49 & 59 & 32 & 29 & 12 & 9 \\\hline 10 & 11 & 30 & 31 & 41 & 60 & 61 & 80 & 81 & 100 \\\hline \end{array}$$

그림 5.7: 10차 보조방진 T_{10}, T_{10}^t 와 마방진 $T_{10} \triangleright T_{10}^t$

제 4 절 4의 배수가 아닌 짝수차의 도형의 변환

그림 5.8: 4의 배수가 아닌 짝수차에서의 도형의 변환도

4의 배수가 아닌 짝수의 n차 방진에 1부터 n^2까지의 수를 1행의 $(1,1)$항부터 오른쪽으로 1부터 n까지 2행도 $(2,1)$항부터 오른쪽으로 $n+1$부터 $2n$까지 순서대로 마지막 n^2까지 n차 방진을 완성하고, 그림 5.8의 변

그림 5.9: 6차에서의 도형의 변환도

제 4 절 4의 배수가 아닌 짝수차의 도형의 변환 225

○	\	–	\	|	○	/	–	/	○
\	○	\	–	\	/	–	/	○	–
|	\	○	\	|	○	/	○	–	○
\	|	\	○	\	\	/	○	–	○	–
–	\	–	\	\	/	–	–	/	–
○	/	○	/	/	\	–	○	\	○
/	|	/	○	|	|	○	–	○	–
|	/	○	|	|	○	|	○	–	○
/	○	|	○	/	\	○	|	○	–
○	|	○	|	|	○	|	○	|	○

1	92	8	94	95	6	97	3	99	10
20	12	83	17	86	85	14	88	19	81
71	29	23	74	75	26	77	28	72	30
40	62	38	34	65	66	37	63	39	61
50	59	48	47	56	55	54	43	52	41
51	49	53	57	46	45	44	58	42	60
70	32	68	64	36	35	67	33	69	31
21	79	73	27	25	76	24	78	22	80
90	82	18	84	16	15	87	13	89	11
91	9	93	7	5	96	4	98	2	100

그림 5.10: 10차에서의 도형의 변환도와 10차 마방진

환도에 따라 수를 이동배치하면 된다. 변환도에 있는 기호는 지금까지 도형의 변환에 쓴 기호와 같은 의미이다. 그림 5.8은 14차에서의 변환도인데 2차에는 마방진이 존재하지 않으므로 생각할 필요도 없고, 6차, 10차는 14차일 때의 정가운데 부분부터 상하좌우 방향으로 크기에 맞게 생각하면 된다. 가운데의 6차 부분은 따로 보면 그림 5.9인데 6차에서의 도형의 변환과 같다. 그런데 그림 5.8의 변환도는 4의 배수인 짝수차에서의 도형의 변환도인 그림 3.29의 가운데 부분의 4차를 제외하고는 똑같다. 따라서 18차나 그 이상의 4의 배수가 아닌 짝수차에서는 변환도는 같은 방식으로 확장해 나가면 된다.

그림 5.10은 $n = 10$일 때 변환도와 그 결과로 얻은 10차 마방진이다. 이 10차 마방진이 진짜로 마방진임을 보이려면 이를 분해하여 보조방진을 살펴보는 것이 쉽다. 그림 5.11은 위의 방진이 몫 보조방진이고, 아래가 나머지 보조방진이다. 몫 보조방진의 모든 열과 두 대각선, 나머지 보조방진의 모든 행과 두 대각선은 라틴이고, 그 외의 다른 줄은 합이 11이 되는 두 수인 1과 10, 2와 9, 3과 8, 4와 7, 5와 6으로만 구성되어 있고, 두 수가 다섯 번씩 반복되어 역시 같은 합을 갖는다. 따라서 그림 5.10의 마방진은 진짜로 마방진임이 증명되었다. 이때 몫 보조방진을 S_{10}이라 하자. 나머지 보조방진은 몫 보조방진의 전치행렬이므로 S_{10}^t이다. T_{10}과 마찬가지로 S_{10}의 적절한 치환은 $5! \times 2^5 = 3840$개가 있다. S_{10}의 합동변환 중에서는 0° 회전과 수평선 뒤집기만 적절한 치환으로 나타낼 수 있는데, S_{10}^t의 수평선 뒤집기는 적절한 치환으로 나타낼 수 없다. 따라서 $S_{10} \triangleright S_{10}^t$과 닮은 마방진은 적절한 치환으로 얻을 수 있는 것이 합동을 제외하고

$$(5! \times 2^5)^2 = 1474만\ 5600$$

을 얻을 수 있다.

한 문장으로 요약

> 4의 배수가 아닌 짝수차의 도형의 변환은 중앙의 6차 부분을 제외하면 4의 배수인 짝수차의 도형의 변환과 같다.

제 4 절 4의 배수가 아닌 짝수차의 도형의 변환

1	10	1	10	10	1	10	1	10	1
2	2	9	2	9	9	2	9	2	9
8	3	3	8	8	3	8	3	8	3
4	7	4	4	7	7	4	7	4	7
5	6	5	5	6	6	6	5	6	5
6	5	6	6	5	5	5	6	5	6
7	4	7	7	4	4	7	7	7	4
3	8	8	3	3	8	3	8	3	8
9	9	2	9	2	2	9	2	9	2
10	1	10	1	1	10	1	10	1	10

1	2	8	4	5	6	7	3	9	10
10	2	3	7	6	5	4	8	9	1
1	9	3	4	5	6	7	8	2	10
10	2	8	4	5	6	7	3	9	1
10	9	8	7	6	5	4	3	2	1
1	9	3	7	6	5	4	8	2	10
10	2	8	4	6	5	7	3	9	1
1	9	3	7	5	6	4	8	2	10
10	2	8	4	6	5	7	3	9	1
1	9	3	7	5	6	4	8	2	10

그림 5.11: 10차에서의 도형의 변환에 의한 보조방진 S_{10} 과 S_{10}^t

맺음말

1차에는 뻔한 마방진이자 뻔한 악마방진이 존재하고, 2차 마방진은 존재하지 않았고, 3차 마방진은 합동을 제외하면 전설이 깃든 낙서 마방진 하나만 존재하고, 3차 완전마방진은 존재하지 않았다. 4차 마방진은 합동을 제외하면 880개가 존재하는데, 48개의 완전마방진은 대각라틴방진의 합성, 한 줄 이동, 인접수 등으로 찾을 수 있었다. 4차 마방진 중에서 몫 보조방진과 나머지 보조방진의 각 줄의 합이 모두 10인 마방진은 완전마방진을 포함하여 656개가 존재하는데, 보조방진을 직접 찾기도 하고, 좌우로 이동이나 대칭이동 같은 도형의 변환을 이용하기도 하고, 보조방진의 유형을 분석하면서 시행착오를 거쳐 결국 656개 전부에 대한 언급은 하였다. 880개의 4차 마방진 중에서 나머지 224개는 불균형 마방진인데, 불균형 마방진의 경우도 살펴 보았다.

5차 마방진은 그 개수가 2억 7530만 5224개로 정확히 알려져 있지만 현실적으로 어느 정도의 일부분만이라도 분석하는 것은 별로 효율적이지는 않다는 생각이다. 마방진은 차수가 커짐에 따라 그 수는 엄청나게 빨리 증가하는데 6차인 경우에는 정확한 개수조차도 알려지지 않았다. 그래서 5차 이상의 마방진은 몇몇 특별한 방식으로 마방진을 얻을 수 있는 방법들을 살펴 보았다. 그런데 차수에 따라 다른 방식의 접근이 필요했고, 홀수차의 경우, 4의 배수인 짝수차의 경우, 4의 배수가 아닌 짝수차의 경우로 크게 세 가지로 나누어 접근하였다. 그래서 모든 차수의 마방진을 얻을 수 있었다.

마방진은 몫 보조방진과 나머지 보조방진으로 분해할 수 있고, 이 두 보조방진은 서로 직교한다. 불균형 마방진이 아닌 경우에는 두 보조방진의 각 줄의 합이 모두 1부터 n까지의 합인 $n(n+1)/2$로 같다. 이러한 성질을

1	23	16	4	21
15	14	7	18	11
24	17	13	9	2
20	8	19	12	6
5	3	10	22	25

=

1	5	4	1	5
3	3	2	4	3
5	4	3	2	1
4	2	4	3	2
1	1	2	5	5

▷

1	3	1	4	1
5	4	2	3	1
4	2	3	4	2
5	3	4	2	1
5	3	5	2	5

그림 A.1: 양휘의 5차 불균형 마방진

13	22	18	27	11	20
31	4	36	9	29	2
12	21	14	23	16	25
30	3	5	32	34	7
17	26	10	19	15	24
8	35	28	1	6	33

=

3	4	3	5	2	4
6	1	6	2	5	1
2	4	3	4	3	5
5	1	1	6	6	2
3	5	2	4	3	4
2	6	5	1	1	6

▷

1	4	6	3	5	2
1	4	6	3	5	2
6	3	2	5	4	1
6	3	5	2	4	1
5	2	4	1	3	6
2	5	4	1	6	3

그림 A.2: 양휘의 6차 불균형 마방진

이용하여 각 줄이 합이 모두 $n(n+1)/2$이고 서로 직교하는 두 보조방진을 얻게 되면, 이 두 보조방진의 합성으로 마방진을 얻을 수 있다. 다음으로 보조방진에 적절한 치환과 역할 바꾸기를 적용하여 다수의 닮은 마방진을 얻는다.

불균형 마방진의 경우에는 두 보조방진은 당연히 서로 직교하지만, 각 줄의 합이 같지 않은 경우인데, 두 보조방진을 합성해서 각 줄의 합이 마방진이므로 같아져야 한다. 한 보조방진에서 어떤 줄의 합이 부족하면, 다

46	8	16	20	29	7	49
3	40	35	36	18	41	2
44	12	33	23	19	38	6
28	26	11	25	39	24	22
5	37	31	27	17	13	45
48	9	15	14	32	10	47
1	43	34	30	21	42	4

=

7	2	3	3	5	1	7		4	1	2	6	1	7	7
1	6	5	6	3	6	1		3	5	7	1	4	6	2
7	2	5	4	3	6	1		2	5	5	2	5	3	6
4	4	2	4	6	4	2	▷	7	5	4	4	4	3	1
1	6	5	4	3	2	7		5	2	3	6	3	6	3
7	2	3	2	5	2	7		6	2	1	7	4	3	5
1	7	5	5	3	6	1		1	1	6	2	7	7	4

그림 A.3: 양휘의 7차 불균형 마방진

른 어떤 줄의 합이 과잉이 돼야 하고, 다른 보조방진의 그 줄의 합이 또한 과잉이어야 한다. 이렇게 합의 부족과 과잉이 오묘하게 조화를 이루어야 마방진이 된다. 따라서 이런 경우를 찾아내는 것은 좀 더 어려울 수 있다. 본문에서 언급했던 양휘는 그림 A.1, 그림 A.2, 그림 A.3과 같은 5차, 6차, 7차 마방진으로 불균형 마방진을 제시했는데, 불균형 마방진도 차수가 높아질수록 엄청 많을 것으로 예상한다.

이제 마지막으로 양휘가 제시한 그림 A.4의 9차 마방진에 대한 이야기를 좀 하려고 한다. 그림에서 9차 방진을 9개의 3차 방진으로 세분하였다. 얼핏 보면 별다른 특별한 점을 발견하기 쉽지 않지만, 한자릿수인 1부터 9까지의 자연수가 같은 간격으로 3행에 $\{4, 9, 2\}$ 가 있고, 6행에 $\{3, 5, 7\}$ 이 있고, 9행에 $\{8, 1, 6\}$ 이 있다. 이는 낙서 마방진의 배열과 같다. 무엇인지 모르겠으나 오묘한 것이 숨겨져 있는 것 같은데, 이 방진을 몫 보조방진과 나머지 보조방진으로 분해하면 감탄하게 된다. 그림 A.5가 분해한 결과이

31	76	13	36	81	18	29	74	11
22	40	58	27	45	63	20	38	56
67	4	49	72	9	54	65	2	47
30	75	12	32	77	14	34	79	16
21	39	57	23	41	59	25	43	61
66	3	48	68	5	50	70	7	52
35	80	17	28	73	10	33	78	15
26	44	62	19	37	55	24	42	60
71	8	53	64	1	46	69	6	51

그림 A.4: 양휘의 9차 마방진

4	9	2	4	9	2	4	9	2
3	5	7	3	5	7	3	5	7
8	1	6	8	1	6	8	1	6
4	9	2	4	9	2	4	9	2
3	5	7	3	5	7	3	5	7
8	1	6	8	1	6	8	1	6
4	9	2	4	9	2	4	9	2
3	5	7	3	5	7	3	5	7
8	1	6	8	1	6	8	1	6

▷

4	4	4	9	9	9	2	2	2
4	4	4	9	9	9	2	2	2
4	4	4	9	9	9	2	2	2
3	3	3	5	5	5	7	7	7
3	3	3	5	5	5	7	7	7
3	3	3	5	5	5	7	7	7
8	8	8	1	1	1	6	6	6
8	8	8	1	1	1	6	6	6
8	8	8	1	1	1	6	6	6

그림 A.5: 양휘의 9차 마방진의 분해

다. 몇 보조방진은 세분한 9개의 3차 방진이 모두 낙서 마방진이고, 나머지 보조방진은 각각의 3차 방진이 한 수로만 구성되고, 3차 방진을 항으로 생각하면 낙서 마방진이다. 이 9차 마방진은 불균형 마방진은 아니다. 또한 역할 바꾸기를 하면 원래와 합동이 아닌 새로운 마방진을 얻는다. 지금까지 우리는 적절한 치환을 중요하게 고려했는데, 이 경우에는 적절한 치환보다는 낙서 마방진 부분을 합동변환으로 바꾸는 것이 더 많은 마방진을 얻을 수 있다. 9차나 16차 같은 제곱수의 차수에선 이런 방법으로 많은 마방진을 만들 수 있다. 이렇게 새로운 마방진을 얻는 방법은 무궁무진하게 많을 것이다.

마방진이라는 주제는 수학의 분류에서 보면 유희수학[3]의 범주에 속한다. 유희수학이란 수학을 이용한 재미있는 놀이로 접근하는 것이고, 직업적인 성취를 위하여 노력하는 것도 아니며, 고급수학을 사용하지 않는 것으로 이 범주에 속하는 주제는 마방진뿐만 아니라 로직 퍼즐, 스도쿠, 한붓그리기 등이 있다. 한편 라틴방진은 유희수학의 범주에 포함되지 않고, 디자인과 관련된 전문적인 수학의 한 분야로 인정받고 있다. 마방진에 대한 서적은 그 수준이 천차만별인데, 취학 전이나 초등학생 저학년이 수학에 흥미를 갖게 하기 위한 용도로 쓰인 것부터 일반 대중을 위한 교양서적으로 또는 라틴방진의 성질을 이용한 상당한 수준의 서적까지 있다. 그런데 국내에서 출판된 마방진 관련 서적의 거의 대부분은 아동을 위한 책이다.

선친[4]께서는 평생을 수학자로 살았는데, 말년인 70대 중후반 즈음부터 마방진에 심취하기 시작하셨다. 무료한 시간을 보내기에는 선친에겐 최고의 주제였다는 생각이 든다. 수학과 교수로 살고 있는 아들을 볼 때마다 마방진에 대한 이야기를 아주 진지하게 하시곤 했는데, 그 후론 언제나 선친의 책상에는 마방진에 대한 연구의 흔적이 보였다. 때로는 마방진을 엄청나게 많이 찾는 방법을 알아 냈다고 자랑하시기도 했고, 아들에게 참고문헌을 찾아보라고 말씀하시기도 했다. 하지만 마방진에 대해선 유희수학이라는 고정관념이 있는 아들은 한 귀로 듣고 한 귀로 흘려 보내곤 했다. 이렇게 몇 년이 흘러가고, 이젠 머리가 잘 돌아가지 않는다고 푸념을 하시곤 하셨는데, 어느 날 70쪽 정도의 자필 원고를 아들에게 주시면서 잘 정리해서 꼭 책으로 출판하라고 부탁하셨다.

아들은 원고를 연구실 책상 구석에 처박아 놓았다가 가끔 원고를 읽으면서 이렇게 어렵게 쓴 마방진에 대한 이야기를 어떻게 책으로 만들어야 하나 푸념하곤 했다. 그러던 중에 선친께서는 많이 편찮으셨고, 영면하셨

---

[3] 유희수학을 영어로는 recreational mathathematics라 한다.
[4] 선친은 돌아가신 아버지에 대한 호칭이다.

다. 옛날에는 3년상[5]을 지낸다고 하는데 아들은 마음속으로 선친에게 3년 안에 책으로 출판하겠다고 약속했다. 그러나 그 약속은 지키지 못했다. 3년이 지나고 나서야 이러다가 영영 선친과의 약속을 못 지킬 수 있다는 생각이 든 후에야 선친의 원고를 열심히 다시 보기 시작했고, 이 책을 완성하는 데 돌아가신 뒤 5년이 넘게 걸렸다.

정말 마지막으로 이 책의 저자로 아들의 이름만 올린 이유를 설명하려고 한다. 선친의 원고를 바탕으로 쓴 책인데, 책을 완성하고 보니 졸작이라는 생각이 너무 앞섰다. 책을 처음 쓸 때부터 이해하기 쉽게, 더 쉽게, 아주 이해하기 쉽게 쓴다고 썼지만 정말 그렇게 되었는지 모르겠다. 자꾸 똑같은 말을 반복하는 것 같고, 글도 그다지 다듬어지지도 않았고, 교정을 열심히 본다고 봤지만 못 찾은 오타도 엄청 많을 것이고, 어디선가에는 계산도 틀렸을 것이란 걱정도 되고, 혹시나 마방진에 쓰인 숫자가 틀렸으면 그건 마방진이 아닌데…선친의 원고는 깔끔했는데 쉽게 풀어 쓰면서 혹시나 초점이 어긋나지 않았나는 생각도 든다. 또한 선친은 어떤 생각을 하셨는지는 모르겠으나 선친의 원고에 있는 내용 중에서 지금까지는 인류가 몰랐던 선친이 처음으로 알아낸 것이 있을까에 대한 생각이 많았다. 하지만 마방진을 조금씩 조금씩 더 알아가면서, 또한 옛 문헌에 있던 마방진을 알게 되면서 그러한 생각은 점점 더 없어졌다. 지금까지 전해져 오는 기록을 확인하지 못해서일 수도 있고, 마방진에 대한 영험한 믿음이 있었을 때라면 남에게 알리지 않기 위해서 기록도 남기지 않았을 수도 있고, 아무튼 선친의 원고에는 대부분이 마방진의 재발견이라는 생각이다. 혹시 재발견이 아니더라도 그리 중요한 것은 아니라는 생각이다. 선친께서는 말년을 마방진으로 즐거운 시간을 보내셨으니 그것이 중요한 것이고, 아들은 그 원고를 바탕으로 책을 완성하면서 선친을 오랜 시간 동안 그리워했으니 그것으로 족하고, 일반 대중을 위한 마방진 관련 서적이 한 권 남았으니 또한 그것으로 충분하다는 생각이다. 하지만 졸작이라는 생각에 욕먹을 일이 있다면 그건 아들에게 전적인 책임이 있다. 칭찬받을 일이 있다는 당연히 그건 선친의 몫이다.

---

[5] 3년상은 만으로 3년 동안이 아니라 만으로는 정확히 2년이다.

찾아보기

【 ㄴ 】
나머지 37
나머지 보조방진 38
낙서 3
낙서 마방진 5

【 ㄷ 】
닮은 마방진 53, 56, 150
대각라틴방진 45
대칭 이동 133
도형의 변화 127
동등관계 18
두 대각선 8
뒤집기 15

【 ㄹ 】
라틴 63
라틴방진 44

【 ㅁ 】
마방진 9
마상수 11
멜랑콜리아 I 123

멜랑콜리아 마방진 123
목성 마방진 122
몫 37
몫 보조방진 38

【 ㅂ 】
방진 7
범대각선 8
보조방진 38, 41
보조방진의 유형 78
본질적으로 같다 16
부대각선 7
부대각선 뒤집기 15
부대각선 방향 7
분해 38
불균형 마방진 144
뻔한 마방진 10
뻔한 악마방진 10

【 ㅅ 】
사그라다 파밀리아 방진 ... 125
수성 마방진 156
수직선 뒤집기 15

수평선 뒤집기 15
스칼라 곱 34
시암 방법 28

【 ㅇ 】
악마방진 9
양휘 120
역변환 17
역순 119, 185
역치환 51
역할 바꾸기 56
열 6
완전라틴방진 45
완전마방진 9
우임금 2
유사대각라틴방진 45
유사완전라틴방진 45
인접수 101
일방진 34

【 ㅈ 】
자이나 마방진 83
적절한 치환 53, 150
전치행렬 6
절단대각선 8
정순 119, 185
좌우로 이동 128
주대각선 7
주대각선 과정 30
주대각선 과정 I 177
주대각선 과정 II 177

주대각선 뒤집기 15
주대각선 방향 7
줄 10
직교 41

【 ㅊ 】
차 34
치환 51

【 ㅎ 】
한 줄 이동 86
합 34
합동 16
합동변환 17
합성 39
항 6
항등변환 17
항등치환 51
행 6
행렬 6
회전 15

【 영문 】
F^{-1}(역변환) 17
J_n(일방진) 34
M_n(마상수) 11
$\mod n$ 199

【 숫자 】
0° 회전 15
180° 회전 15
270° 회전 15
90° 회전 15

【 기호 】
▷ 37, 39
≡(합동관계) 19

> 저자와의
> 협의하에
> 인지를
> 생략합니다.

마 방 진

분해와 치환을 중심으로

지은이　윤정한
펴낸이　조경희
펴낸곳　경문사
펴낸날　2022년 1월 31일　1판 1쇄
등　록　1979년 11월 9일　제1979-000023호
주　소　04057, 서울특별시 마포구 와우산로 174
전　화　(02)332-2004　팩스 (02)336-5193
이메일　kyungmoon@kyungmoon.com

값 16,000원

ISBN 979-11-6073-515-4

★ 경문사의 다양한 도서와 콘텐츠를 만나보세요!

홈페이지	www.kyungmoon.com	페이스북	facebook.com/kyungmoonsa
포스트	post.naver.com/kyungmoonbooks	블로그	blog.naver.com/kyungmoonbooks
북이오	buk.io/@pa9309	유튜브	https://www.youtube.com/channel/UClDC8x4xvA8eZlrVaD7QGoQ

경문사 출간 도서 중 수정판에 대한 **정오표**는 **홈페이지 자료실**에 있습니다.